高职高专计算机系列规划教材

交换机/路由器及其配置
（第4版）

石　硕　章慧云　主编
叶廷东　潘泽宏　副主编
李　洛　主审

U0282752

电子工业出版社·

Publishing House of Electronics Industry
北京·BEIJING

内 容 简 介

本书共 10 章。开篇绪论提出一个大型企业网络的拓扑，由浅入深地渐次展开讨论了交换机、路由器的常用功能和实现这些功能的配置方法，以及如何综合这些功能实现企业网络的配置。书中的举例全部来自对 Cisco 交换机和路由器的实际配置。注重实验、实训、与工程实际相结合是本书的主要特点。本书主要内容安排：交换机部分介绍了基本配置、广播风暴及其抑制、链路备份与环路、基本生成树协议和多生成树协议配置、端口汇聚、端口镜像、端口安全配置以及 VLAN 配置等；路由器配置部分介绍了静态路由和动态路由配置、路由环路消除、路由重分布配置、NAT 配置、广域网协议配置、虚拟专用网络配置、路由热备份技术以及 IP 访问控制列表配置等，并简要介绍了 IP 电话。

本书可作为高等院校、高等职业院校计算机网络专业"计算机网络设备"课程的教材，也可供参加 CCNA、CCNP 和软考"网络工程师"的读者参考。

图书在版编目（CIP）数据

交换机/路由器及其配置/石硕，章慧云主编. — 4 版. —北京：电子工业出版社，2015.12
高职高专计算机系列规划教材
ISBN 978-7-121-27601-9

Ⅰ. ①交… Ⅱ. ①石… ②章… Ⅲ. ①计算机网络－信息交换机－高等职业教育－教材
②计算机网络－路由选择－高等职业教育－教材 Ⅳ. ①TN915.05

中国版本图书馆 CIP 数据核字（2015）第 277534 号

策划编辑：吕　迈
责任编辑：郝黎明　　特约编辑：张燕虹
印　　刷：北京虎彩文化传播有限公司
装　　订：北京虎彩文化传播有限公司
出版发行：电子工业出版社
　　　　　北京市海淀区万寿路 173 信箱　　邮编 100036
开　　本：787×1092　1/16　印张：18　字数：460 千字
版　　次：2003 年 1 月第 1 版
　　　　　2015 年 12 月第 4 版
印　　次：2024 年 1 月第 11 次印刷
定　　价：42.00 元

前　言

本书第 1 版于 2003 年出版后，许多热心的读者在使用后反馈了一些意见和建议。2006 年，作者根据所了解的一些使用本书的院校的教学条件、实验实训条件以及读者的意见、建议等，结合网络技术的发展，修订出版了第 2 版。为了反映网络工程的主流技术，更加适应计算机网络技术教学的要求，2011 年出了第 3 版。本书是第 4 版，纠正了第 3 版的一些笔误，删减了部分过时的技术内容，增加了任务 7-3（企业网交换和路由综合配置）；本书第 10 章介绍了基于 Cisco IOS 的网络模拟器 GNS3，供读者做模拟实验时学习查阅。

讲清概念、注重实验、任务可操作性强是本书的特点。

本次修订后，全书由第 3 版的 13 章缩减为 10 章。整体意图是把企业网的交换和路由基础配置部分讲透，对其余内容，如安全配置的访问控制列表，只做简单介绍，也删去了 VPN 配置等，而它们作为重要的网络技术，在本专业的其他相关课程将做深入介绍。本书内容组织线索：绪论提出一个典型企业网络拓扑，然后围绕其中的主要设备交换机和路由器，由浅入深地渐次展开讨论，介绍了交换机、路由器的常用功能和实现这些功能的配置方法，以及如何综合应用实现企业网络的配置。本书交换机配置部分用了 3 章的篇幅，依次介绍了基本配置、广播风暴及其抑制、链路备份与环路、基本生成树协议和多生成树协议配置、端口聚合、端口镜像、端口安全配置以及 VLAN 配置等。路由器配置部分用了 6 章的篇幅，依次讨论了静态路由和动态路由配置、路由环路消除、路由重分布配置、NAT 配置、广域网协议配置、虚拟专用网络配置、路由热备份技术以及 IP 访问控制列表配置简介等。对任务 7-3 的完成是本书读者要掌握的最基本、最重要的内容。最后一章介绍网络模拟软件的使用，删去了 Boson NetSim/Boson Network Designer，改为介绍网络模拟器 GNS3。

本次修订由石硕教授任主编，广东轻工职业技术学院李洛教授任主审。其余主编、副主编和编写人员如下：

章慧云，江西水利职业学院副教授；

叶廷东，广东轻工职业技术学院计算机系副教授；

潘泽宏，广东轻工职业技术学院计算机系讲师；

邹月，广东科贸职业学院信息工程学院副教授；

石灵心，广东轻工职业技术学院旅游系助理实验师；

卓志宏，广东阳江职业技术学院副教授；

汪海涛，广东科贸职业学院信息工程系副教授；

李连天，广东阳江职业技术学院副教授；

林莉，重庆广播电视大学南川分校副教授；

张蒲生，广东轻工职业技术学院教授。

广州国为信息技术有限公司高级工程师、CCIE 专家黄世旭、电子工业出版社编审吕迈对本书的修改提出了宝贵建议，在此对他们表示诚挚的谢意。由于编者的水平所限，书中难免存在错误和不足，殷切希望读者提出宝贵的意见和建议。

主编　石硕

目　录

绪　　论

交换机和路由器是组成企业网络的关键设备。为了使得读者对其在网络中的位置和作用有一个总体的了解，给出了一个典型企业的网络拓扑，如图 0-1 所示。由图 0-1 可见，路由器 R1 以右的部分是企业总部内部网络，而路由器 R2 以下的网络是企业分支机构网络。总部和分支机构网络的连接使用路由器通过广域网或 Internet 进行，而企业网内部的计算机之间或网络各部分之间的连接则是通过交换机实现。

图 0-1　一个典型企业的网络拓扑

图 0-1 是一个高可靠性的企业网络拓扑图，汇聚层和核心层都使用了第三层交换机，并采用了双机备份，各层设备之间的连接均采用双链路；交换机使用了基于端口的 VLAN 技术，使得接入层交换机所连接的用户计算机受安全策略控制；企业总部网络与分支机构网络之间的连接和企业总部网络与 Internet 之间的连接，可通过 DDN、帧中继或其他广域网线路进行；路由器和三层交换机进行路由选择，提供内部与外部不同网络之间的连接，三层交换机提供内部不同子网之间的连接；防火墙则用来保护内部网络的安全，也采用了双机备份的配置。

除了交换机和路由器外，组成该企业网的主要设备还有网络服务器群，其中所用设备如下。

- PC：用户 PC 构成了企业网络的终端。
- 接入层交换机：直接与员工 PC 相连，提供接入功能，同时以较高速度的链路接入汇聚层交换机。
- 汇聚层交换机：汇聚层交换机的主要作用是作为企业网络各个 VLAN 子网的网关，汇聚多个子网（或 VLAN）的流量；提供三层转发和路由的功能；配置各种安全策略。
- 核心层交换机：提供较高的交换速度，同时拥有包括路由在内的多层处理能力；处理内、外部网络之间及内部各个子网之间的流量。
- 路由器：提供广域网到企业内部网的路由，同时提供访问广域网的能力，某些路由器还提供一部分安全特性。
- 服务器：提供企业内部网具体的应用服务，由服务器操作系统和服务程序构成，同时还要承担整个企业数据的集中存取和备份等功能。
- 安全设备：提供企业信息安全的硬件设备，如防火墙、入侵检测系统等。

在把构建此企业网作为一个组网工程项目时，读者通过学习能规划并组织实施这个项目的方案，那么即可掌握计算机组网技术的关键和实质内容。实施该项目至少需要 3 方面的知识和技能，即服务器群的配置管理，包括 Windows、Linux/UNIX 系统平台上各种服务器的配置与管理；网络互联设备交换机、路由器的配置与管理；网络综合布线技术。本书将讨论交换机、路由器的配置与管理这部分内容，对于其他方面的学习，请读者阅读相应的书籍。

## 第 1 章

Cisco IOS 的基本应用

本章提要

从绪论的描述中，我们已经知道企业网的重要设备是交换机和路由器。作为网络管理员或工程师的一项重要工作，就是要会配置它们使其按照要求工作。这里的配置是指使用交换机和路由器的系统软件（操作系统）提供的命令行界面（或图形界面、Web界面）输入相关的命令或参数的操作。不同厂家的设备的系统软件不同，而作为主流的 Cisco 交换机和路由器的系统软件则名为 Cisco IOS（Cisco Internetwork Operating System，思科网络操作系统）。Cisco 绝大部分系列的交换机和路由器都使用 Cisco IOS，个别系列使用 SET 命令集。

因交换机和路由器的系统软件固化在其 ROM 和 Flash ROM 中，也包括 RAM 和 CPU 等组成部分，故也可把它们视为专用的计算机。但是，它们本身不带输入/输出设备，如显示器和键盘等，这就需要通过通用计算机与它们建立连接，登录访问其操作系统。利用计算机的键盘输入系统命令，利用计算机的显示器显示其命令和信息，可以看成是把计算机的显示器和键盘"借"给交换机或路由器。交换机或路由器与通用计算机硬件建立连接的操作称为搭建配置环境。

【学习目标】

（1）学会交换机和路由器 Console 配置环境的搭建。
（2）学会通过 Telnet 登录、访问路由器 IOS。
（3）学会用 Cisco IOS CLI 命令保存、查看启动和运行的配置文件。

1.1 交换机和路由器配置环境的搭建

下面介绍交换机配置环境的搭建，路由器配置环境的搭建与之完全类似。

第一次配置交换机时，需要用交换机产品配备的 Console 线（专门用来配置交换机或路由器的连接用配置电缆）把计算机的串口和交换机的 Console 口（控制台端口，又称配置口，是专门用于配置管理交换机的接口）连接起来，如图 1-1 所示，然后在计算机上运行"超级终端"程序，进行简单的设置后即可登录交换机进行配置。

此外，通过网络在计算机上使用 Telnet/SSH、浏览器、专用网管软件、MODEM 拨号方式也可连接登录交换机，后面会进行部分介绍。

任务 1-1　通过 Console 口登录配置交换机，浏览启动信息

【主要设备】

Cisco 3550 交换机 1 台、带超级终端程序的 Windows 计算机 1 台、Console 线 1 条。

【网络拓扑】

如图 1-1 所示，用 Console 线把计算机的某个串口与交换机的 Console 口连接起来。

【操作步骤】

1. 在 Windows 中运行并设置超级终端

（1）执行"开始"→"程序"→"附件"→"通讯"→"超级终端"命令，弹出如图 1-2 所示的对话框。

图 1-1　搭建配置环境　　　　　图 1-2　"连接说明"对话框

（2）为连接任意选取图标并输入名称后单击"确定"按钮，弹出如图 1-3 所示的对话框，根据 Console 线实际所连的计算机串口号选择连接时使用的端口，单击"确定"按钮。

（3）在弹出的对话框中设置端口参数：每秒位数为 9600、8 位数据位、1 位停止位、无奇偶校验和无数据流控制，如图 1-4 所示。单击"还原为默认值"按钮，出现的是应该设置的正确数值，然后单击"确定"按钮。

图 1-3 "连接到"对话框

图 1-4 设置端口参数

2. 为交换机上电

上电开启交换机，此时交换机开始载入操作系统，Cisco 交换机可以从载入界面上看到 IOS 版本号、交换机型号、内存大小及其他软/硬件信息。下面以 Cisco 2960-24TT 交换机的启动过程为例，介绍其界面信息，具体信息如下：

```
C2960 Boot Loader (C2960-HBOOT-M) Version 12.2(25)SEE2, RELEASE
SOFTWARE(fc1)cisco WS-C2960-24TT-L(PowerPC405) processor(revision
B0) with 61440K/4088K bytes of memory.2960-24TT-L starting...
Base ethernet MAC Address: 00:1a:6d:c3:d7:80        //交换机以太网MAC 地址
Xmodem file system is available.
The password-recovery mechanism is enabled.
Initializing Flash...                               //闪存初始化
flashfs[0]: 600 files, 19 directories
flashfs[0]: 0 orphaned files, 0 orphaned direct
flashfs[0]: Total bytes: 32514048
flashfs[0]: Bytes used: 7712256
flashfs[0]: Bytes available: 24801792
flashfs[0]: flashfs fsck took 10 seconds.
...done Initializing Flash.                         //闪存初始化完成
Boot Sector Filesystem (bs) installed, fsid: 3 done.
Parameter Block Filesystem (pb:) installed, fsid: 4

Loading "flash:c2960-lanbase-mz.122-25.SEE2/c2960-lanbase-mz.
122-25.SEE2.bin"...                                 //载入 IOS
################################################################
################################################################
```

```
####################################################################
####################################################################
################################[OK]
File"flash:c2960-lanbase-mz.122-25.SEE2/c2960-lanbase-mz.122-25.
SEE2'.bin" uncompressed and installed, entry point: 0x3000
executing...                              //解压、安装完成，执行 IOS

        Restricted Rights Legend              //版权信息


Use, duplication, or disclosure by the Government is
subject to restrictions as set forth in subparagraph
(c) of the Commercial Computer Software-Restricted
Rights clause at FAR sec. 52.227-19 and subparagraph
(c) (1) (ii) of the Rights in Technical Data and Computer
Software clause at DFARS sec. 252.227-7013.


        cisco Systems, Inc.
        170 West Tasman Drive
        San Jose, California 95134-1706


Cisco IOS Software, C2960 Software (C2960-LANBASE-M), Version 12.2
(25)SEE2, RELE
ASE SOFTWARE (fc1)
Copyright (c) 1986-2006 by Cisco Systems, Inc.
Compiled Fri 28-Jul-06 04:33 by yenanh
Image text-base: 0x00003000, data-base: 0x00AA2F34


Initializing flashfs...

flashfs[1]: 600 files, 19 directories
flashfs[1]: 0 orphaned files, 0 orphaned directories
flashfs[1]: Total bytes: 32514048
flashfs[1]: Bytes used: 7712256
flashfs[1]: Bytes available: 24801792
flashfs[1]: flashfs fsck took 1 seconds.
flashfs[1]: Initialization complete....done Initializing flashfs.

POST: CPU MIC register Tests : Begin
//CPU 的有关测试，以下是关于接口芯片内存、环回测试等信息，均需测试通过
POST: CPU MIC register Tests : End, Status Passed

POST: PortASIC Memory Tests : Begin
```

```
POST: PortASIC Memory Tests : End, Status Passed

POST: CPU MIC PortASIC interface Loopback Tests : Begin
POST: CPU MIC PortASIC interface Loopback Tests : End, Status Passed

POST: PortASIC RingLoopback Tests : Begin
POST: PortASIC RingLoopback Tests : End, Status Passed

POST: PortASIC CAM Subsystem Tests : Begin
POST: PortASIC CAM Subsystem Tests : End, Status Passed

POST: PortASIC Port Loopback Tests : Begin
POST: PortASIC Port Loopback Tests : End, Status Passed
Waiting for Port download...Complete          //以下为端口信息

cisco WS-C2960-24TT-L(PowerPC405) processor(revision B0) with
61440K/4088K bytes of memory.
Processor board ID FOC1049ZCJ6
Last reset from power-on
1 Virtual Ethernet interface
24 FastEthernet interfaces
2 Gigabit Ethernet interfaces
The password-recovery mechanism is enabled.

64K bytes of flash-simulated non-volatile c
//以下为基本 MAC 地址、各部件编号、注册号、版本号等
Base ethernet MAC Address             : 00E0.F948.34E3
Motherboard assembly number           : 73-9832-06
Power supply part number              : 341-0097-02
Motherboard serial number             : FOC103248MJ
Power supply serial number            : DCA102133JA
Model revision number                 : B0
Motherboard revision number           : C0
Model number                          : WS-C2960-24TT
System serial number                  : FOC1033Z1EY
Top Assembly Part Number              : 800-26671-02
Top Assembly Revision Number          : B0
Version ID                            : V02
CLEI Code Number                      : COM3K00BRA
Hardware Board Revision Number        : 0x01


Switch     Ports     Model       SW Version    SW Image
```

```
------       -----      -----      ----------      ----------
*  1    26       WS-C2960-24TT-L   12.2(25)SEE2    C2960-LANBASE-M

--- System Configuration Dialog ---
 //若是首次启动或者没有保存过配置文件，会出现此提示
Continue with configuration dialog? [yes/no]:
 //输入n并按"Enter"键，系统最后出现提示符Switch>


Press RETURN to get started
00:00:39: %LINEPROTO-5-UPDOWN: Line protocol on Interface Vlan1,
changed state t
o down
00:00:39: %SPANTREE-5-EXTENDED_SYSID: Extended SysId enabled for
type vlan
00:00:41: %SYS-5-CONFIG_I: Configured from memory by console
00:00:41: %SYS-5-RESTART: System restarted --
Cisco IOS Software, C2960 Software (C2960-LANBASE-M), Version
12.2(25)SEE2, RELE
ASE SOFTWARE (fc1)
Copyright(c) 1986-2006 by Cisco Systems, Inc.
Compiled Fri 28-Jul-06 04:33 by yenanh
Switch>
```

1.2　CLI 命令行接口

　　使用 IOS 提供的命令来配置管理交换机的界面称为 Cisco IOS 的 CLI（Command Line Interface，命令行接口），CLI 是配置 Cisco 交换机和路由器的主要方式。

　　Cisco IOS 还内置了 Web，用户使用 Web 浏览器也能登录交换机，实现部分配置管理功能，Web 界面友好直观。但要实现全部配置管理功能，则必须使用 CLI 来实现。

1.2.1　CLI 命令模式

　　不同的命令需要在不同的命令模式下才能执行，Cisco IOS 常用的 6 种命令模式如下：

> ➢ 普通用户（User EXEC）模式。
> ➢ 特权执行（Privileged EXEC）模式。
> ➢ 全局配置（Global Configuration）模式。
> ➢ 接口配置（Interface Configuration）模式。
> ➢ 虚拟局域网参数配置（VLAN Database）模式。

➢ 终端线路配置（Line Configuration）模式。

在不同的模式下，CLI 界面的提示符不同。如表 1.1 所示的内容列出了这 6 种命令模式的用途、提示符、访问方法和退出方法。

表 1.1 命令模式摘要

模　式	访 问 方 法	提 示 符	退 出 方 法	用　途
普通用户模式	一个进程的开始	Switch>	输入 logout 或 exit	改变终端设置，执行基本测试显示系统信息
特权执行模式	在 User EXEC 模式中输入 enable 命令	Switch#	输入 disable 返回 User EXEC 模式,输入 exit 退出	校验输入的命令，该模式有密码保护
全局配置模式	在Privileged EXEC 模式中输入 configure terminal 命令	Switch(config)#	输入 exit、end 或按下 Ctrl+Z 组合键，返回 Privileged EXEC 模式	将配置的参数应用于整个交换机
接口配置模式	在 Global Configuration 模式中输入 interface 接口名命令	Switch(config-if)#	输入 exit 返回 Global Configuration 模式，按下 Ctrl+Z 组合键或输入 end 返回 Privileged EXEC 模式	为 ethernet interfaces 配置参数
虚拟局域网配置模式	在 Privileged EXEC 模式中输入 vlan database 命令	Switch(vlan)#	输入 exit、end 或按下 Ctrl+Z 组合键返回 Privileged EXEC 模式	配置 VLAN 参数
终端线路配置模式	在 Global Configuration 模式中输入 line vty 命令或 line console 命令	Switch(config-line)#	输入 exit 返回 Global Configuration 模式，按下 Ctrl+Z 组合键或输入 end 返回 Privileged EXEC 模式	为 terminal line 配置密码等参数

1.2.2 命令模式的使用

CLI 之所以采用多种命令模式，是为了保护系统的安全。命令行采用分级保护方式，防止未经授权非法侵入。所有命令会被分组，每组分属不同的命令模式，某个命令模式下只能执行所辖的命令。当然，有的命令也可能分属在多个模式下。

各命令模式之间可以切换，如在普通用户模式提示符下输入 enable，就可进入特权执行模式。特权执行模式是进入其他用户模式的"关口"，欲进入其他用户模式，必须先进入特权执行模式。CLI 提供进入特权执行模式的口令保护。

▶ 1. 普通用户模式

路由器启动后直接进入该模式，该模式只包含少数几条命令，用于查看交换机或路由器的简单运行状态和统计信息。

▶ 2. 特权执行模式

该模式有口令保护,用户进入该模式后可查看交换机或路由器的全部运行状态和统计信息，并可进行文件管理和系统管理。

▶ 3．全局配置模式

在该模式下可配置交换机或路由器的全局参数，如主机名、密码、路由协议等。在特权执行模式下输入命令 configure terminal，即可进入该模式。

▶ 4．接口配置模式

该模式可对交换机或路由器的各种端口进行配置，如配置 IP 地址、封装网络协议等。在全局配置模式下输入命令 interface *interface-type*，即可进入该模式，其中 interface-type 为具体的端口名称，如 ethernet 1、vlan 1 等。

▶ 5．虚拟局域网配置模式

在该模式下可对交换式网络进行虚拟局域网的划分、配置。在特权执行模式下输入命令 vlan database，即可进入该模式。

▶ 6．终端线路配置模式

在该模式下可为使用终端仿真程序和超级终端访问的交换机或路由器设置参数，如设置超级终端登录密码或配置允许通过 Telnet 登录交换机或路由器等。在全局配置模式下输入命令 line vty *first-line-number last-line-number*，即可进入该模式配置 Telnet 登录参数。其中，*first-line-number* 最小可取 0；*last-line-number* 可取 1～15|1～4，交换机最大可取 15，路由器最大可取 4。数字代表计算机与交换机或路由器可以同时存在的 Telnet 连接进程编号。

1.2.3 命令模式的约定

为便于表述和阅读对命令模式进行如下约定。

▶ 1．对命令行书写格式的约定

```
ip nat pool name start-ip end-ip { netmask netmask | prefix-length
prefix-length } [ type { rotary } ]     //此为一定义路由器地址池的命令行
```

以此为例对书写格式约定如下：

➢ 正体书写的字符串为命令关键字。
➢ 斜体书写的字符串为参数名，需要用具体的参数值替换。
➢ 方括号"[ ]"中的命令或参数为可选。
➢ 竖线"|"两边的命令或参数选择其一。
➢ 花括号"{ }"中的命令或参数为必选。
➢ 命令行之后的双斜杠"//"及其后面的文字是对该行命令的注释，而"!"是 Cisco IOS 命令行界面显示的注释标记。

与命令书写格式对应写出一行实际的命令如下：

```
ip nat pool sss 192.1.1.1 192.1.1.254 netmask 255.255.255.0 type rotary
```

其中，ip nat pool 为命令关键字；netmask 为必选其一的命令关键字；sss、192.1.1.1、192.1.1.254 和 255.255.255.0 是参数值，对应 *name*、*start-ip*、*end-ip*、*netmask*；type 是

可选的关键字，但一旦选取，rotary 就必须一同使用。

有时为了简明，命令行格式中也用斜体中文字表示参数名，例如：

> ip nat pool *地址池名称 开始地址 结束地址* netmask *子网掩码*

❯2．其他约定

按照英文原意，交换机/路由器的全部端口或接口统称为 Ports，具体的某个接口称为 Interface。为了不易混淆，本书把"端口"与"接口"这两个术语都称为交换机或路由器的物理或逻辑接口（Interface）；而把"端口"这个术语称为 TCP 或 UDP 协议的端口号（Port）。

本书所有配置任务可在实际的交换机/路由器上完成，也可在模拟软件 GNS3 上完成。GNS3 的使用参见第 10 章。

1.2.4　命令帮助系统

初学 Cisco IOS 时会觉得命令复杂，不好记忆，但可以通过其内置的命令帮助系统来提高学习效率。

❯1．"？"查询

在任意模式下，Cisco IOS 都可使用"？"来查询命令字符组成、命令格式及其用法。

"Switch>？"可查看某交换机普通用户模式下所有可用的命令，屏幕显示全部命令的列表，如下所示：

```
Switch>?
access-enable      Create a temporary Access-List entry
connect            Open a terminal connection
enable             Turn On privileged commands
exit               Exit from the EXEC
help               Description of the interactive help system
lock               Lock the terminal
logout             Exit from the EXEC
ping               Send echo messages
rcommand           Run command on remote switch
show               Show running system information
systat             Display information about terminal lines
telnet             Open a telnet connection
traceroute         Trace route to destination
tunnel             Open a tunnel connection
```

"Switch>s？"可显示交换机普通模式下所有以 s 开头的命令（注意"？"与"s"间无空格），如下所示：

```
Switch>s?
```

```
show                    systat
```

"Switch> show ?"可显示普通用户模式下 show 命令后可跟的参数（注意"？"与前面的字符间有空格），如下所示：

```
Switch>show ?
history                 Display the session command history
ip                      Display IP configuration
version                 System hardware and software status
interfaces              Interface status and configuration
mac-address-table       MAC forwarding table
terminal                Display console/RS-232 port configuration
vlan                    VTP VLAN status
vtp                     VTP information
flash                   display information about flash:file system
```

"Switch# show ?"可显示特权执行模式下 show 命令后可跟的参数，如下所示：

```
Switch#show ?
cdp                     cdp information
history                 Display the session command history
ip                      Display IP configuration
version                 System hardware and software status
interfaces              Interface status and configuration
mac-address-table       MAC forwarding table
running-config          Show current operating configuration
spanning-tree           Spanning tree subsystem
terminal                Display console/RS-232 port configuration
startup-config          Contents of startup configuration
vlan                    VTP VLAN Status
vtp                     VTP information
flash                   display information about flash: file system
cdp                     cdp information
history                 Display the session command history
ip                      Display IP configuration
version                 System hardware and software status
interfaces              Interface status and configuration
mac-address-table       MAC forwarding table
running-config          Show current operating configuration
spanning-tree           Spanning tree subsystem
terminal                Display console/RS-232 port configuration
startup-config          Contents of startup configuration
vlan                    VTP VLAN status
vtp                     VTP information
flash                   display information about flash: file system
```

还可继续使用"？"来查看命令用法的细节，如下所示：

```
Switch#show interfaces ?
fastethernet            FastEthernet IEEE 802.3
description             Show interface description
status                  Show interface line status
switchport              Show interface switchport information
trunk                   Show interface trunk information
vlan                    Catalyst Vlans
<cr>
```

继续使用"？"查看 show interfaces fastethernet 的格式，如下所示：

```
Switch#show interfaces fastethernet ?
<0>/<1-12>              Interface Number
<cr>
```

从上可知，格式应为 show interfaces fastethernet 0/1（或 0/2、0/3…0/12），是查看本交换机的 12 个快速以太网接口 fastethernet 0/1～fastethernet 0/12 状态的命令。

输入"show interfaces fastethernet 0/2"命令，CLI 界面显示该接口的状态信息如下所示：

```
Switch#show interfaces fastethernet 0/2
FastEthernet0/2 is down,line protocol is down
    Hardware is Fast Ethernet, address is 000C.7266.6924 (bia 000C.
    7266.6924)
    MTU 1500 bytes,BW 10000 Kbit,DLY 1000 usec,
        reliability 255/255, txload 1/255, rwload 1/255
    Auto-duplex,Auto-speed
    Encapsulation ARPA,loopback not set
    ARP type: ARPA,ARP Timeout 04:00:00
    Last input 02:29:44, output never, output hang never
    Last clearing of "show interface" counters never
    Input queue: 01/75/0/0(size/max/drops/flushes);Total output
    drops: 0
    Queueing strategy: fifo
    Output queue: 0/40 (size/max)
    5 minute input rate 0 bits/sec, 0 packets/sec
    5 minute output rate 0 bits/sec, 0 packets/sec
        269 packets input, 71059 bytes, 0 no buffer
        Received 6 broadcasts, 0 runts, 0 giants, 0 throttles
        0 input errors, 0 CRC, 0 frame, 0 overrun, 0 ignored
        7290 packets output, 429075 bytes, 0 underruns
        0 output errors, 3 interface resets
        0 output buffer failures, 0 output buffers swapped out
```

▶2. 命令的简化与快速输入

Cisco IOS 还提供命令的简化与快速输入支持，进一步方便用户，提高配置效率。例如，进入特权执行模式的命令为 enable，可简化输入 ena、en，但不能只输入 e。

```
Switch>e
% Ambiguous command: "e"
```

系统提示 e 命令引起歧义，可输入"e？"进行查询：

```
Switch>e ?
enable                  exit
```

可见 e 开头的命令有两个，只输入 e 系统则不能识别。因此，在简化输入命令时，简化的程度以能够区分开不同的命令为度。

命令及其后面带的参数都可以简化输入，例如，查看交换机以太网接口状态的命令 show interfaces fastethernet 0/2，可以简化为 sh int f 0/2。

命令简化后，能够加快输入的速度，但字面意思不及原来明白，可读性会变差。为了既能减少命令字符数输入，又能使命令完整显示，IOS 提供了 Tab 键来自动补齐省略的命令字符。例如，若只输入 sh int f 0/2 而让屏幕完整显示 show interfaces fastethernet 0/2，则可按如下步骤实现：

输入 sh→按 Tab 键→按 Space 键→输入 int→按 Tab 键→按 Space 键→输入 f→按 Tab 键→按 Space 键→输入 0/2

另外，按上、下方向键能翻出使用过的命令行。

1.3 配置交换机与路由器的名称和密码

初步了解 Cisco IOS 和 CLI 后，下面简单完成两个任务，任务 1-2 是配置交换机主机名称和特权执行密码；任务 1-3 是配置路由器的 Telnet 登录，包括配置登录的密码。在讲述交换机配置环境的搭建时，提到了可以通过 Telnet 从网络登录进行配置，由于交换机的管理 IP 地址要用到 VLAN 的概念，所以其 Telnet 登录配置在第 3 章中进行介绍。

交换机、路由器的密码包括登录交换机或路由器后进入特权执行模式的密码（使能密码和使能加密密码），以及从 Console 口登录时的登录密码，用 Telnet 登录的 Telnet 登录密码等。

除了使能加密密码是以密文形式保存在配置文件 Running-config 和 Startup-config 以外，其余密码均是以明文（可阅读的文本）保存的，进入特权执行模式时都能看到。

任务 1–2 配置 Cisco 3550 交换机配置名称和特权执行密码

【主要设备】

Cisco 3550 交换机 1 台、带超级终端程序的 Windows 计算机 1 台、Console 线 1 条。

【网络拓扑】

如图 1-1 所示，用 Console 线把计算机的某个串口与交换机的 Console 口连接起来。

【操作步骤】

▶1. 配置交换机名称

在全局模式下使用命令 hostname 来配置主机名称（交换机名称），如下所示：

```
Switch>enable                        //进入特权执行模式
Switch#
Switch# config terminal              //进入全局配置模式
Switch(config)#                      //全局配置模式的提示符
Switch(config)# hostname catalyst    //设置主机名 catalyst，即把 Switch
                                     //改名为 catalyst

catalyst(config)#
```

▶2. 配置特权执行密码

特权执行密码有两种，分别使用命令 password 或 secret 来设置，前者设置的是非加密密码，后者设置的则是加密密码。查看配置信息时，前者设置的密码会显示原文（按原设置的字符显示），也称使能密码，而后者显示的是加密后的密文，又称使能加密密码。

```
catalyst(config)# enable password  asDf#123 //设置非加密密码 asDf# 123，
                                             //用在版本 Cisco IOS
                                             //10.2 及以下
catalyst(config)# enable secret shi123A      //设置加密密码 shi123A，
                                             //用在版本 Cisco IOS
                                             //10.3 及以上
```

注意这两种密码都对大小写敏感，即要区分大小写。

此外，还可以分级设置密码。在普通用户和特权执行模式之间，Cisco IOS 还支持把权限等级分为 Level 1～Level 15，级别不同，权限也不同（能够使用的命令不同），Level 15 是最高的权限（特权执行）。对不同的等级设置密码，密码拥有者就会获得相应的权限。

2900 系列及其以上交换机，对 password 密码和 secret 密码既可分级设置，也可直接设置为特权执行密码。

例如，命令 catalyst(config)#enable secret level 10 shi2shuo，即设置 Level 10 级别的密码 shi2shuo，从普通用户进入该级别的执行模式时应该输入 "catalyst>enable 10"，输入密码 shi2shuo 后，进入 Level 10 执行模式，提示符与特权执行模式相同，即 catalyst#。

而对于 1900 系列交换机，密码设置不支持直接设为特权执行密码，必须按等级1～15 进行如下设置：

```
>en                      //1900 系列默认的提示符是 ">"
```

```
# config terminal
(config)# enable password level 1-15 shiuoh
```

命令行中 *1-15* 要选定一个 1~15 之间的具体数字，shiuoh 为设定的密码。若选定 15，则命令为(config)#enable password level 15 shiuoh，即设置的是使能密码 shiuoh。

同样，命令行(config)#enable secret level 15 shiH01 所设置的密码 shiH01 为最高级别的加密密码，即使能加密密码。

如果既设置了 secret 密码，又设置了 password 密码，则优先生效的是 secret 密码。

任务 1–3　配置通过 Telnet 从网络访问 Cisco 路由器

【主要设备】

Cisco 3550 交换机、2621 路由器各 1 台，Windows 计算机 2 台，RJ-45 网线 2 条，Console 线 1 条。

【网络拓扑】

如图 1-5 所示，用 Console 线把已安装超级终端程序的 PC1 的某个串口用 Console 电缆与路由器 Router 的 Console 口进行连接；用第 1 条网线把路由器的某以太网接口（如 f0/0）与交换机 Switch 的以太网接口（如 f0/1）进行连接，第 2 条网线则把 PC2 的网卡和交换机的以太网接口（如 f0/2）连接起来。

图 1-5　配置 Telnet 登录路由器的网络拓扑

【操作步骤】

1. 配置路由器接口 IP 地址

从 PC1 使用超级终端登录路由器，设置参数的方式与任务 1-1 中介绍的方式相同。

配置 IP 地址要在全局模式下使用 interfaces 命令进入路由器的接口配置模式后，再使用命令 ip address 进行，如下所示：

```
Router> enable
Router# config t
Router(config)# interfaces f 0/0     //进入接口配置模式
Router(config-if)#                   //接口配置模式的提示符
```

```
Router(config-if)# ip address 192.168.0.8 255.255.255.0
                                  //为该 Fast Ethernet 接口配置 IP 地址
Router(config-if)# no shutdown    //启用该接口配置
Router(config-if)# exit           //返回全局配置模式
Router(config)#
```

2. 配置虚拟终端线路的登录权限

Telnet 是远程登录协议，又称终端仿真或虚拟终端程序，配置 Cisco 设备允许 Telnet 登录，需要设置 Telnet 登录密码；为安全考虑需要开启密码登录保护（默认开启），登录者输入 Telnet 密码后才能登录，配置如下所示：

```
Router(config)#line vty 0 4       //进入虚拟终端线路配置模式，允许同时
                                  //存在的 Telnet 登录连接数为 5 个
Router (config-line)#             //终端线路配置模式的提示符
Router (config-line)# password shi123  //设置 Telnet 登录密码 shi123
Router (config-line)# login       //开启登录密码保护，此处若输入
                                  //no login 则登录时不需输入密码
Router(config-line)# end          //返回特权执行模式
Router#
```

路由器上的 Telnet 服务默认是开启的，故完成以上配置后即可从计算机 Telnet 登录路由器。

3. 配置验证

把 PC2 的 IP 地址设为与路由器 f0/0 口在同一网段，然后在命令提示符下输入命令 telnet 192.168.0.8，屏幕提示输入 password，输入 shi123 后即可进入路由器的 CLI 界面。记下路由器 f0/0 的 IP 地址，以后配置路由器时，网管就不必再到现场使用 Console 线连接超级终端的方式，而可以采用 Telnet 远程管理。

注意，该路由器上的其他任何接口，只要是开启的并配有 IP 地址，PC2 都可验证该地址并进行登录。

4. 配置对所有密码的加密

在 Cisco IOS CLI 中配置口令时，默认情况下，除了使能加密密码外，所有其他密码都以明文格式存储在 startup-config 和 running-config 中，如 Telnet 登录密码或控制台登录密码。为了安全，密码应该加密，且不能以明文格式存储。Cisco IOS 命令 service password-encryption 是用于对密码进行加密的命令。

当从全局配置模式下输入 service password-encryption 命令后，所有系统密码都将以加密形式存储。只要输入该命令，当前设置的所有密码都将转换为加密密码。

如果要取消以加密格式存储所有系统密码的要求，可在全局配置模式下输入命令 no service password-encryption，取消密码加密不会将当前已加密的密码恢复为可阅读文本，但是此后所有新设置的密码将以明文格式存储。

1.4 配置文件的常规操作

配置交换机和路由器后，由配置命令组成的命令文件存储在主内存（RAM）中，称为正运行的（活动的）配置文件。

1.4.1 配置文件的保存

IOS 命令是解释执行的，所以配置后立即生效，不必重启系统。但如果掉电（断电或重启），主内存中的配置文件就会丢失，故需要保存在不会因掉电而丢失的地方。

Cisco 产品是把配置文件保存在 NVRAM（非易失性 RAM）中，NVRAM 中的内容不会因为掉电而丢失。将配置文件保存到 NVRAM（把配置文件从主内存复制到 NVROM 中）的命令如下：

```
Switch# copy running-config startup-config
```

running-config 是主内存中正在运行的配置文件，存储的是当前的配置命令，输入命令时，该文件动态地发生改变。startup-config 是写入 NVROM 的配置文件，交换机或路由器重启时，配置文件 startup-config 从 NVROM 调入主内存，作为 running-config，故 startup-config 称为启动配置文件。

1.4.2 配置文件的查看与清除

在特权执行模式下，使用 show 命令来查看配置文件和其他配置信息。

1. 查看 NVRAM 中的配置文件

```
Router# show config
Router# show startup-config
```

这两个命令得到的结果是相同的，显示启动配置文件的内容。

2. 查看 RAM 中的配置文件

```
Router# show running-config
```

显示当前运行的配置文件的内容。

3. 查看 Flash ROM 中的文件信息

Cisco 交换机和路由器的 IOS 存储在其快闪存储器中，可以使用如下命令：

```
Router# show flash
```

显示 Cisco IOS 文件名、Flash ROM 所使用的空间和空闲的空间。

4. 查看配置信息

在特权执行模式下，可用 show 命令来查看路由器的配置信息。

show version：显示路由器的硬件配置，端口信息，软件版本，配置文件的名称、来源及引导程序来源。

show interface *interface-id*：显示端口及线路的协议状态、工作状态等。

show stacks：显示进程堆栈的使用情况，中断使用及系统本次重新启动的原因。

show buffers：提供缓冲区的统计信息。

show protocols：显示所有端口及协议状态（是 Up 还是 Down ，是否 Enable）。

除了特别说明外，查看命令对交换机和路由器都适用，而 Catalyst 1900 除外。在 Catalyst 1900 中，对主内存配置文件 running-config 所进行的修改自动被复制到 NVRAM 中，故它没有提供 copy running-config startup-config 命令，也没有提供 show startup-config 命令，如要查看配置文件，可使用 show running-config。

5. 清除启动配置文件

特权执行模式下使用命令 erase startup-config 来清除启动配置文件，而 Catalyst 1900 系列交换机使用命令 delete nvram。

1.5 系统文件和配置文件的存储与运行

前面简单介绍了 Cisco 交换机和路由器的配置文件和操作系统文件的存储情况，下面进一步讨论这些文件和其他系统文件的存储和运行情况。

1.5.1 文件的存储

Cisco 交换机和路由器的系统文件有加电自检（Power-On Self-Test，POST）、启动程序（Bootstrap Program）和 IOS；配置文件有启动配置文件和运行配置文件，这些文件存储在多个存储器中。

Cisco 交换机和路由器使用的存储器有 ROM、RAM、Flash ROM 和 NVRAM。

（1）ROM（只读存储器）。ROM 存储加电自检、启动程序和 IOS 的一份副本（映像文件）。Cisco 4000 系列以上的一些高端路由器可以升级 ROM 中的 IOS。

（2）RAM（随机访问存储器）。IOS 将 RAM 分成共享和主存两个区域，主要用来存储运行中的配置和与协议有关的 IOS 数据结构。

（3）Flash ROM（闪存）。Flash ROM 用来存储 IOS 映像文件，以及备份启动配置文件。Flash ROM 是可擦除内存，便于 IOS 升级。升级主要是对 Flash ROM 中的 IOS 映像文件进行更换。

（4）NVRAM（非易失性随机访问存储器）。NVRAM 用来存储系统的启动配置文件。

路由器内存文件信息一览表如表 1.2 所示，该表反映了 Cisco 常用系列路由器的内存中 IOS 和配置文件的存储和运行情况，从表中可以看出不同系列路由器的一些差异。2500、2600、3600 系列直接在闪存中运行 IOS，所以在路由器运行期间，可能没有足够的内存空间升级 IOS；在 4000、7000 系列中，IOS 从闪存载入主 RAM 中运行，因此在路由器运行期间，闪存中能够升级 IOS。

升级主要是通过 TFTP 服务器来进行的，关于 TFTP 服务器和升级环境将在后面的章节中介绍。

表 1.2　路由器内存文件信息一览表

内存类型 \ 路由器型号	2500、2600、3600	4000、7000
ROM	不能升级的基本 IOS	可升级 IOS
共享 RAM	存储缓冲区	存储缓冲区
主 RAM	路由表和 IOS 数据结构，无 IOS 运行	路由表和 IOS 数据结构，从闪存把 IOS 载入主 RAM 运行
Flash ROM	包含 IOS 并在闪存运行 IOS	包含 IOS
NVRAM	配置文件	配置文件

1.5.2　交换机和路由器的启动过程

（1）加电自检。ROM 运行加电自检程序，检查路由器的处理器、接口、内存等硬件设备。

（2）执行引导程序查找并载入 IOS。引导程序（Bootstrap）搜索 IOS 并载入主内存，路由器中的 IOS 可从 Flash ROM 中载入，或从 ROM 中载入，也可从 TFTP 服务器中载入，默认是从 Flash ROM 中载入。

（3）载入启动配置文件。IOS 载入后接管系统控制权，开始查找并载入启动配置文件 startup-config，该文件存储在 NVRAM 中。

（4）执行配置文件。把启动配置文件 startup-config 载入主内存成为运行的配置文件 running-config，配置命令被系统执行，完成 IOS 初始化。

当在 NVRAM 中找不到配置文件或配置文件非法时，提示用户选择进入初始设置模式或 CLI。交换机和路由器的启动过程如图 1-6 所示。

图 1-6　交换机和路由器的启动过程

1.5.3　绕过使能加密密码登录交换机

在设置密码控制对 Cisco IOS CLI 的访问之后，需要记住密码。Cisco 提供了密码恢复机制以便管理员在忘记密码时仍能访问其设备。恢复密码需要实际接触设备，不能远程进行。在已启用密码加密的情况下，不能实际恢复原来的密码，但是可以将密码重设为新值且不丢失已有的配置文件。

下面以 Cisco 2900XL 交换机为例，介绍如何绕过使能加密密码登录交换机获取配置文件并重设使能加密密码。路由器的密码恢复将在第 5 章 5.4 节中进行介绍。

注意不同交换机系列的密码恢复方法可能不同，应参阅相应产品手册，2960 系列交换机的操作步骤如下：

（1）把安装了超级终端的 PC 连接到交换机 Console 接口。

（2）在超级终端中将线路速率设置为 9600bit/s。

（3）关闭交换机电源并重新开启，在 15s 内，当 System LED 仍闪烁绿光时按下"Mode"按钮，一直按住"Mode"按钮，直到 System LED 短暂变成琥珀色，然后变成绿色常亮，此时松开"Mode"按钮。

（4）使用命令 flash_init 初始化闪存文件系统。

（5）使用命令 load_helper 加载所有 helper 文件。

（6）使用命令 dir flash 显示闪存内容。显示的交换机文件系统包括配置文件 config.text（该配置文件与 NVRAM 中的启动配置文件 startup-config 一致），如下所示：

```
Directory of flash:/

2   -rwx   1645810    Mar 01 1993 00:04:53  c2900XL-c3h2s-mz-120.
                                            5.2-XU.bin

3   -rwx   105961     Apr 04 2000 00:29:33  c2900XL-diag-mz-120.5-XU

4   drwx   6720       Mar 01 1993 00:05:47  html

111 -rwx   286        Jan 01 1970 00:00:24  env_vars

112 -rwx   1080       Mar 01 1993 00:56:17  vlan.dat

5   -rwx   108        Mar 01 1993 00:03:31  info

113 -rwx   108        Mar 01 1993 00:05:47  info.ver

114 -rwx   1994       Mar 01 1993 06:11:47  config.text

3612672 bytes total (832000 bytes free)
```

（7）使用命令 rename flash:config.text flash:config.text.original 将配置文件重命名为config.text.original，该文件中包含密码定义。

（8）使用命令 boot 启动系统。因为启动配置文件 config.text 已经被改名，所以交换机加载不了此文件，系统提示是否要启动设置程序，在提示符下输入 N，当系统提示是否继续配置对话时，输入 N。

（9）在交换机提示符下，使用命令 enable 进入特权执行模式，已经不需要口令。

（10）使用命令 rename flash:config.text.original flash:config.text 将配置文件改回原名称。

（11）使用命令 copy flash:config.text system:running-config 将配置文件复制到内存

中。执行此命令后，控制台上的显示如下所示：

```
Destination filename [running-config]?
```

按 Enter 键响应确认提示，此时交换机将重新加载配置文件，除了恢复密码外，更重要的就是不要弄丢配置文件 config.text，对于大型企业网络而言，核心交换机上的该配置文件命令可能有上千行，甚至更多，一旦丢失将会造成很大损失。

（12）使用全局模式命令 enable secret *password* 更改使能加密密码。

（13）使用特权执行命令 show running-config 查看其他密码，若是非加密密码，则能看到密码字符，可继续使用；若是加密密码，则只有重新设置。

（14）使用命令 copy running-config startup-config 将运行配置写入启动配置文件。

（15）使用 reload 命令重启交换机。

思考与动手

1. 如何查看、保存交换机和路由器的配置文件？

2. 如何查看启动配置文件？

3. 查看交换机和路由器的系统文件名称。

4. 配置交换机和路由器的分级密码。

5. 在任务 1-3 中，如果计算机的 IP 地址与路由器 f0/0 口的地址不在同一网段，还能否成功通过 Telnet 登录路由器？怎样做才能成功登录？

## 第 2 章

交换机的结构与基本功能

本章提要

交换机用做网络集中设备,其端口连接网络中的主机。在转发数据帧时,端口带宽能够独享。

交换机按其工作在 OSI 参考模型的对应层次,包括第二层、第三层和第四层交换机,可管理的交换机内置了操作系统软件。

第二层交换机采用帧交换转发数据,帧交换的方式有 3 种,即存储转发、伺机通过和自由分段。

交换机通过学习进入自己端口的数据帧源 MAC 地址,记下地址与端口的对应关系,生成 MAC 地址与交换机端口的对应关系表——MAC 地址表;通过 MAC 地址表,交换机可以实现数据帧的单播转发。

使用备份连接是提高网络可靠性的常用方法,但所形成的环路可能会导致广播风暴和引起多帧副本问题。STP 协议的应用可消除环路问题,使冗余备份得以实现。

【学习目标】

(1)了解以太网交换机的基本结构与功能。

(2)学会查看 MAC 地址表。

(3)理解链路冗余的作用和环路的危害,学会生成树协议 STP 的配置。

2.1 交换机的作用与组成

本章所指的交换机若无特别说明,均指以太网交换机。在以太网络中,交换机起信息中转站的作用,它把从某个端口接收到的数据从其他端口转发出去。不同厂家、不同型号的交换机,其外观和内部组成有一定的差异。

2.1.1 交换机的外观

交换机前面板上的多个 RJ-45 接口是以太网口,用来连接计算机或其他交换机。后面板或前面板上的串口是交换机的配置口,用串口线缆(Console 线)将其与计算机的串口连接起来，可实现对交换机的配置操作。

前面板上有若干个指示灯，其亮、灭或闪烁可以反映交换机的工作状态是否正常，此外还有电源插口、电源开关等。

可上机架（柜）式交换机的标准长度为 48.26cm（19in）。如图 2-1 所示的是 Cisco Catalyst 4500 和 Cisco Catalyst 2900 系列交换机的外观。

Cisco Catalyst 4500 系列   Cisco Catalyst 2900 系列

图 2-1　交换机的外观

2.1.2　交换机的内部组成

交换机的内部组成包括以下部分。

CPU：交换机使用特殊用途集成电路芯片 ASIC，以实现高速的数据传输。

RAM/DRAM：主存储器，存储当前运行的配置文件。

NVRAM：存储备份配置文件等。

Flash ROM：存储系统软件、映像文件等，是可擦可编程的 ROM。

ROM：存储开机诊断程序、引导程序和系统软件。

接口电路：交换机各接口的内部电路。

2.2　交换机的分类

可按多种方式对交换机进行分类，若参照开放系统互联（OSI）参考模型，则交换机属于第 2 层～第 4 层的设备。

2.2.1　OSI 参考模型与数据通信设备

开放系统互联参考模型分为 7 层，其层次及其相应设备如表 2.1 所示。

根据 OSI 参考模型，每一层都使用相应的协议实现特定的功能，完成数据交换。每一层数据逻辑上在源主机与目标主机对应层之间进行传输，屏蔽下层的细节。而数据实际的传输过程是：在发送端，应用层数据经过下面各层，依次被各层进行封装，最后通过物理层下的传输介质完成物理层比特流的传输，到达接收端的物理层；在接收端，各层依次拆封并向上层提交数据，最后送达应用层。

表 2.1　OSI 参考模型的层次及其相应设备

层　数	名　称	协议数据单元名称	相应设备及其作用
第七层	应用层	Data	计算机；处理相应数据
第六层	表示层	Data	计算机；处理相应数据
第五层	会话层	Data	计算机；处理相应数据
第四层	传输层	Segment	四层交换机、计算机；处理数据字段
第三层	网络层	Packet	路由器、三层交换机；处理数据包
第二层	数据链路层	Frame	交换机、网桥、网卡等；处理数据帧
第一层	物理层	Bit	各种接口线缆、网卡等；确定与传输媒体接口有关的特性，处理 Bit 流

交换机可以工作在第 2 层～第 4 层，对应的技术称为第二层、第三层和第四层交换技术，第二层和第三层交换机是目前使用最多的交换机。

本书主要介绍第二层交换技术和第二层交换机的应用，同时也介绍涉及工程应用的第三层交换机的配置和应用。

2.2.2　交换机的简单分类

这里对以太网交换机按配置可否改变或者按在 OSI 参考模型中的对应层次来进行简单的分类。

▶ 1．模块式与固定配置式

按交换机的配置可否改变，可把交换机分为模块式和固定配置式交换机。

模块式交换机的模块可以拔插，模块通常是 100Mbit/s 或 1000Mbit/s 光纤接口模块、1000Mbit/s RJ-45 接口模块，或者是堆叠模块。交换机上设有相应的插槽，使用时，将模块插入插槽之中。模块式交换机的配置灵活，模块可按需要购买。一般来说，模块式交换机的档次较高，模块插槽结构可最大限度地保护模块。

固定配置式交换机的接口固定，硬件不可升级。

▶ 2．第二层、第三层与第四层交换机

第二层交换机工作在 OSI 参考模型的第二层，它的每个端口拥有自己的冲突域。如果第二层交换机具有虚拟局域网（Virtual Local Network，VLAN）功能，则每一个 VLAN 称为一个广播域。第二层交换机采用 3 种方式转发数据帧，即直通（Cut Through）、存储－转发（Store and Forward）和自由分段（Fragment Free）。

第三层交换机根据目的 IP 地址转发数据包，与路由器一样，它也必须创建和动态维护路由表。但是，第三层交换机能做到"一次路由，多次交换"，即第三层交换机能够把报文转发到不同的子网，并在后续的通信中采用比路由更快的交换方式转发数据包。

第四层交换机可以解释第四层的传输控制协议（TCP）和用户数据报协议（UDP）信息，允许设备为不同的应用（使用端口号区分）分配各自的优先级。这样，第四层交换机可以"智能化"地处理网络中的数据，最大限度地避免阻塞，提高带宽利用率。

2.3 交换机在网络中的连接及作用

2.3.1 交换机的端口

交换机的端口又称接口，两种都是合规术语。是 8 个引脚的 RJ-45 电接口或 SC、ST、FC 等光纤接口。其电接口种类通常有 10Base-T、10Base-F、100Base-TX、100Base-T4、1000Base-T、1000Base-CX 等，光纤接口种类通常有 100Base-FX 和 1000Base-FX 等。

其中，Base 指的是采用基带传输技术，10、100 和 1000 分别代表传输速率为 10Mbit/s、100Mbit/s 和 1000Mbit/s，通常把对应的技术分别称为以太网、快速以太网和千兆位以太网。

交换机的各种接口如表 2.2 所示。

表 2.2 交换机的各种接口

标准类型		传输速率（Mbit/s）	接口标准	传输介质	传输距离（m）	备　　注
10Base-T		10	RJ-45	UTP（非屏蔽双绞线）	100	
10Base-F		10	光纤接口	62.5/125MMF（多模光纤）	2000	
100Base-TX		100	RJ-45	UTP	100	
100Base-T4		100	RJ-45	UTP（4 对芯线）		
100Base-FX		100	光纤接口	62.5/125MMF	412	半双工
				62.5/125MMF	2000	全双工
				9/125SMF（单模光纤）	10000	
1000Base-CX		1000	RJ-45	STP（屏蔽双绞线）	25	
1000Base-T		1000	RJ-45	UTP（4 对芯线）	100	
1000Base-FX	-SX（780nm 短波）	1000	光纤接口	62.5/125MMF	260	使用 1550nm 波长的单模，最大传输距离为 120km
				50/125MMF	525	
	-LX（1300nm 长波）			62.5/125MMF	550	
				50/125MMF	550	
				9/125SMF	3000～10000	

2.3.2 共享式与交换式网络

采用双绞线或光纤作为传输介质的网络，使用集线器或交换机作为网络的中心。计算机之间的通信，通过集线器或交换机进行数据的转发。

▶1. 集线器与共享式局域网

集线器通常称为 Hub，按其使用的技术可分为被动式与主动式两种。前者只提供简单的集中网线转发数据的工作，后者可对数据做一定的处理。

按集线器按端口的传输速率（或称带宽）来分，有 10Mbit/s 和 100Mbit/s 两种。通常所说的集线器是指共享式集线器，其带宽是所有端口共享的。例如，一台 16 端口的 100Mbit/s 集线器，当全部端口都使用时，每一端口的带宽就只有 100Mbit/s 的 1/16。由集线器作为中心设备的局域网和总线型拓扑的局域网称为共享式局域网。

集线器的全部端口属于同一个冲突域，集线器在端口之间转发数据帧时采用向所有端口广播的方式进行，因此其全部端口又属于同一个广播域。单一的冲突域和广播域使网络在通信繁忙时容易产生阻塞和广播风暴。可以使用多台集线器连接或堆叠起来以增加总的端口数，但不能用此方法来延伸网络的距离。

随着交换机价位的降低，共享式集线器正逐渐淡出局域网领域。

▶2. 交换机与交换式局域网

交换机可以看成功能增强型的集线器，有时也称为交换式集线器。它采用了许多新技术，如其端口之间的通信可全双工进行，能实现数据的线速转发等。其最显著的特点之一是端口带宽的独享。

例如，一台 100Mbit/s 交换机在使用时，每一个端口的数据传输速率都是 100Mbit/s，数据传输速率不会随着使用端口数的增加而减少，即所说的端口带宽独享。

应当注意的是，在网卡和交换机端口或交换机和交换机端口相连时，只有当相连接的两者的带宽为同一值时，才能实现以该速率传输数据。例如，只有网卡和交换机都是 1000Mbit/s 时，才能实现 1000Mbit/s 的传输速率；否则只能按两者中较低的速率传输，这一特性称为带宽的自动协商或者带宽的自适应。

光纤能支持 1000Mbit/s 以上的传输速率，但使用光纤的网络未必都是千兆位以太网，最初的光纤以太网就是 10Mbit/s 的以太网。

通常把由交换机作为中心设备的局域网称为交换式局域网。

交换机的端口按其带宽可分为 10Mbit/s、100Mbit/s、10/100Mbit/s 自适应和 1000Mbit/s（1Gbit/s）、10Gbit/s。现在市面上的交换机端口带宽一般都有自适应功能，有的交换机上只有以上端口之一，更多的则是兼有两种或多种端口，而具有 10Gbit/s 端口的交换机则在大型公司网络或 ISP 网络使用。

交换机的每一个端口都独立转发数据（各属不同的冲突域），只要背板带宽足够宽，就不会因端口的使用数增加而降低端口的传输速率。但交换机的所有端口仍属于同一个广播域，当网络中的广播信息增多时，也会导致网络传输速率的降低。

如果采用虚拟局域网（VLAN）技术，则每一个 VLAN 具有各自的广播域，这样交换机就有了多个广播域。广播数据帧被局限在各自的域内，可有效地防止广播风暴的发生。

与集线器一样，也可使用多台交换机连接或堆叠起来增加总的端口数。然而，交换机的连接却可以用来延伸网络的距离，如图 2-2 所示的连接可使网络距离扩展至 400m。

最廉价的交换机可能不支持网络管理功能，只用于简单的网络环境。支持网络管理功能的交换机称为可管理或可配置的交换机。

若用在小型、简单的网络中，可管理的交换机也不需配置（实际是使用了默认配置）即可工作；而当网络规模较大或者较为复杂时，就需要对其进行配置和管理。

图 2-2　连接交换机以扩展网络距离

2.4　ARP 协议与 MAC 地址表

2.4.1　ARP 协议

连接在交换机端口上的主机通过 ARP 地址解析协议查询目标网卡 IP 地址所对应的物理地址（又称数据链路层地址或 MAC 地址，即 Media Access Control 地址），以便进行相互间数据帧的传输。

MAC 地址是固化在网卡内部用于唯一确定网卡身份的标识，是网卡在生产时被永久写入芯片的固定值。全球的网卡生产厂商按照其 MAC 地址范围制造网卡，因此不会有相同 MAC 地址的网卡。这样，MAC 地址就可作为唯一标识设备的地址。

网络层中的数据包在主机查得目标的链路层地址后被封装成数据帧，在链路层交给交换机，交换机则通过帧头的 MAC 目标地址找到目标主机。

由于交换机在数据传输过程中不用检查第三层（网络层）的包头信息，而是直接由第二层帧结构中的 MAC 地址来决定数据的转发目标，因此，数据的交换过程几乎没有软件的参与，从而大大提高了交换进程的速率。

2.4.2　MAC 地址表

在交换式网络中，各主机的 MAC 地址是存储在交换机的 MAC 地址表（也称 MAC 地址数据库）中的。因 MAC 地址表记录的是各主机 MAC 地址与对应的交换机端口号，所以有时也称为 MAC 地址-端口表。简单地说，MAC 地址表记录了哪台或哪些主机连接在哪台交换机的哪个端口上。交换机在工作过程中，会向 MAC 地址表不断写入新学到的 MAC 地址，一旦交换机掉电，或连接交换机的各主机在一定时间（地址表的老化时间）内没有相互访问，则其 MAC 地址表会被自动清除。

▶ 1. MAC 地址表的建立

在如图 2-3 所示的网络中，若 PC1 首次访问 PC3，则交换机的 MAC 地址表建立过程如下。

（1）发送 ARP 请求帧。PC1 向 PC3 发送查询其 MAC 地址的消息帧，该消息帧包含 PC1（源）MAC 地址、IP 地址和 PC3 的 IP 地址等信息。该帧经交换机 Switch 的 F0/0

端口先发送到交换机上。该帧是要查询 IP 地址为某个值的目标主机的 MAC 地址，是由地址解析协议 ARP 构造而成的，故也称为 ARP 请求帧。

图 2-3 MAC 地址表的建立

（2）交换机生成第一条地址表记录。交换机 Switch 在端口 F0/1 收到该查询消息帧后，从该帧的 MAC 地址信息中得知 PC1 的 MAC 地址，就将该端口和该 MAC 地址记录在自己的 MAC 地址表中，这样就有了第一条记录。

（3）交换机广播 ARP 请求帧。由于交换机 Switch 此时还没有 PC3 的 MAC 地址表记录，不确定 PC3 连接在哪个端口上，于是就向除 F0/0 端口外的其他所有端口转发（广播）该 ARP 请求帧。

（4）ARP 应答帧。PC3 接收到该 ARP 请求帧后，发现自己是被查询对象（询问的是自己的 IP 地址所对应的 MAC 地址），就会应答该帧。从该帧中，PC3 得知了 PC1 的 MAC 地址和 IP 地址并写入自己的 ARP 表中；同时，构造并发送以 PC1 的 MAC 地址为目标，以自己的 MAC 地址为源，还包含 PC1 和 PC3 的 IP 地址等信息的 ARP 应答帧。该帧经交换机 Switch 的 F0/7 端口先发送到交换机上。

（5）交换机生成第二条 MAC 地址记录。交换机 Switch 从 F0/7 端口接收到 ARP 应答帧后，从该帧的源 MAC 地址信息中得知 PC3 的 MAC 地址，就将该端口和该 MAC 地址记录在自己的 MAC 地址表中，这样就有了第二条记录。

（6）交换机转发 ARP 应答帧。由于交换机此时已经有了 PC1 的 MAC 地址表记录，故此次转发不再需要广播，而是查看 MAC 地址表，得知该帧的目标 MAC 地址主机位于 F0/1 端口，就会把该应答帧从该端口转发出去，送达 PC1。PC1 收到该 ARP 应答帧，从该帧得知 PC3 的 MAC 地址和 IP 地址并写入自己的 ARP 表中。

经过以上过程，交换机中生成了 MAC 地址表，而 PC1 和 PC3 中生成了记录目标 IP 地址和 MAC 地址的 ARP 表。

在交换机 Switch 广播查询消息帧时，PC2 也会收到。PC2 从该消息帧查询的目标 IP 地址得知自己不是被查询对象（与自己的 IP 地址不符合），就会丢弃该帧，不予以响应。

2．计算机之间的通信

此后，PC1 和 PC3 根据 ARP 表由 IP 地址查找 MAC 地址进行链路层的通信，交换机按照接收到数据帧的 MAC 地址查找地址表中对应的端口，把数据转发出去。

3．MAC 地址表更新

如果主机在一定时间（称为老化时间）内未进行通信，交换机将会清除相应端口对应的 MAC 地址记录，再次通信时需重新通过步骤（1）～（6）生成 MAC 地址记录，这一过程称为 MAC 地址表的更新。

如果是主机之间第一次通信，或者超过 MAC 地址表更新时间后继续通信，交换机都会广播 ARP 表进行查询。所以，以太网中有的广播是不可避免的，也是必需的。

任务 2-1　MAC 地址表的查看与人工指定地址表项

【主要设备】

Cisco 2960 交换机 2 台，计算机 3 台。

【网络拓扑】

用网线连接计算机和交换机，如图 2-4 所示，此任务使用 Switch1 的 F0/1 端口连接 Switch0 的 F0/4 端口。

图 2-4　连接计算机和交换机

【操作步骤】

▶ 1．查看 MAC 地址表

（1）在计算机间无访问时查看 MAC 地址表。给交换机上电，用超级终端或 Telnet 方式登录交换机，使用 show mac-address-table 命令查看，其中 Switch1 的 MAC 地址表显示如下：

```
Switch#show mac-address-table
      Mac Address Table
-------------------------------------------
Vlan    Mac Address       Type        Ports
----    -----------       --------    -----
1       00e0.b057.d004    DYNAMIC     Fa0/1
Switch#
```

该表中有一项记录，表示的意义是交换机 Switch1 的 F0/1 端口上所连接的设备（Switch0 的 F0/4 端口）的 MAC 地址是 00e0.b057.d004。F0/1 端口属于 VLAN1（默认）。该记录的 Type 为 DYNAMIC，表示该表项是交换机动态学习到的，关于动态的含义会在以后的内容中介绍。

读者可以自己设想，此时 Switch0 的 MAC 地址表应该是怎样的。

相互连接的交换机之所以启动完成后会有 MAC 地址表记录，是因为交换机要彼此发送桥协议数据单元（BPDU，Bridge Protocol Data Unit）进行联系，所以会查询出对方端口的 MAC 地址。

（2）计算机间访问后 MAC 地址表的查看。让 3 台计算机相互访问，如在 PC0 上分别 ping PC1 和 PC2，然后查看 Switch1 和 Switch0 的 MAC 地址表。

Switch1 的 MAC 地址表如下：

```
Switch#show mac-address-table
      Mac Address Table
-------------------------------------------
Vlan    Mac Address       Type        Ports
----    -----------       --------    -----
```

```
   1    0002.4ad5.5bb5       DYNAMIC     Fa0/1
   1    0005.5ea9.0c91       DYNAMIC     Fa0/3
   1    0010.1145.1004       DYNAMIC     Fa0/2
   1    00e0.b057.d004       DYNAMIC     Fa0/1
Switch#
```

Switch0 的 MAC 地址表如下：

```
Switch#show mac-address-table
        Mac Address Table
-------------------------------------------

Vlan  Mac Address          Type       Ports
----  -----------          --------   -----
   1    0002.4ad5.5bb5       DYNAMIC     Fa0/1
   1    0005.5ea9.0c91       DYNAMIC     Fa0/4
   1    0010.1145.1004       DYNAMIC     Fa0/4
   1    00e0.a3b9.d601       DYNAMIC     Fa0/4
Switch#
```

读者可以先判断表中的 MAC 地址是属于谁的，然后使用命令 ipconfig/all 查看计算机的 MAC 地址，验证自己的判断。

（3）MAC 地址表的老化时间。MAC 地址表建立后，如果计算机之间在一定的时间内不通信，则相应的表项就会被自动删除，当新的访问开始时再建立，这称为 MAC 地址表的自动更新，也是表项中动态（Dynamic）的含义之一。

表项从建立到自动删除的时间间隔称为老化时间。默认动态的 MAC 地址表项老化时间是 300s，其值可以修改。查看和修改老化时间的命令如下：

```
Switch#show mac-address-table aging-time     //查看老化时间
Switch(config)# mac-address-table aging-time 150
                                     //修改老化时间为 150s
```

2. 人工配置 MAC 地址表项

有时基于安全或排他性的考虑，在交换机的某些端口上，我们可能不希望交换机自动学习 MAC 地址，而是由网络管理员人工配置，这称为端口-MAC 地址绑定。这样的地址表项不会自动刷新，故与动态（Dynamic）表项对应，也称为静态（Static）MAC 地址表项。例如，为交换机 Switch1 的 f0/3 端口绑定 MAC 地址 0005.5ea9.0c99 的命令如下：

```
Switch(config-if)#switchport port-security mac-address 0005.5ea9.0c99
```

注意，交换机只允许在 Access 或 Trunk 上绑定且默认只允许绑定一个 MAC 地址。要进行绑定操作，需要设置接口模式为 Access 或 Trunk（Cisco3560 交换机默认为动态协商）且必须激活端口安全。

在大型网络中，端口数量成千上万，如果让管理员手动将每一台计算机的 MAC 地址绑定到端口，将是一项十分烦琐、低效的工作；而且对于网络的需求复杂，这样做也缺乏足够的灵活性。可以使用端口的 sticky（粘连）特性来解决这个问题，sticky 让交换机在某端口动态学习 MAC 地址并固定下来，命令如下：

```
Switch(config-if)#switchport port-security mac-address sticky
```

保存配置并重启交换机，则不需要再对已经固定下来的地址交换机端口重新学习，这些地址称为 sticky MAC 地址。它类似于管理员手动配置的静态地址，却不用管理员逐条去配置，大大提高了工作效率。sticky 同样只能在 Access 或 Trunk 接口配置且要激活端口安全。

特别要注意的是，在交换机激活端口安全后，动态学习到的 MAC 地址类型也显示为静态，但是与人工配置静态 MAC 或 sticky MAC 地址不同的是，该地址会在老化时间到来时或重启交换机后被清除。

2.4.3　局域网的帧交换方式

以太网交换机在传送数据时，数据被封装成帧，采用帧交换（Frame Switching）技术。该技术包括 3 种主要的交换方式，即存储转发（Store and Forward）、伺机通过（Cut Through）和自由分段（Fragment Free）。

▶ 1. 帧交换方式

（1）存储转发方式是最基本的交换技术之一。在进行转发数据帧前，该数据帧将被完全接收并存储在缓冲器中，数据帧从头到尾全部接收完毕才进行转发。其间，交换机需要解读数据帧的目的地址与源地址，以根据 MAC 地址表进行正确的转发。

在存储转发过程中还要进行高级别的冗余错误检测（CRC）工作，如果所接收到的数据帧存在错误、太短（小于 64B）或太长（大于 1518B），最终都会被抛弃。

采用这种转发方式的交换机在接收数据帧时延迟较大，且数据帧越大，延迟时间越长，但是对错误的检测能力强。

（2）伺机通过（也称 Fast Forward 或 Real Time 模式）技术是交换机在接收整个数据帧之前读取数据帧的目的地址到缓冲器，随后在 MAC 地址列表里查询目的地址所对应的端口，转发该帧。简而言之，它读取到帧的目标地址以后就立即进行转发。

采用这种转发方式，在完全接收整个数据帧之前就会转发。这种方法减少了传输的延迟，但由于不对帧进行错误检测，传送到目标主机帧的误码率（码元错误发生率）可能较高。

还有一些交换机可以把存储转发与伺机通过这两种技术合并在一起使用。它们首先在交换机里设置一个错误检测的门限值，当误码率低于该值时使用伺机通过的交换方法以减少数据的传输延迟；当误码率高于该门限值时，交换机将自动改为存储转发交换方式，从而保证数据的正确性，在链路恢复正常后，误码率下降到低于该门限值后，系统将再次回到伺机通过方式工作。

（3）自由分段（也称 Modified cut-through 模式）技术是在伺机通过交换方式的基础上调整而成的。自由分段在转发数据帧之前，检测可能有错误发生的冲突分段（长度为 64 个字节）。这是因为通常数据帧的错误发生在刚开始的 64 个字节内的概率最大。简而言之，它读取到帧数据字段前的 64 个字节，然后进行转发。自由分段交换方式的错误检测级别要高于伺机通过交换方式。

2. Cisco 交换机交换方式的设置

Catalyst 1900 系列交换机用 switching-mode 命令设置工作是存储转发方式还是自由分段方式，如下所示：

```
C1912(config)#switching-mode  ?
fragment-free           Fragment Free mode
store-and-forward       Store-and-Forward mode
```

2.5 VLAN 技术

2.5.1 第二层交换式网络的缺点与 VLAN 技术

1. 第二层交换式网络的缺点

由于整个网络属于同一个广播域，因此任何一个广播帧或多播帧（Multicast Frame）都将被交换机广播到整个局域网中的每一台主机上。在网络通信中，广播帧是普遍存在的，这些广播帧将占用大量的网络带宽，导致网络速度和通信效率的下降，并额外增加了主机为处理广播信息所产生的负荷。而蠕虫病毒和其他一些类似的网络攻击相当泛滥，如果不进行有效的广播域隔离，一旦病毒发起泛洪广播攻击，将会很快占用完网络的带宽，导致网络阻塞和瘫痪。概括地说，第二层交换式网络存在如下缺点。

➤ 全网属于一个广播域，每一次广播的数据帧无论是否需要，都会到达网络中的所有设备，这就必然会造成带宽资源的极大浪费。

➤ 全网属于一个广播域，极易引起广播碰撞和广播风暴等问题。

➤ 网络的安全性不够高，在这种网络结构中，所有用户都可以监听到服务器及其他设备端口发出的广播数据帧，因此是极不安全的。

2. VLAN 技术

为了解决存在的问题，早期采用使用路由器从第三层来分隔广播域的技术，即通过把网络中的主机设置不同的子网，广播包传送范围被限制在各自的子网里，不同子网间的访问则通过路由器的端口进行转发。在第三层实现广播域分隔技术的成本高，路由器每个端口的价格远高于相同速率的交换机，因此很快被基于交换机的 VLAN（虚拟局域网，Virtual Local Area Network）技术取代。

VLAN 是将局域网从逻辑上按需要划分为若干个网段，在第二层实现分隔广播域，分隔开用户组的一种交换技术。这些网段物理上是连接在一起的，但逻辑上已经分离，即原来一个局域网被划分成多个局域网，故名为虚拟局域网。

VLAN 允许一组不限物理位置的用户群共享一个独立的广播域，可在一个物理网络中划分多个 VLAN，即可使不同的用户群属于不同的广播。这样，通过划分用户群、控制广播范围等方式，VLAN 技术能够从根本上解决网络效率与安全性等问题。

VLAN 对广播域的划分是通过交换机软件完成的。它通过对用户分类来规划用户群，如按项目组、部门或管理权限等来进行 VLAN 划分。划分 VLAN 时能够超越地域的界限，做到真正意义上的逻辑分组。在划分 VLAN 的交换机上，每个端口都能被赋予一个 VLAN 号，相同 VLAN 号的用户同属于一个独立的广播域。广播被限制在各自的 VLAN 之内，因此，VLAN 能够控制广播的影响范围，减少由于共享介质所造成的安全隐患。

划分 VLAN 后的网络如图 2-5 所示，Client1 和 Client3 属于 VLAN1，Client2 和 Client4 属于 VLAN2。在同一个 VLAN 内，计算机之间可以正常访问；而不同 VLAN 间的单播帧和广播帧都不能直接到达对方的区域。不同 VLAN 的计算机之间的访问需通过三层设备，如路由器或三层交换机来实现。从图中可看到，虽然计算机所处的物理位置不同，但却可以划归在同一个 VLAN 中。

图 2-5　划分 VLAN 后的网络

2.5.2　划分 VLAN 的好处

（1）广播控制（Broadcast Control）。通过将一个网络划分成多个 VLAN，可以实现广播范围的控制，能够有效减少广播风暴、广播冲突和网络带宽资源的浪费等问题。

（2）灵活性（Flexibility）。VLAN 技术能够在逻辑上将不同地理位置的计算机划分在同一个广播域内，而无 VLAN 技术时，在更改一台主机的所属组时，必须将此主机直接接到该组所在的交换机上。这样，VLAN 可以非常灵活地添加或删除域内的主机而不受主机物理位置的限制，这为网络管理带来了极大的方便，如对网络流量的均衡性（Scalability）控制就会很容易实现。

（3）安全性（Security）。不同 VLAN 之间是不能够直接相互访问的，因此，按职责权限把用户（主机）划归在不同的 VLAN 里，就可使各自的内部信息得到保护，从而增强了安全性。

任务 2-2　在单台交换机上划分 VLAN

【主要设备】

Cisco 2960 交换机 1 台，计算机 3 台。

【网络拓扑】

网络拓扑如图 2-6 所示，PC1、PC2 和 PC3 分别连接在交换机的端口 F0/1、F0/2 和 F0/3 上,把 F0/1 划分为 VLAN 10，F0/2 和 F0/3 划分为 VLAN 11。

【任务要求】

一个简单的 VLAN 配置，只需设置 VLAN 号并

图 2-6　网络拓扑

把端口加入相应的 VLAN 即可。验证方法：可查看 VLAN 信息，还可在 PC1、PC2 和 PC3 上互 ping，属于同一个 VLAN 的 PC 能够 ping 通，否则不能 ping 通。

【操作步骤】

1. 增加相应的 VLAN 并验证

在交换机 Switch 上划分 VLAN 10 和 VLAN 11，假如 VLAN 10 属于技术部，VLAN 11 属于财务部，可以给相应的 VLAN 命名，以便于记忆和管理。

```
Switch1(config)#vlan 10      //在全局配置模式下增加一个 VLAN，编号为 10，
                             //并进入 VLAN 配置模式
Switch1 (config-vlan)#name TECH //在 VLAN 配置模式下，将 VLAN 命名为 TECH
Switch1 (config-vlan)#exit     //退出 VLAN 配置模式
Switch1 (config)#vlan 11       //在全局配置模式下增加一个 VLAN，编号为 11，
                             //并进入 VLAN 配置模式
Switch1 (config-vlan)#name FINANCE
                             //在 VLAN 配置模式下，将 VLAN 命名为 FINANCE
Switch1 (config-vlan)#exit     //退出 VLAN 配置模式
Switch1 (config)#end
Switch1#
Switch1#show vlan brief        //显示交换机当前 VLAN 配置的简要信息
VLAN Name              Status    Ports
---- ----------------  -------   ------------------------
1    default           active    Fa0/1, Fa0/2, Fa0/3, Fa0/4
                                 Fa0/5, Fa0/6, Fa0/7, Fa0/8
                                 Fa0/9, Fa0/10, Fa0/11, Fa0/12
                                 Fa0/13, Fa0/14, Fa0/15, Fa0/16
                                 Fa0/17, Fa0/18, Fa0/19, Fa0/20
                                 Fa0/21, Fa0/22, Fa0/23, Fa0/24
10   TECH              active
11   FINANCE           active
1002 fddi-default      active
1003 token-ring-default active
1004 fddinet-default   active
1005 trnet-default     active
```

可以看到交换机 Switch1 上已经增加了两个 VLAN，分别是 VLAN 10 名称为 TECH，VLAN11 名称为 FINANCE。最后一列 Ports 显示交换机上的端口分别属于哪个 VLAN，默认情况下，以太网交换机的所有端口都属于 VLAN1。

2. 将交换机的相应端口加入 VLAN 并查看配置结果

第 1 台计算机连接到交换机的 F0/1，属于技术部 TECH；第 2、3 台计算机分别连接到交换机的 F0/2 和 F0/3，属于财务部 FINANCE，配置命令如下：

```
Switch1(config)#interface F0/1              //进入端口 F0/1
```

```
Switch1(config-if)#switchport mode access
                //配置此端口的模式为 Access 模式(默认为 Dynamic 动态协商模式)
Switch1(config-if)#switchport access vlan 10 //将此端口加入 VLAN 10
Switch1(config-if)#interface range F0/2 - 3  //进入端口 F0/2 和 F0/3
Switch1(config-if)#switchport mode access
                //配置这两个端口的模式为 Access 模式
Switch1(config-if)#switchport access vlan 11 //将这两个端口加入 VLAN 11
Switch1(config-if)#end
Switch1#
Switch1#show vlan brief      //显示交换机当前 VLAN 配置的简要信息


VLAN Name                   Status    Ports
---- --------------------   -------   --------------------------
1    default                active    Fa0/4, Fa0/5, Fa0/6
                                      Fa0/7, Fa0/8, Fa0/9, Fa0/10
                                      Fa0/11, Fa0/12, Fa0/13, Fa0/14
                                      Fa0/15, Fa0/16, Fa0/17, Fa0/18
                                      Fa0/19, Fa0/20, Fa0/21, Fa0/22
                                      Fa0/23, Fa0/24

10   TECH                   active    Fa0/1
11   FINANCE                active    Fa0/2, Fa0/3
1002 fddi-default           active
1003 token-ring-default     active
1004 fddinet-default        active
1005 trnet-default          active
```

完成以上配置后，不同部门的计算机就会被隔离，可以尝试将这 3 台计算机配置为同一个 IP 子网，然后用 ping 命令测试它们是否能互相通信，结果一定是 PC2 和 PC3 之间可以 ping 通，而 PC1 与 PC2、PC3 之间不能 ping 通。

▶3．另外一种配置交换机 VLAN 的方法

可以通过 VLAN 数据库配置模式完成，配置实例如下。

（1）进入 VLAN 数据库配置模式。

```
Switch1#vlan database
% Warning: It is recommended to configure VLAN from config mode,
  as VLAN database mode is being deprecated. Please consult user
  documentation for configuring VTP/VLAN in config mode.
```

以上提示信息推荐在全局配置模式而不是在该模式下配置 VLAN。

（2）新建 VLAN 并命名。

```
Switch1(vlan)#vlan 10 nameTECH
                //新建一个 VLAN10 名称为 TECH，下面两行为屏幕提示

VLAN 10 added:
```

```
     Name:TECH
Switch1(vlan)#vlan 11 name FINANCE
                    //新建一个VLAN11 名称为 FINANCE，下面两行为屏幕提示
VLAN 11 added:
   Name: FINANCE
Switch1(vlan)#exit  //退出并自动应用配置
APPLY completed.
Exiting....
```

这种在 VLAN 数据库配置模式下配置的方式现在用得比较少，大部分 VLAN 的配置都是在全局配置模式下完成的。

在全局配置模式下想要删除已创建的 VLAN，可参照以下配置实例：

```
Switch1(config-if)#no switchport access vlan 10 //将端口从 VLAN10 退出
Switch1(config)#no vlan 10            //删除 ID 号为 10 的 VLAN
```

2.6 链路冗余与生成树协议

2.6.1 冗余备份与环路

在许多交换机组成的大/中型网络环境中，通常都使用一些备份连接，以提高网络的稳定性。备份连接也称备份链路、冗余链路等，如图 2-7 所示，交换机 Switch1 的端口 Port7 与交换机 Switch3 的端口 Port6 之间的链路就是一个备份连接。在主链路（图中 Port1 与 Port3 之间的链路）发生故障时，备份链路将自动启用，从而提高网络的整体可靠性。

但是，备份连接会使网络存在环路，图 2-7 中的交换机和连接链路就构成了一个环路。环路问题是备份连接面临的所有负面影响中最为严重的问题，它在网络中直接导致广播风暴、出现多个帧副本、MAC 地址表混乱。

图 2-7 备份连接

1. 广播风暴

在一些较大型的网络中，当大量广播流（如 MAC 地址查询信息等）同时在网络中

传播时，便会发生数据包的冲突，随后，网络试图缓解这些冲突并重传更多的数据包，广播流量会充斥网络，这一现象称为广播风暴。在网络存在环路的情况下，如无特别的措施，广播风暴必然发生。其结果导致全网的可用带宽阻塞，并最终使得网络失去连接而瘫痪。

网络中，一台设备能够将数据包转发给网络中所有其他站点的技术称为广播。由于广播能够穿越由于交换机连接的多个局域网段，因此，几乎所有局域网的网络协议都优先使用广播方式来进行管理与操作。广播使用广播帧来发送、传递信息，广播帧没有明确的目的地址，它所发送的对象是网络中的所有主机，也就是说网络中的所有主机都将接收到该数据帧。它一般用来发送网络中的公共信息，如服务通告、地址查询等信息。

广播是引起广播风暴的主要原因。但是，在正常的网络环境中，网络广播是无所不在的，MAC 地址查询、路由协议通信、ICMP 控制报文及大量的服务通告等信息都属于网络中正常的广播。因此，需要在保证网络正常使用广播的情况下，有效地减少广播风暴的发生。

广播风暴的形成：

在如图 2-7 所示的网络中，本来是要提供冗余备份，增加一条 Switch3 到 Switch2 的通路，但若不采取其他措施，这样做的结果会导致不能正常工作，因为这是一个存在循环的连接，如果 Switch1 收到一个广播帧，下面的过程（a）～（f）会被反复执行。

（a）Switch1 通过 F0/1 转发广播帧。

（b）Switch2 通过 F0/2 收到广播帧。

（c）Switch2 通过 F0/3 转发广播帧。

（d）Switch3 通过 F0/4 收到广播帧。

（e）Switch3 通过 F0/5 转发广播帧。

（f）Switch1 通过 F0/6 再次收到原来的广播帧。

上述过程周而复始，同样的广播帧被不断复制，最后形成广播风暴，耗尽网络资源。

在一个较大规模的网络中，由于拓扑结构的复杂性，会造成许多大大小小的环路产生，由于以太网的第二层协议没有控制环路数据帧的机制，各环路产生的广播风暴将不断扩散到全网，进而造成网络瘫痪。

与广播概念相类似的还有组播（Multicast，或称多播），组播是一点对多点的通信，是一种比较有效的节约网络带宽的方法。例如，在视频点播等多媒体应用中，当把多媒体信号从一个节点传输到多个节点时，采用广播方式会浪费带宽，重复采用点对点传播也会浪费带宽，而组播能够把帧发送到组地址，而不是单个主机，也不是整个网络。由于它的发送范围明显小于广播，因而减少了对网络带宽的占用。

网络运行时，应当了解网络里运行的有协议及这些协议的主要特点，这样才能更有利于对广播流量的控制。通常，交换机对网络中的广播帧或组播帧不会进行任何数据过滤，因为这些帧的地址信息不会出现在 MAC 层的源地址字段中。交换机总是直接将这些信息广播到所有端口，如果网络中存在环路，这些广播信息将在网络中不停地转发，直至导致交换机出现超负荷运转（如 CPU 过度使用、内存耗尽等），最终耗尽所有资源，阻塞全网通信。

Cisco 第二层交换机支持广播风暴控制功能，它定义交换机端口的广播门限值，当端口接收的广播帧数量超过了该值时，该端口便会立刻处于挂起状态，不再接收广播数据帧，从而避免出现循环广播状态。该功能默认为禁用，需要通过手动配置打开。而在第二层实现控制广播风暴的有效方法则是使用生成树技术和 VLAN 技术，前者能够从逻辑上消除环路，后者则可限制广播的范围。

▶ 2．多个帧副本

网络中如果存在环路，目标主机可能会收到某个帧的多个副本，而在正常情况下，除收到的帧有错误而要求重传外，则不会有同一帧的多个副本到达目标主机。多个帧会导致上层协议在处理这些数据帧时无从选择。

▶ 3．MAC 地址表混乱

当交换机有环路连接时，将会出现通过不同端口接收到同一个广播帧的多个副本的情况。这样，在 MAC 地址表里，同一个 MAC 地址将出现在同一个交换机的不同的端口上，使得 MAC 地址表混乱，导致不能正常转发数据帧。同时，这一过程也会同时导致 MAC 地址表的多次刷新。这种持续的更新、刷新过程会耗用资源，影响该交换机的交换能力，降低整个网络的运行效率。严重时，将耗尽整个网络资源，并最终造成网络瘫痪。

2.6.2　STP 简介

要实现冗余备份，提高网络的可靠性，必须解决环路拓扑结构为网络带来的致命的负面影响。

▶ 1．生成树协议的功能

生成树协议（Spanning Tree Protocol，STP）的主要功能就是为了解决由于备份连接所产生的环路问题。本节将介绍基本的 STP 机制，实际工程应用的配置将在第 3 章中介绍。

STP 的主要思想就是当网络中存在备份链路时，只允许主链路激活，在主链路因故障而被断开后，备用链路才会激活。

STP 的基本做法就是生成"一棵树"，树的根是一个称为根桥的交换机。以根为参考，所有运行 STP 的交换机都执行生成树算法（Span Tree Algorithm，STA），使得交换机的所有链路在逻辑上形成树状结构，这棵树就是生成树。树上的链路处于工作状态，其他的链路都将被暂时阻塞。

根据设置不同，不同的交换机会被选为根桥，但任意时刻只能有一个根桥。由根桥开始，逐级形成一棵树，根桥定时发送配置数据包，非根桥接收配置数据包并转发，如果某台交换机能够从两个以上的端口接收到配置数据包，则说明从该交换机到根桥的路径不止一条，这样便构成了循环回路。此时，该交换机就会选出一个端口并把其他的端口阻塞，消除循环。而当某个端口超过一定时间不能接收到配置数据包时，交换机认为该端口的配置超时，网络拓扑可能已经改变。此时，就重新计算网络拓扑，重新生成"一棵树"。

2. STP 相关的概念

为了理解 STP，必须熟悉以下几个概念，即网桥 ID（交换机早期的名称下叫做网桥）、路径开销、Port ID、BPDU。

（1）网桥 ID（包括网桥优先级和 MAC 地址）：生成树算法的第一个参数。STP 用网桥 ID 来标识网络中的交换机，其值最小者称为根网桥。网桥 ID 的数据结构共有 8 个字节，高位的 2 个字节是交换机的 STP 优先级，取值范围为 0～65535，默认值为 32768；其余 6 个字节的部分为交换机的 MAC 地址。

（2）路径开销：生成树算法的第二个参数。路径开销是从非根交换机到根交换机的方向按链路叠加的。通路径开销是确定非根交换机到达根交换机最短路径选择的首要参数。早期的路径开销等于参考带宽 1000Mbit/s 除以当前链路的带宽。如 100Mbit/s 的链路路径开销是 10，10Mbit/s 的链路路径开销是 100。这种计算方法后来遇到了问题，因为如果一个网络链路是 10Gbit/s，则这个链路的路径开销将不再是整数。所以对这种算法做了一定的修订，按照 802.1D 计算，100Mbit/s 的链路路径开销是 19，1000Mbit/s 的链路路径开销是 4，即带宽越大，路径开销越小。

（3）Port ID（包括端口优先级与端口号）：生成树算法的第三个参数，也是决定到达根交换机路径选择的参数。端口优先级与端口号长度都是 1 个字节，端口优先级取值为 0～255，默认值为 128；端口号取值为 1～255（交换机接口不编 0 号）。

（4）BPDU：BPDU（Bridge Protocol Data Unit，桥协议数据单元），运行 STP 的交换机之间通过交换 BPDU 消息，完成无环路的树状结构生成。BPDU 可以帮助运行 STP 的交换机选出整个生成树的根，探测到冗余链路并阻塞端口。根选出来之前，所有参与选择的交换机都发送配置 BPDU，配置 BPDU 包含网桥 ID、路径开销和端口 ID 等信息，都宣称自己是根；根选出来之后，只有根交换机才能发送配置 BPDU，默认是每隔 2s 就会发送最新的配置 BPDU。

3. STP 端口状态

运行 STP 的交换机，每个端口都会处于某种 STP 端口状态下。STP 端口状态有以下几种类型，即禁用状态、阻塞状态、侦听状态、学习状态和转发状态，如表 2.3 所示。

表 2.3 STP 端口状态

状　态	属　性
禁用（Disabled）	不能接收 BPDU，不能学习 MAC 地址，不能转发数据帧
阻塞（Blocking）	可接收 BPDU，不能转发数据帧，不能学习 MAC 地址
监听（Listening）	可监听和接收 BPDU，不能学习 MAC 地址，不能转发数据帧
学习（Learning）	可接收和发送 BPDU，可学习 MAC 地址，不能转发数据帧
转发（Forwarding）	可接收和发送 BPDU，可学习 MAC 地址，可转发数据帧

除禁用状态需人工设置外,其余状态和顺序是交换机的某个端口从不可用状态转变成工作状态的过程。在有冗余链路的网络中,当交换机完成初始化后,为避免形成环路,STP会使一些端口(冗余链路的端口)直接进入阻塞状态。当网络中的主链路发生故障时,网络的拓扑结构即会发生变化,处于阻塞状态的端口就会通过BPDU了解(监听)到变化,端口的状态就会立刻从阻塞状态转变到学习状态,学习并完成MAC地址表的更新,随后端口进入转发状态,转为正常的工作状态。

一个端口从阻塞状态到转发状态通常需要经过约50s,这样才能保证STP拥有足够的时间来了解整个网络的拓扑结构。稳定之后,所有端口要么进入转发状态,要么进入阻塞状态。

4. 生成树协议的工作过程

生成树协议能够使得有了环路的网络在逻辑上重新变为树状。树状网络的形成过程需经历以下几个阶段。

首先需要选定一个根交换机。根交换机是整个生成树的根,是网络中交换机判断是否存在环路的起始点。选定根交换机的依据是网桥ID的数值大小,数值小的交换机就会优先被选为根交换机。交换机之间会先比较网桥ID中的优先级部分,如果两个交换机的优先级相同,则比较交换机的MAC地址,MAC地址数值越小,则优先级越高。这个选择过程是通过交换机之间交换BPDU来完成的,BPDU中包含了交换机的网桥ID。

根网桥是整个交换网络流量最集中的地方,所以根网桥一般都被规划为企业网的核心交换机。可以通过改变优先级来使需要的交换机成为根交换机。

选择完根网桥之后,应选择根端口,网络中每台非根交换机都需要选择一个根端口,根端口是非根交换机到达根交换机的最短路径。当所有的非根交换机都确定了根端口后,下一步就是选择指定端口。指定端口是在每一个网段上选择的,连接了设备的交换机的所有端口对(即网段)必有一个端口被选为指定端口,在根交换机和非根交换机上都要选定。根端口和指定端口的选择都是根据如下参数确定的,即到达根交换机的路径代价值、发送方的网桥ID、端口优先级、端口ID和接收方的端口ID。每台交换机的每个端口依次比较这些参数,值越小的端口越优先被选中;值相同时则比较下一个参数值。连接计算机或路由器的交换机端口(与计算机网卡接口和路由器以太网接口构成端口对,即网段)则全被选为指定端口。

如果一个端口既不是根端口也不是指定端口,那么这个端口称为未指定端口,将会被阻塞。这样,选中的根交换机、根端口和指定端口及其连接会形成一棵树。

树状网络的形成过程概括如下:

(1)选择根交换机。

(2)每台非根交换机上选择一个根端口。

(3)每网段交换机上选择一个指定端口。

(4)阻塞未指定端口。

任务 2-3　配置生成树协议

【主要设备】

Cisco 3560 交换机 1 台，2960 交换机 2 台，计算机 3 台。

【网络拓扑】

网络拓扑如图 2-8 所示，连接时注意对应接口。

图 2-8　配置生成树协议

【任务要求】

设置核心交换机为根，通过修改其网桥优先级实现；设计 2 条备份链路，一条位于核心 Switch0 和 Switch1 之间，另外一条位于 Switch2 和 Switch1 之间。核心交换机和 Switch1 与 Switch2 之间使用 2 条 Gbit/s 链路和 1 条 100Mbit/s 链路，使该 100Mbit/s 链路成为备份链路。

分析：设置核心交换机为根交换机后，因为 Gbit/s 链路路径开销小，G1/1 和 G1/2 会被选择为根端口；根交换机 Switch0 上的 4 个端口自然会被选为指定端口；Switch1 和 Switch2 连接计算机的端口也被选为指定端口，其余端口的选择和状态需要查看相关参数后判断。

【操作步骤】

1. STP 的默认配置

Cisco 交换机的 STP 默认是启用的，STP 所有参数取默认值，选择根交换机、根端口和指定端口，生成树状网络。但使用默认配置就不一定能选择到我们想要的根交换机，如在图 2-8 中，用默认配置选择出的根交换机是 Switch2。

```
Switch2#show spanning-tree          //查看生成树的相关信息
VLAN0001
  Spanning tree enabled protocol ieee
```

```
   Root ID    Priority    32769
              Address     0001.4218.CAE5
              This bridge is the root         //这台交换机是根交换机
              Hello Time  2 sec   Max Age 20 sec  Forward Delay 15 sec

   Bridge ID Priority    32769   (priority 32768 sys-id-ext 1)
              Address     0001.4218.CAE5
              Hello Time  2 sec  Max Age 20 sec  Forward Delay 15 sec
              Aging Time  20


Interface        Role Sts  Cost      Prio.Nbr  Type
--------         ---- ---- ----       --------- ------
Fa0/1            Desg FWD   19         128.1     P2p
Fa0/2            Desg FWD   19         128.2     P2p
Gi1/1            Desg FWD   4          128.25    P2p
```

2. 指定根交换机

要想让核心交换机 Switch0 成为根交换机,可把其网桥优先级改得比默认值小,其
STP 配置如下:

```
Switch0(config)# spanning-tree vlan 1 priority 16384
                       //配置核心交换机 VLAN1 的 STP 优先级为 16384
```

或者,使用如下命令直接指定其为根交换机:

```
Switch0(config)#spanning-tree vlan 1 root primary
Switch 0(config)#end
Switch0 #
Switch0#show spanning-tree vlan 1     //查看 VLAN1 的生成树信息
VLAN0001
  Spanning tree enabled protocol ieee
  Root ID    Priority    16385
             Address     0001.6322.CEBC
             This bridge is the root    //这台交换机是根交换机
             Hello Time  2 sec  Max Age 20 sec  Forward Delay 15 sec

  Bridge ID Priority    16385   (priority 16384 sys-id-ext 1)
                 //此处网桥 ID 的优先级数值扩展了1,为原优先级值+VLAN 号
             Address     0001.6322.CEBC
             Hello Time   2 sec  Max Age 20 sec  Forward Delay 15 sec
             Aging Time   20


Interface        Role Sts Cost       Prio.Nbr Type
-----            ----- --------       -------- -----
Fa0/2            Desg FWD  19          128.2    P2p
```

```
Fa0/1          Desg FWD 19        128.1     P2p
Gi0/1          Desg FWD 4         128.25    P2p
Gi0/2          Desg FWD 4         128.26    P2p
```

最后的生成树信息表各列依次为接口、角色、端口状态、路径开销、端口 ID 和类型，由此可见，根交换机的端口角色均为 Desg（指定端口），端口状态均处于 FWD（转发状态）。

▶3. 非根交换机的配置

非根交换机 Switch1 和 Switch2 采用默认配置，分别查看其 STP 信息如下：

```
Switch1#show spanning-tree
VLAN0001
  Spanning tree enabled protocol ieee
  Root ID    Priority    16385
             Address     0001.6322.CEBC
             Cost        4
             Port        25(GigabitEthernet1/1)
             Hello Time  2 sec  Max Age 20 sec  Forward Delay 15 sec

  Bridge ID Priority    32769  (priority 32768 sys-id-ext 1)
             Address     0001.4218.CAE5
             Hello Time  2 sec  Max Age 20 sec  Forward Delay 15 sec
             Aging Time  20

Interface        Role Sts Cost       Prio.Nbr  Type
---------        ---- --- ----       --------  -----
Fa0/1            Desg FWD 19         128.1     P2p
Fa0/2            Desg FWD 19         128.2     P2p
Gi1/1            Root FWD 4          128.25    P2p
```

可见 G1/1 端口被选为了根端口。

```
Switch2#show spanning-tree
VLAN0001
  Spanning tree enabled protocol ieee
  Root ID    Priority    16385
             Address     0001.6322.CEBC
             Cost        4
             Port        26(GigabitEthernet1/2)
             Hello Time  2 sec  Max Age 20 sec  Forward Delay 15 sec

  Bridge ID Priority    32769  (priority 32768 sys-id-ext 1)
             Address     0060.706B.9648
             Hello Time  2 sec  Max Age 20 sec  Forward Delay 15 sec
             Aging Time  20
```

```
Interface       Role Sts  Cost       Prio.Nbr   Type
----------      ---- ---- -----      --------   -----
Fa0/1           Desg FWD 19          128.1      P2p
Fa0/2           Altn BLK 19          128.2      P2p
Fa0/3           Altn BLK 19          128.3      P2p
Gi1/2           Root FWD 4           128.26     P2p
```

可见，G1/2 端口被选为了根端口。被阻塞了的端口是 F0/1 和 F0/2，其角色为 Altn（替换端口），一旦现有的一个根端口失效，二者中必有一个接替成为根端口；如果现有的两个根端口都失效，则这两个端口都会接替成为根端口。

▶4. 端口开销和端口优先级的修改

如果需要修改某个端口开销，可使用如下命令：

```
Switch(config)#interface G1/1          //进入 G1/1 端口
Switch(config-if)# spanning-tree vlan 1 cost 1
                              //修改 G1/1 端口的端口开销为 1
```

如果需要修改端口优先级，可使用如下命令：

```
Switch(config-if)#interface range f0/1-4    //批量配置端口 F0/1～F0/4
Switch(config-if-range)#spanning-tree vlan 1 port-priority 32
                          //设置这些端口的优先级为 32
Switch(config-if-range)#^Z
Switch#
Switch#show spanning-tree
VLAN0001
  Spanning tree enabled protocol ieee
  Root ID    Priority    16385
             Address     0001.6322.CEBC
             Cost        1
             Port        25(GigabitEthernet1/1)
             Hello Time  2 sec  Max Age 20 sec  Forward Delay 15 sec

  Bridge ID Priority    32769  (priority 32768 sys-id-ext 1)
             Address     0001.4218.CAE5
             Hello Time  2 sec  Max Age 20 sec  Forward Delay 15 sec
             Aging Time  20

Interface       Role Sts Cost       Prio.Nbr   Type
----------      ---------------     ---------  -----
Fa0/1           Desg FWD 19         32.1       P2p
Fa0/3           Desg FWD 19         32.3       Shr
Fa0/2           Desg FWD 19         32.2       P2p
```

Fa0/4	Desg FWD 19	32.4	Shr
Gi1/1	Root FWD 4	128.25	P2p

可见端口优先级变成了 32。

思考与动手

1. 交换机内部由哪些硬件构成？
2. 简述第二层、第三层和第四层交换机的工作特点。
3. 简述第二层交换机 MAC 地址表的建立过程。
4. 简述帧交换的 3 种方式及其特点。
5. 什么是广播风暴？简述广播风暴的形成机制。
6. 简述生成树协议 STP 的作用及 STP 端口的状态特征。

## 第 3 章

Cisco Catalyst 交换机的配置

本章提要

交换机除了支持使用 Console 接口在本地配置之外，还支持多种远程访问协议进行远程配置，最常用的有 Telnet（远程登录）和 SSH（安全 shell）。

交换机用做局域网络集中设备，为了使网络能高效、稳定和安全地运行，需要对其进行多方位的配置，如端口安全配置、端口镜像配置、端口聚合配置、VTP（VLAN 中继协议）配置和 MSTP（多生成树协议）配置。

端口安全配置：交换机的二层端口可以对对应主机的 MAC 地址数值和个数进行限制，以控制主机对网络的访问。

端口镜像配置：交换机端口镜像配置可使某交换机的某个（些）端口能够复制其他端口的流量，这些流量被复制的端口可以是在同一台交换机上，也可以是在其他交换机上。端口镜像主要用于入侵检测或流量分析。

端口聚合配置：端口聚合配置可把多个物理端口组成一个逻辑端口，该逻辑端口的带宽是各个物理端口的带宽之和，且支持端口流量的均衡。

VTP 配置：使用 VTP 配置 VLAN，可使得大型网络的 VLAN 配置和管理变得简单、高效。

MSTP 配置：MSTP 可使得在不同的 VLAN 中生成各自的树状网络，加快 STP 收敛，按 VLAN 设置冗余链路，适合大型网络链路冗余的需要。

【学习目标】

（1）学会交换机的远程配置。

（2）学会交换机的 VTP 配置。

（3）学会交换机的端口安全配置。

（4）学会交换机的端口汇聚配置。

（5）学会交换机的端口镜像配置。

（6）学会交换机的 MSTP 配置。

3.1 配置交换机的 Telnet 和 SSH 接入

在前面的章节中讲到可以使用 Console 线连接配置交换机或路由器等设备，但使用 Console 线进行配置时，网络管理员必须在现场进行。如果需要对网络设备进行远程配置，则必须在设备上配置远程管理协议。

Cisco IOS 系统支持多种远程访问协议对设备进行访问和管理，最常用的协议是 Telnet 和 SSH。对于命令行远程访问，默认情况下交换机和路由器能够被远程访问的前提条件是配置虚拟终端密码。路由器的 Telnet 接入配置在任务 1-3 中已经实现。

在配置交换机的远程访问前，交换机必须有一个可以被管理员访问到的 IP 地址。

3.1.1 二层交换机的管理 IP 地址配置

对于二层交换机来说，可以配置一个 VLAN 的虚拟接口 IP 地址，用做交换机的管理 IP 地址，连接到该 IP 地址后，就可以对交换机进行管理。

以下配置命令演示了如何为一个交换机配置 VLAN 的虚拟接口 IP 地址：

```
Switch>enable
Switch#configure terminal
Switch(config)#interface vlan 1//进入 VLAN1 虚拟接口*
Switch(config-if)#IP address 172.16.10.201 255.255.255.0
                                  //配置接口的 IP 地址为 172.16.10.201
Switch(config-if)#no shutdown   //激活 VLAN 虚拟接口
Switch(config-if)#end
Switch#show interfaces vlan 1   //使用命令 show interfaces 查看虚拟接
//口 VLAN1 的状态，可以看到接口 up 的 IP 地址是 172.16.10.201，子网掩码的长度是 24
Vlan1 is up, line protocol is up
  Hardware is EtherSVI, address is cc00.0110.0000 (bia cc00.0110.0000)
  Internet address is 172.16.10.201/24
MTU 1500 bytes, BW 100000 Kbit, DLY 1000000 usec,
    reliability 255/255, txload 1/255, rxload 1/255
  Encapsulation ARPA, loopback not set
  ARP type: ARPA, ARP Timeout 04:00:00
  ……
```

配置交换机管理 IP 地址后，使用客户端 PC 测试后即可发送数据包到此交换机，如图 3-1 所示显示了在 Windows XP 客户端的命令行模式下，使用 ping 命令测试的结果。

---

* 在任意 VLAN 配置的虚拟接口 IP 地址均可作为交换机的管理 IP 地址。在实现不同子网之间的访问时，VLAN 虚拟接口 IP 地址是所在 VLAN 计算机的默认网关。

图 3-1　ping 交换机的管理 IP 地址

3.1.2　三层交换机的接口地址配置

1. 三层管理地址与默认网关

三层交换机在当今的网络组建中起着非常重要的作用。三层交换机拥有二层交换机所有的功能，包括基于 MAC-address 的帧转发、生成树协议、VLAN 等。

三层交换机还可以实现基于第三层地址的路由。传统路由器在路由数据包时，主要是通过软件来完成数据包在路由表中的最长匹配，然后再选择接口转发。三层交换机则综合处理路由表与 MAC 地址表，不仅知道哪些 MAC 地址与其哪个接口关联，而且还知道哪些 IP 地址与其接口关联。这样，三层交换机就能根据 IP 地址信息来转发整个网络中的流量。由于三层交换机有专门的交换硬件，因此它们路由数据的速度通常与交换数据的速度一样快。

三层交换机的接口分为两种工作模式，即传统的二层接口模式和三层接口模式。当三层交换机的接口模式为默认的二层接口时，交换机与此接口所在子网交换数据包，只能通过此接口所在的 VLAN 虚拟接口来完成，这一点和 3.1.1 节所讲的二层交换机的配置是相同的。

三层交换机的三层接口功能则与路由器的接口一样，可在接口上配置三层地址即 IP 地址，该 IP 地址可作为交换机的管理 IP 地址，也可作为同子网计算机的默认网关。

2. 三层接口配置

（1）配置三层接口 IP 地址。

```
Switch(config)#interface fastEthernet 0/1
Switch(config-if)#no switchport
                    //将接口配置为三层接口，switchport 代表二层接口
*Mar  1 01:02:01.975: %LINEPROTO-5-UPDOWN: Line protocol on
Interface FastEthernet0/13, changed state to up
Switch(config-if)#IP address 172.16.100.201 255.255.255.0
                    //配置此三层接口的 IP 地址
```

no switchport 命令将一个二层接口变成三层接口，这样才能为交换机接口直接配置 IP 地址，如果直接在一个交换机的二层接口上配置 IP 地址，则会出现如下提示错误信息：

```
Switch (config)#int f astEthernet 0/2
Switch (config-if)#IP address 172.16.10.202 255.255.255.0
% IP addresses may not be configured on L2 links.
```
//提示二层链路不能配置 IP 地址

（2）查看接口当前的工作层。

可以用如下命令查看二层接口的状态：

```
Switch #show interfaces fastEthernet 0/2 switchport
Name: Fa0/2
Switchport: Enabled                //此处的 Enabled 表明此接口工作在二层
Administrative Mode: static access
Operational Mode: static access
Administrative Trunking Encapsulation: dot1q
Operational Trunking Encapsulation: native
Negotiation of Trunking: Disabled
Access Mode VLAN: 1 (default)
……
```

可以用如下命令查看一个位于三层的交换机接口：

```
Switch#show interfaces f0/1 switchport
Name: Fa0/1
Switchport: Disabled               //此处的 Disabled 表明此接口工作在三层
```

3.1.3　Telnet 配置

为交换机配置过 VLAN 管理 IP 地址或接口 IP 地址后，即可配置使用 Telnet 登录交换机。默认情况下，必须配置了设备的虚拟终端密码，才能远程登录，配置命令如下：

```
Switch(config)#line vty 0 15     //进入虚拟终端线路配置模式，允许同时存在
                                 //的 Telnet 登录连接数为 0～15 共 16 个
Switch(config-line)#password shishuo132       //配置虚拟终端密码
Switch(config-line)#login        //启用虚拟终端密码，默认为启用；若此处配
                                 //置 no login，则登录时不需密码
```

在交换机上，Telnet 服务默认是开启的，所以在对交换机完成以上配置后，即可通过 Telnet 协议对其进行远程管理和访问。

3.1.4　SSH 协议与配置

Telnet 协议与 SSH 协议的最大区别是，Telnet 协议以明文方式传递口令，包括登录成功后的配置命令在网络中都是以明文方式传输的，因此在使用 Telnet 协议对设备进行登录和管理时，Telnet 的用户名、密码及管理命令都存在被窃取的危险。同时，Telnet 服务程序的安全验证方式也过于简单，容易受到 man-in-the-middle（中间人）攻击，这种攻击方式属于数据劫持的一种。黑客冒充 Telnet 服务进程拦截客户端数据，然后将拦截的数据修改为攻击数据，发送给 Telnet 服务器进程，这样会使服务器产生严重的性能

危害和安全性等问题。

　　SSH 协议在传输用户名、密码、命令时是加密传输的，存在较好的安全性，可以有效地防止中间人的攻击。同时，SSH 协议在传输的同时会对数据做压缩处理，因此可以提高数据的传输速率。利用 SSH 协议还可以完成 Telnet 服务完成不了的任务，如传输文件等。所以，SSH 协议可以替代 Telnet 协议提供更安全的访问，是远程访问交换机的推荐协议。

1. SSH 安全验证

SSH 可以提供如下两种安全认证方法：

（1）口令验证。管理员用自己的账号和口令来通过 SSH 服务器的验证，在此过程中的数据会被加密。

（2）非对称密钥验证。客户端首先在本地生成一对密钥，然后将公钥存储在 SSH 服务器上，当客户端登录服务器时，会发送公钥到 SSH 服务器端，服务器验证客户公钥合法后，会利用客户公钥加密数据，然后发送给客户端，此时客户端可以利用自己的私钥进行解密。因为此过程中的私钥不会出现在网络中，所以会比单纯的口令验证更安全，但是会使用一部分性能，导致登录比口令验证的速度慢，因此适合用在对安全性要求非常高的场合。

2. SSH 配置

下面给出在交换机上配置启用 SSH 的具体实例：

```
Switch(config)#IP domain-name test.com //配置交换机域名为 test.com
Switch(config)#aaa new-model          //在交换机上启动 AAA
Switch(config)#username test password test //添加一个本地账户 test，
                                           //设置密码为 test
Switch(config)#crypto key generate rsa    //在交换机上用 RSA 算法生成
                              //一个密钥对，用来远程登录管理时加密数据
The name for the keys will be: Switch.test.com
Choose the size of the key modulus in the range of 360 to 2048 for your
General Purpose Keys. Choosing a key modulus greater than 512 may take
a few minutes.
How many bits in the modulus [512]:
Generating 512 bit RSA keys, keys will be non-exportable...[OK]
Switch(config)#
*Mar  1 00:27:03.395: %SSH-5-ENABLED: SSH 1.99 has been enabled
                  //当生成了 RSA 密钥对后，SSH 服务会在交换机上自动激活
Switch(config)#line vty 0 15
Switch(config-line)#transport input ssh     //配置交换机允许的远程访问
              //协议，这里配置的结果是只允许使用 SSH 协议远程连接到交换机
```

　　Windows 操作系统上默认并没有安装 SSH 的客户端软件，因此必须通过下载安装支持 SSH 客户端协议的软件，才能够通过 SSH 协议连接到交换机。这里，我们使用在工程中应用非常广泛的软件——SecureCRT 来连接。

打开 SecureCRT 软件，执行"File"→"Quick Connect"命令，可以打开如图 3-2 所示的连接配置对话框，在其中选择协议为 SSH，主机名为远程设备的 IP 地址，这里是 172.16.10.201，端口保留默认的 22 号端口，然后单击"Connect"按钮。

图 3-2　连接配置对话框

接下来弹出如图 3-3 所示的确认对话框，提示接受来自 SSH 服务器的密钥指纹，如果单击"Accept & Save"按钮，则以后都只需要输入用户名和密码即可登录。

图 3-3　接受密钥指纹

3.2　VLAN 配置

本节在第 2 章 2.5 节的基础上，进一步介绍 VLAN 的配置，完成有关的工程任务。

3.2.1　VLAN 配置技术

有两种配置 VLAN 的技术，即静态 VLAN（Static VLAN）和动态 VLAN（Dynamic VLAN）。

1. 静态 VLAN

静态 VLAN 也就是基于端口的 VLAN，这种 VLAN 易于建立与监控。

在划分时，既可把同一交换机的不同端口划分为同一虚拟局域网，也可把不同交换机的端口划分为同一虚拟局域网。这样，即可把位于不同物理位置、连接在不同交换机上的用户按照一定的逻辑功能和安全策略进行分组，根据需要将其划分为相同或不同的 VLAN。如果需要改变端口的属性，则必须人工重新配置，因而具有较好的安全性。

这种 VLAN 的应用最多，几乎所有支持 VLAN 的交换机都支持该方式。在绝大多数的企业网络中，静态 VLAN 用得最多。

2. 动态 VLAN

动态 VLAN 相对于静态 VLAN 来说是一种较为复杂的划分方法，它可以通过智能网络管理软件基于硬件的 MAC 地址、IP 地址、组播等条件来动态地划分 VLAN。

（1）基于 MAC 的 VLAN。管理员将企业内所有计算机网卡的 MAC 地址都输入一个服务器（VMPS，VLAN 管理策略服务器）的数据库里，这个数据库记录了 MAC 地址和与此地址对应的 VLAN 编号。当一台计算机连接到交换机的某一个端口时，交换机会学习到此台计算机网卡的 MAC 地址，并缓存到交换机的 mac-address 表里。同时，交换机会将学习到的 MAC 地址发送到服务器的数据库进行查询。如果在服务器上的数据库里可以找到一条匹配地址，则服务器会将匹配的 MAC 地址对应的 VLAN 编号回应给交换机，交换机根据服务器发来的 VLAN 编号，确定此端口所属的 VLAN。

如果在企业内有一个公共区域，此区域内的用户是移动用户，主要接入交换机的设备是笔记本电脑等，此时，若每个移动的用户需要接入网络的特定 VLAN，都要由管理员手动配置，这是不现实的。在此种情况下，使用动态 VLAN 技术，根据客户端设备的 MAC 地址决定 VLAN 的方法是非常合适的。

（2）基于 IP 地址的 VLAN。基于 IP 地址的 VLAN 是根据连接到交换机端口上的主机 IP 地址来划分的 VLAN。第二层交换机不支持该功能。第三层交换机因能够识别网络层数据报（Packets），故可以使用数据报中的 IP 地址来定义 VLAN。这种定义方法的优点是当某一主机的 IP 地址改变时，交换机能自动识别并重新定义 VLAN，不需要网络管理员的干预。但由于 IP 地址可以人为地设置，故如果不采取其他措施，这种划分方法会带来安全隐患。

（3）基于组播的 VLAN。组播作为一点对多点的通信，以数据帧的发送对象为组。如果希望参加某一特定组的主机，将含有组地址的 IGMP "加入消息" 发送给相邻的路由器，路由器则使用多点广播路由协议建立从源主机到所有目标主机的分发树，接收者（目标主机）可随时动态地加入或者离开某一多点广播组。

基于组播的 VLAN 就是动态地把需要同时通信的端口（通过使用主机的硬件地址或基于 IP 的 D 类地址）定义到同一个 VLAN 中，并用广播的方法解决一点对多点的通信。

3.2.2 VLAN 内和 VLAN 间的主机通信

当 VLAN 中的成员位于同一台交换机时，成员之间的通信就会十分简单，与未划分 VLAN 时一样，把数据帧直接转发到相应的端口即可；但如果是跨交换机划分的 VLAN，即同一 VLAN 的成员位于不同的交换机，且多个 VLAN 的数据都要在交换机之间传递时，如何实现通信呢？不同 VLAN 之间的主机又如何实现通信呢？

1. VLAN 内的主机通信

实现 VLAN 内主机间的通信的最笨办法就是为每一个 VLAN 直接建立一条链路，不同的 VLAN 内成员间的通信通过各自的链路进行，互不影响。但如果这样做，有多少个 VLAN 就需要多少条链路，浪费交换机的端口，显然不可取。

合适的方法应该是让不同 VLAN 的数据帧共享同一条链路进行传输，采用一定的技术对这些帧进行区分和标识即可，如图 3-4 所示。

图 3-4 主干连接上的不同 VLAN 数据帧

交换机连接计算机的接口称为 Access 接口（访问接口），连接计算机的链路称为访问链路或访问连接；交换机连接交换机的接口称为 Trunk 接口（主干接口或中继接口），连接主干接口的链路称为主干链路或主干连接。

2. 访问连接与主干连接

（1）访问连接（Access Link）。通过访问连接方式接入 VLAN 的成员通常是计算机终端或服务器，它只与在同一个 VLAN 里的其他成员进行通信，并不需要了解其他 VLAN 的信息，与其他 VLAN 成员之间的访问则需要路由。交换机的访问接口只能转发属于某一个 VLAN 的帧，这种帧是能够被计算机等终端设备的网卡识别的普通帧。

将一个交换机接口配置为访问模式的命令是 switchport mode access，访问接口只属于某一个 VLAN。

（2）主干连接（Trunk Link）。主干连接是指在不同交换机之间的一条链路，用其来同时承载多个 VLAN 的信息。

交换机主干接口一般连接的都是交换设备，有时也可能是路由器，以及有支持主干连接网卡的服务器。主干接口能够承载多个 VLAN 的帧。它在转发一个帧之前，会将此帧的 VLAN 编号附加在该帧的数据结构里，相当于给帧打上 VLAN 标记，这样不同 VLAN 的帧就可以通过同一条主干链路传输，从而解决跨交换机的 VLAN 通信问题。

将一个交换机接口配置为主干模式的命令是 switchport mode trunk。主干接口要通过不同 VLAN 的帧，因此不再属于任何 VLAN。

对于以太网，有两种帧标记协议可以在主干链路上完成帧的标记，一种是 Cisco 专用的协议 ISL（交换机间链路），另一种是支持多个厂商设备的通用协议，即 IEEE 802.1Q。

（1）Inter-Switch Link（ISL）。该标准属于 Cisco 的自有标准，它在以太网帧的基础上添加了一个新的 ISL 帧头与一段 CRC 冗余校验码。

（2）IEEE 802.1Q。该标准是由 IEEE 建立的通用连接标准，它在以太网帧中的特定字段建立一个 VLAN 标识，从而进行 VLAN 的识别。IEEE 802.1Q 属于通用型标准，被许多厂商广泛采纳，国产交换机多采用此标准。

3. ISL 与帧标记

ISL 是一个在交换机之间、交换机与路由器之间及交换机与具有支持 ISL 网卡的服务器之间传递多个 VLAN 信息及 VLAN 数据流的协议。在交换机的 Trunk 接口封装 ISL 协议，对离开接口的进入主干链路帧打上所属 VLAN 的标记，对离开主干链路到达 Trunk 接口的帧去掉 VLAN 标记。

ISL 的帧标记封装不改变数据的帧内容，而是在原以太网帧的基础上添加一个新的 ISL 帧头与一段 CRC 冗余校验码，ISL 帧头包含 VLAN 号。

这里应特别注意连接在 Trunk 接口上的服务器，如果服务器的网卡支持 ISL 或其他帧标记协议，则可以和交换机的 Trunk 接口相连，所有 VLAN 的计算机都不需路由就能访问到此服务器。

4. VLAN 间的主机通信

在同一个 VLAN 内的主机可以自由通信，数据的交换是在第二层——数据链路层进行的。在不同 VLAN 间通信则需要建立在第三层——网络层的基础上，也就是说需要具有路由功能的设备来实现不同 VLAN 之间的主机通信。在实际应用中使用的是路由器或第三层交换机，且更多的是使用后者。具体工程任务将在 3.2.7 节完成。

3.2.3 VTP

虚拟局域网主干协议（VLAN Trunk Protocol，VTP）用来高效部署和管理企业网 VLAN。

在做跨交换机的 VLAN 配置时，假设某网络由 3 台交换机构成，3 台交换机上均划分 VLAN10、VLAN20 和 VLAN30，我们可以在每台交换机上添加 3 个 VLAN。在本书的企业环境内，总部园区网有 12 台交换机，总部有 10 个部门，如果每个部门都配置一个 VLAN，那么需要添加的 VLAN 总数是 12×10=120 个 VLAN。如果所有的 VLAN 都需要管理员在每一台交换机上增加、修改、删除，那么不仅管理员的工作量大，而且容易出错。在更大型的交换网络环境中，这种问题尤其突出。VTP 可以很好地解决这个问题。

1. VTP 的作用

VTP 能够同步整个企业的交换机 VLAN 配置信息，对企业内的 VLAN 统一进行增加、删除、修改等操作；将大量的重复性配置集中在一台设备上完成，并能够将这台交换机的配置自动同步到企业中的其他交换机；大大减小了维护 VLAN 的工作量，提高了管理员的工作效率，同时减少了出错的可能性。

VTP 工作在数据链路层，VTP 消息只能通过 Trunk 链路进行传递，因此要求在同一个区域内的交换机之间的链路都是 Trunk 模式。

2. VTP 的管理域

VTP 在工作时，有一个作用范围，称为管理域。只有处于相同 VTP 管理域的交换机之间才能相互同步 VTP 消息。一个交换机同一时间只能处于某一个确定的 VTP 管理域内。判断两台交换机是否在一个管理域的方法是，查看两台交换机的 VTP 域名是否相同，这个域名最初是在一台处于服务器模式的交换机上设置的，未配置域名的交换机在收到带有域名信息的 VTP 消息时，可以自动学习并配置此域名，并且自动加入这个管理域中。

3. VTP 的工作模式

配置了 VTP 的交换机有 3 种工作模式，即 Server（服务器）模式、Client（客户端）模式和 Transparent（透明）模式。默认情况下，所有启用 VTP 的交换机都工作在服务器模式。

服务器模式：工作在 VTP 服务器模式的交换机，可以由管理员手动创建、修改和删除 VLAN 配置。可以向同一 VTP 管理域的其他交换机发送或转发 VTP 消息，也可以接收其他交换机转发来的最新 VTP 消息并同步。交换机可以把 VLAN 配置信息保存到 NVRAM 中，重启后可以从 NVRAM 中自动加载 VLAN 配置。

客户端模式：工作在 VTP 客户端模式的交换机，可以从其他交换机学习 VLAN 信息，并且可以将学习到的 VTP 消息转发给管理域内的其他交换机。但是，处于客户端模式的交换机不能创建、更改和删除 VLAN，同时也不能把 VLAN 的配置信息保存到 NVRAM 中。所以，交换机重启后需要重新同步 VLAN 配置。

透明模式：工作在 VTP 透明模式的交换机，可以由管理员手动创建、修改和删除 VLAN 配置，而且这些 VLAN 配置可以保存在 NVRAM 中。VTP 透明模式的交换机不会和同一个管理域内的其他交换机同步 VLAN 配置，但是可以将接收到的 VTP 消息转发给其他的交换机。因此，透明模式的交换机 VLAN 配置与管理域内的其他模式交换机 VLAN 配置是独立的。

3.2.4　VTP 的工作过程

如图 3-5 所示，所有的交换机都配置到 VTP 管理域"shi"内，其中核心 Switch1 配置为 VTP 服务器模式，Switch2 和 Switch4 配置为客户端模式，Switch3 配置为透明模式。

图 3-5 VTP 的 3 种模式

在 Switch1 上配置的 VLAN 信息，通过交换机之间的 Trunk 链路，利用 VTP 通告消息，每隔 5min 发送一次。如果 Switch1 上的 VLAN 配置发生了改变，则会立刻触发 VTP 通告消息的发送，并且 VTP 消息的配置版本号自动加 1。配置版本号用来区分 VTP 消息的优先级，配置版本号越大，消息中的配置信息就越优先被采纳。

VTP 客户端 Switch2 收到这个消息后，会对各种参数进行检查。确保此消息是同一个管理域内的交换机发送的，然后再检查配置版本号，如果收到的 VTP 消息配置版本号高于交换机本地存储的配置版本号，则 Switch2 就采纳消息中新的 VLAN 配置覆盖现有配置，并将这些最新的 VTP 消息转发给同一个 VTP 管理域内的 Switch3。

处于透明模式的 Switch3 收到 Switch2 转发的服务器 Switch1 的 VTP 消息后，如果确定是同一个管理域的 VTP 消息，就会将此消息转发给 Switch4，但 Switch3 本身的 VLAN 配置不会做任何改变。Switch4 处于客户端模式，它接收并采纳该 VTP 消息的 VLAN 配置。

3.2.5 VTP 的其他属性

1. VTP 的版本

目前，VTP 有 3 种版本，分别是 V1、V2、V3。不同的 VTP 版本之间存在功能上的差别，因此在企业内部署 VTP 时，要先确定使用哪种版本。在当前的企业网中，VTP V2 版是使用最多的版本，支持以太网和令牌环网络，大部分的交换网络都选择这个版本来实现 VTP 管理域的配置。

2. VTP 管理口令

支持基于口令的安全特性，此特性可以防止企业网的 VLAN 配置遭到非法破坏。同一个管理域内的交换机需要配置相同的口令。交换机之间通过口令对域内其他交换机的消息进行认证，口令的认证算法是 MD5。配置口令的命令如下：

```
Switch(config)# vtp password password
```

3. VTP 修剪

VTP 修剪（VTP Pruning）设置启用后，可以减少不必要的广播、组播等信息，从而减少对带宽的占用，减轻网络的阻塞，达到提高网络利用率的目的。

在网络中，如果某台交换机没有任何端口连接到某 VLAN，那么任何一个需要通过某 VLAN 到达目标主机的广播或组播数据帧，都没有必要传送到该交换机中（该交换机处于传送数据帧的必经路径除外）。启用 VTP 修剪后，该交换机就可阻止该帧的通过，如图 3-6 所示。VTP 修剪在交换机中默认是禁用的，因此需要配置启用它，启用的命令如下：

```
Switch(config)#vtp pruning enable
```

注意：图 3-6 中 Switch2 虽然无接口连接到 VLAN2，但是它处于数据帧到达目标的必经之路上，所以仍然允许 VLAN2 的广播或组播数据帧通过。

图 3-6　VTP 修剪

3.2.6　VLAN 的配置

本节将介绍使用 Cisco IOS 交换机的企业网络环境配置 VLAN 的方法。

1. VLAN 的配置步骤

每台交换机所支持的 VLAN 个数是由其硬件情况而定的，不同档次的交换机所能支持的 VLAN 个数不同。对于桌面级的 Catalyst 系列交换机来说，最多支持配置 64 个 VLAN。

配置 VLAN 首先要确保某交换机当前处于 VTP 服务器模式或 VTP 透明模式下。只有在这两种模式下，才能进行 VLAN 的添加与删除等工作。默认情况下，Cisco 交换机处于 VTP 服务器模式。

通常，配置 VLAN 需要完成以下 4 个步骤：

（1）配置 VTP。配置包括 VTP 域名称、VTP 的工作模式、VTP 口令及是否需要修剪功能等。默认情况下，Cisco 交换机均处于 VTP 服务器模式中，因此在添加一台新的交换机到 VTP 域内时，需要将其工作状态改为客户端模式，以免出现错误广播 VLAN 信息的情况。

（2）配置主干连接，并根据网络情况使用合适的主干连接帧标记协议，对于以太网常选择 802.1Q 或 ISL。

（3）指定 VLAN 标识。为每一个 VLAN 指定一个唯一的数字标识，实际工程中为了便于管理，通常用 name 命令为 VLAN 命名，如把属于财务部的 VLAN 命名为 Finance-vlant。

（4）分配 VLAN 端口。为每个交换机的端口指定所属的 VLAN。

▶2．VLAN 的配置命令

明确了以上配置步骤后，接下来就具体介绍 Cisco 交换机上的基本 VLAN 配置命令。

（1）配置 VTP 协议。Catalyst 2900 系列交换机 VTP 的配置命令如下：

```
Switch# vlan database
Switch(vlan)#vtp {client | server | transparent| domain domain-name
[password password]}
```

也可在全局模式下配置：

```
Switch(config)# vtp mode {client | server | transparent}
                                            //注意多了关键字 mode
Switch(config)# vtp mode domain domain-name
```

配置时，同一个域中只把一台交换机配置成服务器模式，以避免内部出现信息冲突。

VTP Domain 用于定义 VTP 管理域的名称。在默认情况下，交换机中该选项是未定义的，必须进行定义。属于同一个域内的所有交换机会从 VTP 服务器获得相同的域名。

VTP Password *password* 的默认选项为不设置。如果为该管理域配置了口令，那么在这个域内的所有交换机都必须使用相同的口令，否则将无法进行信息交换。

VTP Trap ［enable|disable（启用或禁用）］的默认选项为启用，其含义是每当一个 VTP 信息发送时，都将触发产生一个简单网管（SNMP）信息。

VTP Pruning ［enable|disable（启用或禁用）］的默认选项为禁用，该选项仅用来定义是否支持 VTP Pruning 功能。此后，还必须指定哪些 VLAN 需要启用该功能。

（2）配置 VLAN Trunk。对主干连接 Trunk，Cisco 使用 802.1Q 或 ISL 专用协议。对于 Catalyst 2900 系列，配置命令如下：

```
Switch(config-if)#switchport mode Trunk    //设置当前端口为 Trunk
```

协议可封装 dot1q（即 802.1Q）或 ISL：

```
Switch(config-if)#switchport Trunk encapsulation dot1q|isl
      //Catalyst 2950 只支持 dot1q，Catalyst 1912 只在其中两个端口支持 ISL
```

▶3．VLAN 配置命令汇总

在建立了 VTP 域后，便可以在作为 VTP 服务器的交换机上进行 VLAN 的划分管理。通常应先规划好欲划分的 VLAN 个数，以及把哪些交换机及哪些端口划分到哪些 VLAN 中。

下面介绍 Catalyst 2900 系列交换机 VLAN 的一般配置方法，总结前面用到的相关命令。

（1）配置 VTP。

```
Switch(config)# vtp domain domain-name
Switch(config)# vtp password password
Switch(config)# vtp mode server        //设置交换机工作在服务器模式，可不必
                                       //显式配置
Switch# show vtp status                //查看 VTP 状态
```

（2）添加 VLAN。该系列交换机最大支持 64 个激活的 VLAN，VLAN ID 号从 1～1005 中选取。

```
Switch(config)# vlan vlan-id
Switch(vlan)#name vlan-name
Switch# show vlan name vlan-nam        //按照 VLAN 名称查看 VLAN，注意 VLAN
                                       //名称区分大小写
Switch#show vlan id vlan-id            //按 VLAN 号查看 VLAN
Switch#show vlan brief                 //概览 VLAN 信息
Switch(config)# no vlan vlan-id        //删除 VLAN
```

（3）将访问接口加入 VLAN。

```
Switch# configure terminal
Switch(config)# interface interface
Switch(config-if)# switchport mode access
Switch(config-if)# switchport access vlan vlan-id
Switch# show interface interface-id switchport
                                //查看端口所属的 VLAN 和 VTP 信息
```

（4）配置 Trunk 端口。

```
Switch# configure terminal
Switch(config)# interface interface
Switch(config-if)# switchport mode Trunk   //设置当前端口为 Trunk 端口，
    //Cisco3560 等交换机默认处于 Dynamic Auto 模式，不能直接设置为 Trunk，
    //需先设置为 Dynamic Desirable 或 Access 模式，再改为 Trunk 模式
Switch(config-if)# switchport Trunk encapsulation dot1q|isl
                                //配置 dot1q(802.1Q) 或 ISL 做帧标记封装
Switch(config-if)# end
Switch# show interface interface switchport     //查看端口的 Trunk 状态
Switch# copy running-config startup-config      //保存配置
```

（5）配置 Trunk 上允许的 VLAN。

```
Switch(config-if)# switchport Trunk allowed vlan add vlan-id
    //配置允许的 VLAN 号，支持用"-"号和","号定义多个 VLAN，默认为允许所有
Switch(config-if)#switchport Trunk allowed vlan remove vlan-id
                                //禁止原来允许的 VLAN
Switch(config-if)# no switchport mode           //取消 Trunk 端口
```

（6）使用 STP 实现负载分担。例如，在交换机之间配置两条主干链路，主干端口分别为 F0/1 和 F0/2，两交换机之间需要传输的是 VLAN3～VLAN6 和 VLAN8～VLAN10、VLAN12，以下配置方法可把流量均衡在两条链路上。

方法一：使用端口优先级，设置相同优先级来分担负载。

```
Switch(config-if)# interface F0/1
Switch(config-if)# spanning-tree vlan 8-10,12 port-priority 10
Switch(config)# interface F0/2
Switch(config-if)# spanning-tree vlan 3-6 port-priority 10
```

方法二：使用路径值，设置相同路径值来分担负载。

```
Switch(config)# interface F0/1
Switch(config-if)# spanning-tree vlan 3-6 cost 30
Switch(config)# interface F0/2
Switch(config-if)# spanning-tree vlan 8-10,12 cost 30
```

在两台交换机上都要配置。

任务 3-1　用 VTP 方式配置 VLAN

【主要设备】

Cisco 2950 交换机 2 台，计算机 4 台。

【网络拓扑】

按照如图 3-7 所示接口连接网络。

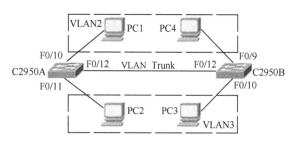

图 3-7　用 VTP 方式配置 VLAN

【任务要求】

在两台 Catalyst 2950 交换机组成的网络中配置 VTP 划分 VLAN。

配置思路：在两台交换机上都启用 VTP，C2950A 作为 VTP Server，C2950B 作为 VTP Client，交换机间的连接链路接口配置 Trunk。在这两个端口上的帧标记协议封装不必显式配置，因为 Catalyst 2950 只支持且默认封装 dotq1。在 VTP 服务器上配置 VLAN 标识，并把有关的端口加入相应的 VLAN 中。VLAN 标识信息会自动发送到 VTP 域中所有的 VTP 客户端（此处为 C2950B），把该交换机的有关端口加入相应的 VLAN 中即可实现任务。

验证：一是查看 VLAN 配置信息；二是设置 4 台 PC 的 IP 地址在同一网段，通过

ping 命令来验证 VLAN 的划分。

【操作步骤】

1. 配置 VTP

（1）C2950A 上的配置。设置交换机为 VTP 服务器，VTP 管理域名为 Stone，如下所示：

```
Switch>en
Switch#config t
Enter configuration commands, one per line. End with CNTL/Z
Switch(config)#host C2950A
C2950A(config)#exit
C2950A#vlan database
C2950A(vlan)#vtp server
C2950A(vlan)#vtp domain Stone
Changing VTP domain from NULL to stone
```

（2）C2950B 上的配置。设置交换机为 VTP 客户端，VTP 管理域名仍为 Stone，如下所示：

```
Switch#config t
Enter configuration commands, one per line. End with CNTL/Z
Switch(config)#host C2950B
C2950B(config)#exit
C2950B#vlan data
C2950B(vlan)#vtp client
C2950B(vlan)#vtp domain Stone
//如果不设置域名，VTP Client 交换机默认加入 VTP Server 通告的域 Stone
```

2. 配置 VLAN Trunk

（1）C2950A 上的配置。设置 F0/12 为 Trunk 端口：

```
C2950A(config)#interface f0/12
C2950A(config-if)#switchport mode Trunk
```

（2）C2950B 上的配置。设置 F0/12 为 Trunk 端口：

```
C2950B(config)#interface f0/12
C2950B(config-if)#switchport mode Trunk
```

3. 在 C2950A 上划分 VLAN，完成配置任务

（1）C2950A 上的配置。划分 VLAN 2 和 VLAN 3，分别加入 F0/10 和 F0/11：

```
C2950A(vlan)#vlan 2 name VLAN2
VLAN 2 added:
    Name:VLAN2
```

```
C2950A(vlan)#vlan 3 name VLAN3
VLAN 3 added:
    Name:VLAN3
C2950A(vlan)#exit
APPLY completed
Exiting…
C2950A#
C2950A(config)#int F0/10
C2950A(config-if)#switchport mode access
C2950A(config-if)#switchport access vlan 2
C2950A(config-if)#int F0/11
C2950A(config-if)#switchport mode access
C2950A(config-if)#switchport access vlan 3
C2950A(config-if)#^Z
```

（2）C2950B 上的配置。此时 C2950A 上配置的 VLAN 标识信息已经能够在 C2950B 上查看到：

```
C2950B#sh vlan brief

VLAN Name               Status  Ports
---- ------------------ ------- -------------------------------
1    default            active  Fa0/1, Fa0/2, Fa0/3, Fa0/4
                                Fa0/5, Fa0/6, Fa0/7, Fa0/8
                                Fa0/9, Fa0/10, Fa0/11, Fa0/12
2    VLAN2              active

3    VLAN3              active
1002 fddi-default       active
1003 token-ring-default active
1004 fddinet-default    active
1005 trnet-default      active
```

把 C2950B 的端口 F0/9 和 F0/10 直接加入各自的 VLAN 中：

```
C2950B#config t
C2950B(config)#int f0/9
C2950B(config-if)#switchport mode access
C2950B(config-if)#switchport access vlan 2
C2950B(config-if)#int f0/10
C2950B(config-if)#switchport mode access
C2950B(config-if)#switchport access vlan 3
C2950B(config-if)#end
```

▶**4. 验证配置**

（1）查看 C2950A 上的 VLAN 配置。

```
C2950A#sh vlan brief

VLAN Name                   Status  Ports
---- -------------------    ------- ----------------------------
1    default                active  Fa0/1, Fa0/2, Fa0/3, Fa0/4
                                    Fa0/5, Fa0/6, Fa0/7, Fa0/8
                                    Fa0/9, Fa0/12
2    vlan2                  active  Fa0/10

3    vlan3                  active  Fa0/11
1002 fddi-default           active
1003 token-ring-default     active
1004 fddinet-default        active
1005 trnet-default          active
```

（2）查看 C2950B 上的 VLAN 配置。

```
C2950B#sh vlan brief

VLAN Name                   Status  Ports
---- -------------------    ------  ----------------------------
1    default                active  Fa0/1, Fa0/2, Fa0/3, Fa0/4
                                    Fa0/5, Fa0/6, Fa0/7, Fa0/8
                                    Fa0/11, Fa0/12
2    vlan2                  active  Fa0/9

3    vlan3                  active  Fa0/10
1002 fddi-default           active
1003 token-ring-default     active
1004 fddinet-default        active
1005 trnet-default          active
```

（3）设置 PC1～PC4 的 IP 参数，地址为 172.16.1.2～172.16.1.5，在 PC1 上 ping 其他 PC。

```
C:#ping 172.16.1.3
Pinging 172.16.1.3 with 32 bytes of data:


Request timed out.
Request timed out.
Request timed out.
Request timed out.
Request timed out.
```

```
Ping statistics for 172.16.1.3:
    Packets:Sent=5, Received=0, Lost=5(100% loss),
Approximate round trip times in milli-seconds:
    Minimum=Oms, Maximum=Oms, Average=Oms


C: #ping 172.16.1.4
Pinging 172.16.1.4 with 32 bytes of data:

Request timed out.
Request timed out.
Request timed out.
Request timed out.
Request timed out.

Ping statistics for 172.16.1.4:
    Packets:Sent=5, Received=0, Lost=5(100% loss),
Approximate round trip times in milli-seconds:
    Minimum=Oms, Maximum=Oms, Average=Oms


C:#ping 172.16.1.5
Pinging 172.16.1.5 with 32 bytes of data:

Reply from 172.16.1.5: bytes=32 time=60ms TTL=241
Reply from 172.16.1.5: bytes=32 time=60ms TTL=241
Reply from 172.16.1.5: bytes=32 time=60ms TTL=241
Reply from 172.16.1.5: bytes=32 time=60ms TTL=241
Reply from 172.16.1.5: bytes=32 time=60ms TTL=241


Ping statistics for 172.16.1.5:    Packets:Sent=5, Received=5,
Lost=0(0% loss),
Approximate round trip times in milli-seconds:
```

由上述代码可见，相同 VLAN 的 PC 能够 ping 通，不同 VLAN 的 PC 不能 ping 通。

3.2.7 路由与不同 VLAN 之间通信的实现*

如果要实现不同 VLAN 之间的访问，该怎样配置呢？不同 VLAN 之间的访问均需要路由器或三层交换机来实现。

◆ 1. IP 路由简介

所谓 IP 路由可以简单理解为 IP 数据包在不同网段（子网）传送的路径，能实现在

---

* 本节教学可放在完成路由器有关章节的学习之后。

不同网段传送数据包的设备是路由器和三层交换机。

（1）路由器。路由器有可连接多种网络的接口，这些接口需要配置不同的网络号并且与所连接网络的网络号要相同。在有多个路由器连接的网络中，路由器需要进行复杂的配置才能发现到达目标网络的路径，把 IP 数据包从某个网络送达目标网络，对此将在后面的章节进行介绍。但是，在只有一个路由器的情况下，不需进行复杂的配置，路由器就能转发与自己的接口直接相连的不同网络的数据包。

而 VLAN 之间的路由是在不同网络之间路由的基础上，经过进一步配置来实现的。

（2）三层交换机。三层交换机与路由器一样，默认启用了路由功能，但其接口默认工作在第二层。当接口启用三层功能后可以配置 IP 地址，连接不同网段提供路由。在 3.1 节中已经介绍了激活接口三层功能的命令是在接口配置模式下使用 no switchport。启用了第三层接口的交换机，配置路由的方法与路由器相同。

但是，三层交换机还支持虚拟 VLAN 接口，在虚拟 VLAN 接口上配置 IP 地址，就能支持不同 VLAN、不同网段的数据转发。前面也已介绍了配置虚拟接口的命令是在全局配置模式下使用 interface vlan *vlan-id*。

2. 子接口配置

路由器和三层交换机的接口都支持子接口配置，即一个物理接口根据需要可视为多个逻辑接口，这些逻辑接口称为物理接口的子接口。每个逻辑接口可以配置不同子网的 IP 地址，以连接这些子网，即可以用一个物理接口来连接多个子网。配置以太网子接口的命令是在全局配置模式下使用的。

```
Interface Interface-id.n          //n 是 0～4294967295 之间的数字
```

例如：

```
Interface f0/1.1                  //为接口 f0/1 配置一个子接口
```

3. VLAN 之间的路由配置要点

（1）使用三层交换机。三层交换机除了具有二层交换机的全部功能外，还具有第三层路由的功能，它能自动识别交换帧和路由帧。对于相同子网或网段的帧，只进行交换处理，直接转发到相应的端口；对于不同子网或网段的帧，则先路由到相应子网或网段后，再转发到相应端口。由于交换和路由均在同一个设备中进行，便于整合交换和路由技术的优点，所以能够实现线速交换和线速路由。

在 VLAN 之间路由时，各个 VLAN 视为一种逻辑接口，对各个 VLAN 设置不同网段的 IP 地址，这些 VLAN 位于相应的网段。而各 VLAN 内计算机的 IP 地址与相应 VLAN 的网络号相同，默认网关就是所属 VLAN 的逻辑地址。这样，VLAN 间的路由也就成了不同网段之间的路由。

（2）使用路由器。在使用路由器时，为了节约端口的使用，通常在路由器的一个端口上对应每一个 VLAN 建立相应的逻辑子接口，为每个子接口配置 IP 地址、封装协议 802.1Q（或 ISL）和 VLAN 号；在交换机上则定义一个 VLAN Trunk 端口，封装同样的协议 802.1Q（或 ISL）。把路由器的这个端口与交换机的这个端口连接起来，就可实现不同 VLAN 之间成员的通信。由于该路由器只使用一个端口连接到交换机网络中，所以称为单臂路由器。

实际实施 VLAN 通信时要注意：

➢ 不同 VLAN 中的计算机 IP 地址应该在不同的网段，相同 VLAN 中的计算机 IP 地址则应该在相同的网段。

➢ 某 VLAN 计算机的默认网关就是单臂路由器相应子接口的 IP 地址或三层交换机的 VLAN 虚拟接口 IP 地址。

【实例 3-1】 使用三层交换机实现不同 VLAN 之间的访问

在如图 3-7 所示的网络中，如果有一台交换机是三层交换机（如把 C2950A 换成 C3550A），则可实现 VLAN2 和 VLAN3 之间的访问。注意：在设置各 PC 的 IP 地址时，PC1 和 PC4 应该设置在一个网段，PC2 和 PC3 应该设置在另一个网段。

设置 VLAN2 中 PC1 的 IP 地址为 192.168.1.2/24，PC4 的 IP 地址为 192.168.1.3/24；VLAN3 中 PC2 的 IP 地址为 192.168.2.2/24，PC3 的 IP 地址为 192.168.2.3/24。

配置步骤：

（1）第二层配置。第二层的配置同任务 3-1，把三层交换机 C3550A 配置为 VTP 服务器。

（2）第三层配置。为 VLAN2 配置逻辑接口 IP 地址为 192.168.1.1/24，为 VLAN3 配置逻辑接口 IP 地址为 192.168.2.1。

```
C3550A(config)# interface vlan 2
C3550A(config-if)# ip address 192.168.1.1 255.255.255.0
C3550A(config)# interface vlan 3
C3550A(config-if)# ip address 192.168.2.1 255.255.255.0
```

在各接入 VLAN 的计算机上设置默认网关为该 VLAN 的接口地址。这样，所有的 VLAN 也可以互访。

验证：在 PC1、PC4 和 PC2、PC3 之间互 ping，均能 ping 通。

若网络中无三层交换机，则要使用路由器来实现 VLAN 之间的访问。

【实例 3-2】 配置单臂路由器实现不同 VLAN 之间的相互访问

如图 3-8 所示，路由器用一个端口与交换机 C2950B 的 f0/1 相连，用这一条连接链路实现多个 VLAN 之间的访问。

图 3-8 配置单臂路由器实现不同 VLAN 之间的访问

配置思路：连接路由器的交换机端口配置为 VLAN Trunk 端口，而路由器的该端口配置多个子接口以实现 VLAN 之间的路由。每个子接口封装与 VLAN Trunk 端口相同的帧标记协议。路由器的各个子接口配置的 IP 地址就是各个相应 VLAN 中计算机的默认网关。各个 VLAN 的数据即通过各自的网关路由到目标 VLAN，实现不同 VLAN 之间的访问。

（1）交换机的配置。交换机的配置同实例 3-1，需配置 C2950B 的 F0/1 为 Trunk 端口。

（2）路由器的配置。

```
Router(config-if)#interface FastEthernet0/0
Router(config-if)#no ip address
Router(config-if)#interface FastEthernet0/0.1          //配置子接口
Router(config-if)#encapsulation dot1q 2
                        //封装802.1Q协议，书写为dot1q，2为VLAN号
Router(config-if)#ip address 192.168.1.1 255.255.255.0
Router(config-if)#interface FastEthernet0/0.2
Router(config-if)#encapsulation dot1q 3
Router(config-if)#ip address 192.168.2.1 255.255.255.0
```

默认网关在 VLAN2 的计算机上设置为 192.168.1.1，在 VLAN3 的计算机上设置为 192.168.2.1。这样，各个 VLAN 之间就可以互访。

验证：在 PC1、PC4 和 PC2、PC3 之间互 ping，均能 ping 通。

3.3 TFTP 服务器和 IOS 的备份、升级和配置文件的备份

TFTP 是简单文件传输协议，它使用 UDP 协议作为传输层协议，服务端口是 69。使用 TFTP 服务器可以将保存在交换机或路由器 flash 里的 IOS 和配置信息备份到服务器上，同时也可以通过服务器对设备的 IOS 进行更新。可有效防止设备的 IOS、配置信息等丢失，提高网络的稳定性。

TFTP 服务器的软件很多，网络设备厂商通常也提供相应的 TFTP 服务器软件。如图 3-9 所示是一个 Windows 平台常用的 TFTP 服务器 TFTP Server TFTPDWIN 界面。

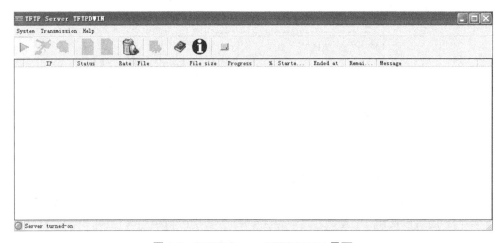

图 3-9 TFTP Server TFTPDWIN 界面

◆ 1. 实现 IOS 备份

首先在计算机上安装 TFTP 服务器软件，配置计算机、交换机或路由器的 IP 地址，确保交换机或路由器可以访问到 TFTP 服务器，然后按照以下步骤完成设备 IOS 的备份：

```
Switch#copy flash tftp
//此命令表示要将 flash 内的内容复制到 TFTP 服务器上
Source filename []? c3560-advIPservicesk9-mz.122-44.SE2.bin
//指明需要复制的 flash 内的 IOS 映像源文件名
Address or name of remote host []? 172.16.10.11
//输入 TFTP 服务器的 IP 地址
Destination filename [c3560-advIPservicesk9-mz.122-44.SE2.bin]?
//询问复制到服务器后的文件名直接按 Enter 键，保持默认名称和源文件名相同
!!!!!!!!!!!!!!!!!!!!!!!!!!!!!!!!!!!!!!!!!!!!!!!!!!!!!!!!!!!!!!!!!!!!!!!!!!!
!!!!!!!!!!!!!!!!!!!!!!!!!!!!!!!!!!!!!!!!!!!!!!!!!!!!!!!!!!!!!!!!!!!!!!!!!!!
!!!!!!!!!!!!!!!!!!!!!!!!!!!!!!!!!!!!!!!!!!!!!!!!!!!!!!!!!!!!!!!!!!!!!!!!!!!
7864316 bytes copied in 655.359 secs (12000 bytes/sec)
//此处显示了备份的进度，以及备份的文件大小和花费的时间
```

◆ 2. 实现配置文件备份

将交换机的当前配置文件保存到 IP 地址为 172.16.10.11 的 TFTP 的服务器上，如下所示：

```
Switch#copy running-config tftp
            //复制交换机的配置到 TFTP 服务器
Address or name of remote host []? 172.16.10.11
            //输入 TFTP 服务器的 IP 地址为 172.16.10.11
Destination filename [SwitchConfig]?
            //输入保存在 TFTP 服务器上的文件名，默认文件名是 SwitchConfig
```

◆ 3. 备份文件的恢复与 IOS 的升级

（1）备份文件的恢复。备份文件的恢复使用如下命令：

```
Switch#copy tftp ?
  flash:            Copy to flash: file system
                            //复制 TFTP 上的文件到 flash
  running-config    Copy configuration from system
                            //复制 TFTP 上的文件到 running-config
  startup-config    Copy startup configuration from system
                            //复制 TFTP 上的文件到 startup-config
```

（2）IOS 的升级。设备厂商有时会发布设备最新的 IOS 文件，从其网站或其他途径获取后，放到 TFTP 服务器的工作目录下，按照恢复 IOS 映像文件的命令操作，即可实现升级。

3.4 配置交换机端口安全

交换机是整个企业内网最重要的组成部分，因此与之相关的安全问题关系到整个企业的信息系统是否正常运行。在一般的企业网络安全策略中，大部分会将注意力放在外网的安全威胁上，而处于企业内部的二层安全问题其实也很重要。交换机端口安全是指针对交换机的端口进行安全属性的配置，从而控制用户的安全接入。

3.4.1 限制和绑定 MAC 地址

交换机端口安全主要有两种类型：一是限制交换机端口的最大 MAC 地址个数，以控制交换机端口下连的主机数，可以防止 MAC-address flood 攻击；二是针对交换机端口进行 MAC 地址的绑定，防止用户进行恶意的 ARP 欺骗。

1. 限制端口 MAC 地址个数

交换机 MAC 地址表有最大容量的限制，在正常使用情况下，交换机的 MAC 地址表容量是够用的。但是如果向交换机的某个接口发送大量的虚假源 MAC 地址的帧，交换机会学习这些源 MAC 地址并记录到 MAC 地址表，这样会造成交换机的 MAC 地址表被一些不存在的虚假 MAC 地址记录填满。这种攻击称为 MAC-address flood 攻击，是二层 Dos（denial of service，拒绝服务）攻击的一种。一旦发生这种攻击，企业网的交换机因为不能有效地学习真正的客户端 MAC 地址，从而导致性能大幅下降，甚至不能工作。

通过限制交换机端口的 MAC 地址数量可以阻止此种攻击。通过将交换机端口的 MAC 地址数量设置为某一个合理值，可以避免客户端滥用 MAC 地址情况的发生。

一般这种安全策略的设置都是在直接连接到客户机的交换机上设置的，在本企业的网络拓扑中，应该在所有的接入层交换机上设置此策略。下面以 SW1-1 为例进行配置：

```
SW1-1(config-if)#switchport port-security maximum 1
```

此例配置交换机 SW1-1 在接口上的最大 MAC 地址数量是 1，因为接入层交换机的接口直接连接客户端 PC，所以正常情况下只需要 1 个 MAC 地址即可。

2. 为端口绑定 MAC 地址

在局域网内，除了 MAC 地址泛洪攻击外，还有一种比较常见的攻击，即 ARP 欺骗攻击。这种攻击利用了 ARP 的弱点，攻击发生时，会导致客户端无法访问到其他客户端，或者客户端无法连接到网关并访问互联网，或者客户端的数据被传递到攻击者的计算机上。

要了解 ARP 攻击的原理，可以参考 ARP。ARP（地址解析协议）在以太网内帮助客户端找到已知 IP 地址的目标端 MAC 地址，当客户端想要将数据发送给已知 IP 的目标机时，会利用 ARP 向交换机发送一个 ARP 广播，在同一广播域内的具有目标 IP 地址的计算机收到该广播，会向客户端回送一个自己的 MAC 地址，这样客户端就可以利用这个 MAC 地址组装帧并向目标机发送数据。

正常情况下，在同一广播域内的其他设备收到客户端发来的 ARP 广播，通过查看请求的目标 IP 地址，确认不是发给自己的，并不会给客户端回复任何数据。但是，当一个攻击者接收到了这样的 ARP 请求时，攻击者就向客户端发送一个 ARP 应答帧，伪造 MAC 地址（攻击者甚至不需收到 ARP 请求，他可以主动发送 ARP 应答帧给欲攻击的客户端）。这样，客户端得到虚假的 MAC 地址，就会组装错误的帧，将数据发往错误的目标。

解决这种情况除了将交换机的接口 MAC 地址数量限制在一个合理的值以外，还需要通过把接口绑定（指定）到客户端的 MAC 地址来避免伪造 MAC 地址的出现。绑定 MAC 地址的配置步骤如下：

（1）设置端口为 Access，激活端口安全。

```
Switch(config)#int F0/1
Switch(config-if)#switchport port-security
Command rejected: Fa0/1 is a dynamic port.
                //先启动端口安全会出现错误提示，提示该端口是动态协商端口
Switch(config-if)#switch mode access|trunk
                //必须配置该端口为 Access 口或者 Trunk 口才能激活端口安全
Switch(config-if)#switchport port-security        //启动端口安全
```

（2）设置端口最大 MAC 地址个数。

```
Switch(config-if)#switchport port-security maximum ?
        //端口可配置或学习的最大地址个数为 132 个，此项若不配置，默认值为 1
<1-132> Maximum addresses
switchport port-security maximum 最大值数字
```

（3）配置端口绑定静态 MAC 地址。

```
Switch(config-if)#switchport port-security mac-address MAC 地址
```

如果需要把端口、设备的 MAC 地址与 IP 地址都绑定，则在端口绑定 MAC 地址后，再使用 arp 命令：

```
arp 172.1.1.1 0080.2222.3333 arpa F0/1
                        //F0/1 端口上绑定 IP 地址与 MAC 地址
```

如果端口最大 MAC 地址个数设置为 3，则可以最多配置 3 个静态 MAC 地址；如果配置第 4 个，则系统会提示安全地址总数已经到达最大个数限制；如果只配置了 2 个静态地址，则该端口仍然可以学到 1 个动态 MAC 地址，但查看地址表时，该动态地址表项也会显示为静态 MAC 地址。

（4）配置 sticky MAC 地址。

```
Switch(config-if)#switchport port-security mac-address sticky
```

交换机在端口动态学习 MAC 地址并固定下来，需要对多个端口配置并需要学到许多地址时，用此命令可大大提高管理员的工作效率。查看时，sticky MAC 地址也显示为静态 MAC 地址。

3.4.2 配置对违例访问的响应方式

1. 对违例访问的处理

配置了交换机的端口安全功能后，当实际应用超出配置的要求时，将产生一个安全违例，对产生安全违例访问的处理方式有如下 3 种。

- ➤ protect：保护，当安全 MAC 地址数量达到了端口所允许的最大 MAC 地址数时，交换机会继续工作，把来自新主机的数据帧丢弃。
- ➤ restrict：限制，交换机继续工作，把来自新主机的数据帧丢弃，并发出一个 SNMP 陷阱 trap 通告。
- ➤ shutdown：关闭，交换机将永久性或在特定时间周期内把端口标识为 err-disable 并关闭端口，并发出一个 SNMP 陷阱 trap 通告。

配置命令格式如下：

```
Switch(config-if)#switchport port-security violation protect|
restrict|shutdown                      //如果不配置，默认为 shutdown
```

2. 被关闭端口的重新开启

如果端口被永久关闭，用 no shutdown 命令是开启不了的，需要使用如下方法。

（1）人工重新启动交换机开启。

（2）在全局配置模式下使用如下命令开启。

```
err-disable recovery cause secure-violation
```

（3）预先设置 err-disable 计时器，让端口在违例关闭后一定时间内自动开启。

```
err-disable recovery interval
                    //全局配置模式下设置计时器，设置违例后端口关闭的时间
```

任务 3–2 配置交换机端口安全

【主要设备】

Cisco 2960 交换机两台、3560 交换机 1 台，PC6 台。

【网络拓扑】

配置交换机端口安全的拓扑图如图 3-10 所示。

【任务要求】

（1）汇聚层 Switch2 的 G0/1 端口连接接入层 Switch1 的 G1/1 端口，Switch1 为 Cisco 2960，余下端口数 25 个，均分配给最终用户（计算机），若有人私自把某端口上的计算机换成交换机增加终端数，则关闭该端口并发送 SNMP trap 报告网管工作站。

（2）在汇聚层交换机的 G0/1 端口配置最大连接数为 5，允许 PC0～PC3 4 台计算机的正常访问，阻止用户私自接入交换机增加 PC4 的访问并发送 SNMP trap 报告网管工作站。

图 3-10 配置交换机端口安全的拓扑图

【操作步骤】

完成任务要求（1）的操作步骤　在 Switch1 连接终端的每个端口上激活端口安全配置，限制端口允许的 MAC 地址最大个数为 1，并用 sticky 动态学习并绑定端口所连终端的 MAC 地址。

▶ **1. 配置 Switch1 端口安全**

```
Switch(config)#interface range fastethernet 0/1-24
                            //对 1～24 号快速以太网端口进行配置
Switch(config-if-range)#switchport mode access
Switch(config-if-range)#switchport port-security
Switch(config-if-range)#switchport port-security maximum 1
                            //配置端口的最大地址数为 1
Switch(config-if)#switchport port-security mac-address sticky
                            //配置端口安全地址绑定
Switch(config-if-range)#switchport port-security violation shutdown
                            //配置安全违例的处理方式为 shutdown
interface GigabitEthernet1/2          //对千兆端口进行配置
Switch(config-if)#switchport mode access
Switch(config-if)#switchport port-security
Switch(config-if)#switchport port-security maximum 1
Switch(config-if)#switchport port-security mac-address sticky
Switch(config-if-range)#switchport port-security violation shutdown
```

▶ **2. 验证测试**

（1）查看 Switch1 的端口安全配置。从连接在 F0/4 接口的 PC2 ping 计算机 Server，正常 ping 通；从 PC4 ping 计算机 Server，ping 不通，查看 F0/5 此时的端口信息。

```
Switch#show interfaces F0/5
```

```
FastEthernet0/5 is down, line protocol is down (err-disabled)
......
```

PC4 未访问 Server 前，F0/5 端口已经学到交换机 Sw-in 相连接口的地址，当端口地址数达到限制值 1，PC4 的访问使得端口 F0/5 的地址数量超限而发生安全违例，从而系统处理为 shutdown 该端口并标记为 err-disabled。

（2）查看端口安全。

```
Switch#show port-security
Secure Port MaxSecureAddr CurrentAddr SecurityViolation Security
Action
            (Count)      (Count)      (Count)
---------------------------------------------------------------
    Fa0/1       1            0            0           Shutdown
    Fa0/2       1            0            0           Shutdown
    Fa0/3       1            0            0           Shutdown
    Fa0/4       1            1            0           Shutdown
    Fa0/5       1            1            1           Shutdown
    Fa0/6       1            0            0           Shutdown
    Fa0/7       1            0            0           Shutdown
    Fa0/8       1            0            0           Shutdown
    Fa0/9       1            0            0           Shutdown
    Fa0/10      1            0            0           Shutdown
    Fa0/11      1            0            0           Shutdown
    Fa0/12      1            0            0           Shutdown
    Fa0/13      1            0            0           Shutdown
    Fa0/14      1            0            0           Shutdown
    Fa0/15      1            0            0           Shutdown
    Fa0/16      1            0            0           Shutdown
    Fa0/17      1            0            0           Shutdown
    Fa0/18      1            0            0           Shutdown
    Fa0/19      1            0            0           Shutdown
    Fa0/20      1            0            0           Shutdown
    Fa0/21      1            0            0           Shutdown
    Fa0/22      1            0            0           Shutdown
    Fa0/23      1            0            0           Shutdown
    Fa0/24      1            0            0           Shutdown
    Gig1/2      1            0            0           Shutdown
---------------------------------------------------------------
```

注意：Fa0/4 端口的第 3 列的值为 1，第 4 列的值为 0，表明有一个安全合规的访问；Fa0/4 端口的第 3 列和第 4 列的值都为 1，表明有一个安全违例的访问，最后一列表示对违例访问的处理方式。

（3）查看 MAC 地址表。

```
Switch#show mac-address-table
          Mac Address Table
-------------------------------------------------

Vlan    Mac Address      Type       Ports
----    -----------      --------   -------
   1    0090.0c49.1e01   DYNAMIC    Gig1/1    //Switch2 的 G0/1 端口地址
   1    00d0.58a1.2a39   DYNAMIC    Gig1/1    //Server 的地址
   1    00d0.baa1.6662   STATIC     Fa0/4
```

表明在 Fa0/4 端口上 sticky 到 PC4 的 MAC 地址，G1/1 端口上的动态地址是 Switch2 的 G0/1 端口的地址和计算机 Server 的地址。

地址表中无 F0/5 端口的记录，是因为安全违例该端口已经关闭。违例发生前，F0/5 端口上是有一条 MAC 地址记录的，使用如下命令查看：

```
Switch(config)# err-disable recovery cause secure-violation
```

重启端口或保存交换机配置后重启再查看：

```
Switch#show mac-address-table
          Mac Address Table
-------------------------------------------------

Vlan    Mac Address      Type       Ports
----    -----------      --------   -----
   1    000c.8504.1401   STATIC     Fa0/5
   1    0090.0c49.1e01   DYNAMIC    Gig1/1
   1    00d0.baa1.6662   STATIC     Fa0/4
```

注意，G1/1 没有激活端口安全和 sticky 地址配置，故 Type 显示为 DYNAMIC，并在重启后清除了计算机 Server 的地址表项。

完成任务要求 2 的操作步骤　在 Switch2 的 G0/1 端口激活端口安全，将端口最大地址数设置为 5，并用 sticky 动态学习并绑定端口所连终端的 MAC 地址。

1. 配置 Switch2 的 G0/1 端口安全

```
Switch(config)#interface GigabitEthernet0/1
Switch(config-if)#switchport mode trunk|access
                              //配置 Trunk 或 Access 均可
```

因为 3560 交换机端口模式默认为 Dynamic Auto，所以是不能直接设置为 Trunk 模式的。

```
Switch(config-if)#switchport mode trunk
Command rejected: An interface whose trunk encapsulation is "Auto"
can not be configured to "trunk"mode.
```

可先设置 Access 为 Dynamic desirable，再改成 Trunk：

```
Switch(config-if)#switchport port-security
Switch(config-if-range)#switchport port-security maximum 5
```

```
Switch(config-if)#switchport port-security mac-address sticky
Switch(config-if-range)#switchport port-security violation restrict
                                    //对违例访问阻止，并发送 trap 报告
```

2. 验证测试

（1）查看 MAC 地址表。从 PC0、PC1、PC2、PC3 分别 ping 计算机 Server 后查看 MAC 地址表。

```
Switch#show mac-address-table
Mac Address Table
-------------------------------------------------
Vlan    Mac Address       Type        Ports
----    -----------       --------    -----
   1    000c.4a4d.6201    STATIC      Gig0/1
   1    00d2.4a4d.6201    STATIC      Giga0/1
   1    0002.4a4d.6201    STATIC      Gig0/1
   1    0007.ecbb.5dcc    STATIC      Gig0/1
   1    00d0.58a1.2a39    DYNAMIC     Gig0/2
   1    00d0.baa1.6662    STATIC      Gig0/1
```

其中，第 1、2、3、4、6 条记录中的 MAC 地址分别是 Switch1 的 G1/1 端口和计算机 PC0、PC1、PC3、PC2，第 5 条记录的地址是计算机 Server。注意，Gig0/1 端口上已经有了 5 个地址，最大允许数是 5。根据配置判断，这时若 PC4 访问 Server，则会被拒绝。从 PC4 上 ping Server，ping 不通。再次查看 MAC 地址表：

```
Switch#show mac-address-table
        Mac Address Table
-------------------------------------------------
Vlan    Mac Address       Type        Ports
----    -----------       --------    -----
   1    000c.4a4d.6201    STATIC      Gig0/1
   1    00d2.4a4d.6201    STATIC      Giga0/1
   1    0002.4a4d.6201    STATIC      Gig0/1
   1    0007.ecbb.5dcc    STATIC      Gig0/1
   1    00d0.58a1.2a39    DYNAMIC     Gig0/2
   1    00d0.baa1.6662    STATIC      Gig0/1
```

MAC 地址表无变化，因为 Gig0/1 端口被限制最大地址数为 5，不能学到更多的地址。

（2）查看端口安全。

```
Switch#show port-security
SecurePort MaxSecureAddr  CurrentAddr SecurityViolation Security
Action
           (Count)        (Count)      (Count)
---------------------------------------------------------------
```

```
        Gig0/1       5      5                5      Restrict
------------------------------------------------------------------
```

从第 4 列可见，安全违例发生了 5 次，分别是 1 个 ARP 查询和 4 个 ICMP 测试帧。

3.5 端口聚合配置

3.5.1 EtherChannel 及其作用

交换机允许将多个端口聚合成一个逻辑端口，该逻辑端口与对端交换机对应的逻辑端口连接构成的逻辑链路称为 EtherChannel。

通过端口聚合，可大大提高端口间链路的通信速度。例如，当用 2 个 100Mbit/s 的端口进行聚合时，所形成的逻辑端口的通信速度为 200Mbit/s；若用 4 个，则为 400Mbit/s。当 EtherChannel 内的某条物理链路出现故障时，该链路的流量将自动转移到其余链路上，自动提供冗余和负载均衡。

支持端口聚合的协议有两种，其中 PAgP 是 Cisco 专有的端口聚合协议，LACP（Link Aggregation Control Protocol，链路聚合控制协议）则是一种公用标准。

3.5.2 EtherChannel 配置

参与聚合的端口必须具备相同的属性，如速度、单双工模式、Trunk 模式、Trunk 封装方式和 VLAN 号等。在端口配置模式下使用如下命令进行配置：

```
channel-group number mode [active|auto|desirable |on|passive]
```

参数说明如下。

Active：只使用 LACP 协议（Enable LACP unconditionally）。

Auto：使用 PAgP 仅当对端设备使用 PagP 时（Enable PAgP only if a PAgP device is detected）。

Desirable：只使用 PAgP（Enable PAgP unconditionally）。

On：只进行端口聚合，默认使用 PAgP（Enable Etherchannel only）。

Passive：使用 LACP 仅当对端设备使用 LACP 时（Enable LACP only if a LACP device is detected）。

两端设备对应端口聚合应该使用相同的协议，否则至少有一端的聚合不会成功。

1. EtherChannel 的配置

【实例 3-3】 在如图 3-11 所示的网络中，配置两核心交换机之间的链路采用两个端口的 EtherChannel。

C3650 Switch1　　　　C3650 Switch2

图 3-11　配置端口聚合

配置步骤如下：

```
Switch1(config)#interface range G0/1-2        //配置G0/1端口和G0/2端口
Switch1 (config-if)#channel-group 10 mode on
                        //可理解为把G0/1-2加入10号逻辑端口组(通道组)
Switch1(config-if)#exit

Switch2(config)#interface range G0/1-2
Switch2(config-if)#channel-group 10 mode on
Switch2(config-if)#exit
```

测试验证如下：

```
SW1-1#show etherchannel summary
Flags:  D - down          P - in port-channel
        I - stand-alone  s - suspended
        H - Hot-standby (LACP only)
        R - Layer3        S - Layer2
        U - in use        f - failed to allocate aggregator
        u - unsuitable for bundling
        w - waiting to be aggregated
        d - default port
Number  of channel-groups in use: 1
Number  of aggregators:           1


Group  Port-channel   Protocol    Ports
----+--------------+------------+-----------------------------
10     Po10(SU)       PAgP        Gig0/1(P)Gig0/2(P)
```

显示这两个接口已经捆绑成为一个通道组接口Port-channel 10，Po10（SU）中的S说明这个通道组接口工作在第二层，U表示已在使用，使用的协议为PAgP，通道组聚合了两个接口Gig0/1和Gig0/2。

Cisco 3560交换机支持48个EtherChannel配置，每组最多支持8个端口聚合。

2. EtherChannel的负载均衡

EtherChannel可以自动执行负载均衡，当EtherChannel执行负载均衡时，按照默认策略进行。

可以根据不同条件来决定和配置负载均衡策略，如MAC地址、IP地址等都可以作为负载均衡策略的参数。但是，不是每种交换机都能支持这些参数，越高端的交换机支持的参数越多。

例如，Cisco 3560的负载均衡配置支持多种策略，如下所示：

```
Switch(config)#port-channel load-balance ?
  dst-ip        Dst IP Addr
  dst-mac       Dst Mac Addr
```

```
src-dst-ip      Src XOR Dst IP Addr
src-dst-mac     Src XOR Dst Mac Addr
src-ip          Src IP Addr
src-mac         Src Mac Addr
```

3.6 端口镜像配置

3.6.1 端口镜像的作用

端口镜像通常也称端口监听或 SPAN（Switch Port Analyzer，交换端口分析），利用端口镜像，可将被监听的一个或多个端口的流量复制到镜像端口，镜像端口通常用于连接网络分析设备，如 IDS（入侵检测系统）或运行 sniffer（嗅探器）的主机。网络分析设备通过捕获镜像端口上的数据包，从而实现对网络运行情况的监控。

监听端口与被监听端口必须处于同一个 VLAN 中，处于被监听状态的端口，不允许变更为监听端口。另外，监听端口也不能是 Trunk 端口。监听端口不参与生成树运算，故配置时要注意不能使网络形成环路。

3.6.2 SPAN 的模式及其配置

➢ SPAN：源端口和目标端口都处于同一个交换机，并且源端口可以是一个或多个交换机端口。

➢ VSPAN（基于 VLAN 的交换式端口分析器）：源端口不是物理端口，而是 VLAN。

➢ RSPAN（远程交换式端口分析器）：源端口和目标端口处于不同的交换机。

Cisco 不同系列的交换机 SPAN 配置的具体命令有所不同，下面分别以 Catalyst 3550、2900、3500 和 2950 系列为例进行说明。

3.6.2.1 Catalyst 3550 交换机端口镜像配置要点及实例

1. SPAN 和 VSPAN 的配置

配置步骤如下：

（1）定义 SPAN 会话的源端口（被监听端口）。

```
Switch(config)#monitor session {session-number} source {interface
interface|vlan vlan-id} [rx|tx|both]
```

对于 Catalyst 3550 交换机，会话数只支持两条，即 1 和 2。还可以定义监听流量的方向，默认为监听双向流量。如果需要监听多个源端口，重复该步骤即可。

（2）定义 SPAN 会话的目标端口（监听端口）。

```
Switch(config)#monitor session {session-number} destination
{interface interface} [encapsulation {dot1q|isl}]
```

要确保目标端口和源端口处于同一个 VLAN，并且每条 SPAN 会话只能有一个目标端口，还可以定义封装方式。

（3）限制要监视的 VLAN。可以定义多个 VLAN，以逗号或连字符相连，该项配置为可选项。

```
Switch(config)#monitor session {session-number} filter vlan {vlan-list}
```

2. RSPAN 的配置

配置步骤如下：

（1）创建 RSPAN 专用的 VLAN。

```
Switch(config)#vlan {vlan-id}
```

（2）定义该 VLAN 为 RSPAN VLAN。

```
Switch(config-vlan)#remote-span
```

最好启用 VTP，在 VTP 服务器上定义该 VLAN，让其自动发布给其余交换机（VTP 客户端），否则所有交换机上都要定义该 VLAN。

（3）定义源交换机的源端口。

```
Switch(config)#monitor session {session-number} source {interface
interface|vlan vlan-id} [rx|tx|both]
```

（4）在源交换机上指定 RSPAN 远程 VLAN 和反射端口。反射端口仅用于将监控的数据复制到 Remote VLAN，仅转发有关联的 RSPAN 源端口的数据，配置命令如下：

```
Switch(config)# monitor session session-number destination remote
vlan rspan-vlan-id reflector-port interface-id
```

（5）在目标交换机上定义源端口，该端口即远程 RSPAN VLAN 号。

```
Switch(config)#monitor session {session-number} source remote vlan
{rspan-vlan-id}
```

（6）定义目标交换机的目标端口。

```
Switch(config)#monitor session {session-number} destination
{interface interface|vlan vlan-id} [rx|tx|both]
```

3. 配置实例

【实例3-4】 如图 3-12 所示，3 台交换机的型号是 C3550。Switch C 的 F0/20 端口上使用入侵检测系统 IDS，远程监听 Switch A 连接路由器的端口 F0/1。

图 3-12 远程镜像配置

（1）Switch A 的配置如下：

```
Switch(config)#vlan 600
Switch(config)#remote-span
Switch(config)#no monitor session all
Switch(config)#monitor session 1 source interface FastEthernet 0/1
both                           //被监听端口
Switch(config)#monitor session 1 destination remote vlan 600
reflector-port FastEthernet 0/10
                         //定义 F0/10 为复制数据到远程 VLAN 的反射端口
Switch(config)#interface f0/24
Switch(config-if)#switchport trunk allowed vlan add 600
                         //配置为 Trunk 端口允许 VLAN 600 帧通过
Switch#show monitor session 1    //查看源会话
Session 1
---------
Type               : Remote Source Session
Source Ports       :
   Both            : Fa0/1
Reflector Port     : Fa0/10
Dest RSPAN VLAN    : 600
```

（2）Switch B 的配置如下：

```
Switch(config)#vlan 600
Switch(config)#remote-span
Switch(config)#interface f0/23
Switch(config-if)#switchport trunk allowed vlan add 600
                         //配置为 Trunk 端口允许 VLAN 600 帧通过
Switch(config)#interface f0/24
Switch(config-if)#switchport trunk allowed vlan add 600
                         //配置为 Trunk 端口允许 VLAN 600 帧通过
```

（3）Switch C 的配置如下：

```
Switch(config)#vlan 600
Switch(config)#remote-span
Switch(config)#no monitor session all
Switch(config)#monitor session 1 source remote vlan 600
Switch(config)#monitor session 1 destination interface Fastethernet
0/20                          //监听端口
Switch(config)#interface f0/24
Switch(config-if)#switchport trunk allowed vlan add 600
                         //配置为 Trunk 端口允许 VLAN 600 帧通过
```

（4）查看镜像配置：

```
Switch#show monitor session 1   //查看目标会话
```

```
Session 1
---------
Type                 : Remote Destination Session
Source RSPAN VLAN    : 600
Destination Ports    : Fa0/20
Encapsulation        : Native
Ingress              : Disabled
```

3.6.2.2　Catalyst 2900,3500 和 2950 系列交换机端口镜像配置举例

这 3 个系列的交换机使用相同的配置命令。

【实例 3-5】　假设将 Cisco 3500XL-24 交换机的第 1 端口和第 2 端口镜像到属于同一个 VLAN 的第 14 号端口。

配置步骤如下：

（1）配置被监听端口。

```
C3500(config-if)#port monitor fa 0/1
C3500(config-if)#port monitor fa 0/2
```

（2）配置监听端口。

```
C3500#config t
C3500(config)#interface fa 0/14
C3500(config-if)#
```

（3）将交换机的管理接口配置成被监听模式。

```
C3500(config-if)#port monitor vlan 1
              //此处的 VLAN 1 代表交换机的管理接口，监听 VLAN 1 中的被监听端口
```

（4）查看端口镜像配置信息。

```
C3500#show port monitor
```

3.7　多生成树协议配置

本节将进一步介绍 STP 及其配置并完成工程实际任务。

3.7.1　生成树协议标准

与 STP 相关的标准如下。

IEEE 802.1D（STP）：STP 是最早关于 STP 的标准，是基于端口的单一生成树。

802.1W（RSTP）：RSTP（Rapid Spanning Tree Protocol，快速生成树）是 STP 的扩展和改进，其主要特点是增加了端口状态快速切换的机制，能够实现网络拓扑的快速转换，但仍然是基于端口的单一生成树。

802.1（MSTP）：MSTP（Multiple Spanning Tree Protocol，多生成树）提出了多生成树的概念，可以把多个 VLAN 的集合映射到多个生成树，从而达到冗余设计更加有针对性，并且能实现网络负载均衡。

多生成树实际是基于实例的多个生成树。在 MSTP 之前,Cisco 推出了一个 rapid-pvst (快速每 VLAN 生成树),也就是基于 VLAN 的多生成树技术,即为每个 VLAN 分配和维护一个生成树实例,保证每个 VLAN 都不存在环路,每个实例都参与负载均衡。网络中的 VLAN 数越多,交换机要维护的实例就越多,消耗的 CPU 和网络带宽资源越多。

多实例生成树协议 MSTP 是 rapid-pvst 的直接改进,它是基于实例的协议。所谓实例就是多个 VLAN 的一个集合,由于一个实例包含多个 VLAN,交换机按实例分配和维护生成树,使得维护的生成树个数减少,节省了通信开销和资源占用率。

本节将介绍网络工程与管理中使用最多的 MSTP 的配置。

3.7.2 配置 MSTP

MST(Multiple Spanning Tree,多生成树)是把多台交换机虚拟成一个 MST 域。在 MST 域内,把具有相同拓扑的多个 VLAN 映射到一个生成树实例,即 MSTI(Multiple Spanning Tree Instance),而不同 MSTI 则可以有不同的拓扑。MSTP 除了可以实现网络中的冗余链路外,还能够在实现网络冗余和可靠性的同时实现负载均衡,因为各实例的数据可以经过不同路径得以转发。

▶1. 配置 MST 的基本步骤

以 Cisco 3550 交换机为例说明配置 MST 的方法。

为了使两个或多个交换机在同一个 MST 区域,必须有相同的 VLAN 到实例 Instance 映射,相同的配置修订号 revision 和相同的名字 name。

在全局配置模式下,使用如下命令:

```
spanning-tree mst configuration        //进入 MST 配置模式
```

在 MST 配置模式下,使用如下命令:

```
instance instance-id vlan vlan-range

                         //映射一个或多个 VLAN 到一个 MST 实例
```

instance-id 取值从 1~15,vlan-range 取值从 1~4094。映射多个 VLAN 可使用连字号或逗号。例如,instance 1 vlan 1-63 表示映射 VLAN1~VLAN63 到 MST 实例 1;而 instance 1 vlan 10, 20, 30 则表示映射 VLAN10、VLAN20 和 VLAN30 到 MST 实例 1。

```
name name                   //指定配置名,name 为最大 32 个字符串并区分大小写
revision version            //指定配置修订号数字,范围是 0~65535
show pending                //显示待定配置
exit                        //应用所有配置并返回全局配置模式
spanning-tree mode mst      //启用 MSTP,同时 RSTP 也被启用
```

注意:改变生成树模式会中断流量,因为所有以前的生成树实例会被停止,并启用一个新的生成树实例。

```
end                                    //返回特权模式
copy running-config startup-config     //保存配置
```

▶2. 配置操作实例

该例子显示怎样进入 MST 配置模式,映射 VLAN10-20 进入 MST 实例 1,命名区

域为 region1，设置配置修正号为 1，显示待定的配置，应用变化，并且返回全局配置模式。

```
Switch(config)# spanning-tree mst configuration
Switch(config-mst)# instance 1 vlan 10-20
Switch(config-mst)# name region1
Switch(config-mst)# revision 1
Switch(config-mst)# show pending
Pending MST configuration
Name [region1]
Revision 1
Instance Vlans Mapped
-------- ----------------------
0 1-9,21-4094                //实例 0 是默认实例，所有的 VLAN 默认都属于实例 0
1 10-20
------------------------------
Switch(config-mst)# exit
Switch(config)#
```

▶ 3. 配置根交换机

交换机为映射到它的 VLAN 组维护一个生成树实例，拥有最低网桥 ID 的交换机称为 VLAN 组的根交换机。

要配置一台交换机成为根交换机，在支持扩展的系统 ID 的交换机上可使用 spanning-tree mst instance-idroot 全局配置命令来修改交换机默认优先级从 32768 到一个特定的低值，如 24576，以便交换机成为特定生成树实例的根交换机。

如果针对指定实例的任何非根交换机有一个低于 24567 的优先级，交换机会自动设置自己的优先级到比最低交换机优先级还要低 4096（4096 是一个 4 位交换机优先级值的最低有意义位），也就是说，运行该命令的交换机保证能成为根。

注意：运行的软件比 Release 12.1（8）EA1 要早的 Catalyst 3550 交换机不支持扩展的系统 ID，运行的软件比 Release 12.1（9）EA1 要早的 Catalyst 3550 交换机不支持 MSTP。

使用 diameter 关键字可指定二层网络直径(二层网络任何两个末端站点之间的交换机跳数)，该关键字只对实例 0 的 MST 有效。当指派网络直径时，交换机为该网络自动设置一个最佳的 hello 时间、转发延迟时间和最大老化时间，这可以显著地缩短收敛时间。

可以使用 hello 关键字配置来覆盖自动计算的 hello 时间，但一般不要配置，除非网管员对此有深入和专门的研究。

配置根交换机可在全局配置模式下使用如下命令：

```
spanning-tree mst instance-id root primary [diameter net-diameter
[hello-time seconds]]               //配置一台交换机为根交换机
end                                 //返回特权模式
```

```
show spanning-tree mst instance-id        //查看配置条目
```

其中，net-diameter 在任何两个末端站点之间指定最大交换机数目，范围是 2~7，这个关键字对实例 0 的 MST 可用；hello-time *seconds* 由根交换机产生的配置消息之间用秒数指定间隔。

若要撤销根交换机指定，可使用如下命令：

```
no spanning-tree mst instance-id root
```

有时为了网络的稳定，还可以配置备用的根交换机（从交换机）。

配置一台作为备用支持扩展系统 ID 的 Catalyst 3550 根交换机，生成树交换机的优先级也是从默认的 32768 改变为 28672。如果主根交换机失效，从交换机紧接着成为根交换机。如果其他网络交换机使用默认交换机优先级 32768，则不会成为根交换机。对于默认没有扩展系统 ID 支持的 Catalyst 3550 交换机，该从交换机优先级被变成 16384。

如果需要，可以配置多台备份根交换机。全局配置模式下使用如下命令配置备用根交换机：

```
spanning-tree mst instance-id root secondary [diameter net-diameter
[hello-time seconds]]
```

▶ 4. 配置端口优先级和端口开销

（1）配置端口优先级。当环路发生时，与 STP 一样，MSTP 也使用端口优先级来判断、选择应该让哪些端口处于转发，哪些端口处于阻塞状态。

有效的接口除了物理端口外，还可以是端口隧道。在接口配置模式下使用如下命令：

```
spanning-tree mst instance-id port-priority priority
                          //为一个 MSTP 实例配置端口优先级
```

其中，*instance-id* 的取值范围是 0~15；*priority* 的取值范围是 0~255，默认值为 128。

（2）配置端口开销。MSTP 端口开销的默认值由端口带宽决定。如果有回路发生，在选择一个接口进入转发模式时，MSTP 会比较端口的开销值，如果所有端口有相同的开销值，MSTP 会把最低端口号的端口放入转发模式，并且阻塞其他的端口。

在接口配置模式下使用命令 spanning-tree mst *instance-id* cost *cost* 配置一个 MST 实例开销。其中，*instance-id* 的取值范围是 0~15；*cost* 的取值范围是 1~200000000。

（3）查看有关信息。当端口为线路启用状态，在特权模式下使用命令 show spanning-tree mst interface *interface-id* 显示优先级、端口开销等信息；否则，使用命令 show running-config interface 来查看配置。

▶ 5. 配置交换机优先级

除了用上面的方法配置根交换机外，还可以配置交换机优先级并使其成为根交换机。在全局配置模式下使用如下命令：

```
spanning-tree mst instance-id priority priority
                              //为一个 MST 实例配置交换机优先级
```

其中，*priority* 的取值范围是 0~61440，以 4096 递增，默认值为 32768。

可用的优先级值是 0、4096、8192、12288、16384、20480、24576、28672、32768、

36864、40960、45056、49152、53248、57344 和 61440。

任务 3-3　配置多生成树协议 MSTP

【主要设备】

Cisco 3560 交换机 2 台，2960 交换机 2 台，计算机 4 台。

【网络拓扑】

按照如图 3-13 所示连接网络。

图 3-13　配置多生成树协议 MSTP

【具体要求】

配置 Switch C 为 VLAN10 和 VLAN1 的根交换机，设置 Switch D 为 VLAN20 和 VLAN30 的根交换机。

【操作步骤】

➤1. 在 Switch A 上划分 VLAN 配置 Trunk

```
SwitchA(config)#vlan 10
SwitchA(config-vlan)#vlan 20
SwitchA(config-vlan)#vlan 30
SwitchA(config-vlan)#exit
SwitchA(config)#interface fastethernet 0/1
SwitchA(config-if)#switchport access vlan 10
SwitchA(config-if)#exit
SwitchA(config)#interface fastethernet 0/2
SwitchA(config-if)#switchport access vlan 20
SwitchA(config-if)#exit
SwitchA(config)#interface fastethernet 0/23
SwitchA(config-if)#switchport mode trunk
```

```
SwitchA(config-if)#exit
SwitchA(config)#interface fastethernet 0/24
SwitchA(config-if)#switchport mode trunk
SwitchA(config-if)#exit
```

▶ 2. 在 Switch B 上划分 VLAN 配置 Trunk

```
SwitchB(config)#vlan 10
SwitchB(config-vlan)#vlan 20
SwitchB(config-vlan)#vlan 30
SwitchB(config-vlan)#exit
SwitchB(config)#interface fastethernet 0/23
SwitchB(config-if)#switchport mode trunk
SwitchB(config-if)#exit
SwitchB(config)#interface fastethernet 0/24
SwitchB(config-if)#switchport mode trunk
SwitchB(config-if)#exit
```

▶ 3. 在 Switch C 上划分 VLAN 配置 Trunk

```
SwitchC(config)#vlan 10
SwitchC(config-vlan)#vlan 20
SwitchC(config-vlan)#vlan 30
SwitchB(config-vlan)#exit
SwitchC(config)#interface fastethernet 0/1
SwitchC(config-if)#switchport mode trunk
SwitchC(config-if)#exit
SwitchC(config)#interface fastethernet 0/23
SwitchC(config-if)#switchport mode trunk
SwitchC(config-if)#exit
SwitchC(config)#interface fastethernet 0/24
SwitchC(config-if)#switchport mode trunk
SwitchC(config-if)#exit
```

▶ 4. 在 Switch D 上划分 VLAN 配置 Trunk

```
SwitchD(config)#vlan 10
SwitchD(config-vlan)#vlan 20
SwitchD(config-vlan)#vlan 30
SwitchD(config-vlan)#exit
SwitchD(config)#interface fastethernet 0/1
SwitchD(config-if)#switchport mode trunk
SwitchD(config-if)#exit
SwitchD(config)#interface fastethernet 0/23
SwitchD(config-if)#switchport mode trunk
```

```
SwitchD(config-if)#exit
SwitchD(config)#interface fastethernet 0/24
SwitchD(config-if)#switchport mode trunk
SwitchD(config-if)#exit
```

▶5. 在 Switch A 上配置 MSTP

```
SwitchA(config)#spanning-tree
SwitchA(config)#spanning-tree mode mstp          //配置生成树模式为 MSTP
SwitchA(config)#spanning-tree mst configuration  //进入 MSTP 配置模式
SwitchA(config-mst)#instance 1 vlan 1,10         //配置实例 1 并关联 VLAN1
                                                 //和 VLAN10
SwitchA(config-mst)#instance 2 vlan 20,30        //配置实例 2 并关联 VLAN20
                                                 //和 VLAN30
SwitchA(config-mst)#name region1                 //配置域名称
SwitchA(config-mst)#revision 1                   //配置修订号
```

验证测试：

```
SwitchA#show spanning-tree mst configuration
Multi spanning tree protocol : Enabled
Name : region1
Revision : 1
Instance Vlans Mapped
-------- --------------------------------------------------------
0 2-9,11-19,21-39,41-4094
1 1,10
2 20,30
```

▶6. 在 Switch B 上配置 MSTP

```
SwitchB(config)#spanning-tree
SwitchB (config)#spanning-tree mode mstp
SwitchB(config)#spanning-tree mst configuration  //进入 MSTP 配置模式
SwitchB(config-mst)#instance 1 vlan 1,10         //配置实例 1 并关联 VLAN1
                                                 //和 VLAN10
SwitchB(config-mst)#instance 2 vlan 20,30        //配置实例 2 并关联 VLAN20
                                                 //和 VLAN30
SwitchB(config-mst)#name region1                 //配置域名称
SwitchB(config-mst)#revision 1                   //配置修订号
```

验证测试：

```
SwitchB#show spanning-tree mst configuration
Multi spanning tree protocol : Enabled
Name : region1
Revision : 1
Instance Vlans Mapped
```

```
-------- -------------------------------------------------------
0 2-9,11-19,21-39,41-4094
1 1,10
2 20,30
```

▶ 7. 在 Switch C 上配置 MSTP

```
SwitchC(config)#spanning-tree
SwitchC (config)#spanning-tree mode mstp
SwitchC (config)#spanning-tree mst 1 priority 4096
        //配置 SwitchC 在实例 1 中的优先级为 4096，使其成为实例 1 中的根交换机

SwitchC (config)#spanning-tree mst configuration   //进入 MSTP 配置模式
SwitchC (config-mst)#instance 1 vlan 1,10   //配置实例 1 并关联 VLAN1
                                            //和 VLAN10
SwitchC (config-mst)#instance 2 vlan 20,30  //配置实例 2 并关联 VLAN20
                                            //和 VLAN30
SwitchC (config-mst)#name region1           //配置域名称
SwitchC (config-mst)#revision 1             //配置修订号
```

验证测试：

```
SwitchC#show spanning-tree mst configuration
Multi spanning tree protocol : Enabled
Name : region1
Revision : 1
Instance Vlans Mapped
-------- -------------------------------------------------------
0 2-9,11-19,21-39,41-4094
1 1,10
2 20,30
```

▶ 8. 在 Switch D 上配置 MSTP

```
SwitchD(config)#spanning-tree
SwitchD (config)#spanning-tree mode mstp
SwitchD(config)#spanning-tree mst 2 priority 4096
        //配置 SwitchD 在实例 2 中的优先级为 4096，使其在实例 2 中成为根交换机
SwitchD(config)#spanning-tree mst configuration   //进入 MSTP 配置模式
SwitchD(config-mst)#instance 1 vlan 1,10    //配置实例 1 并关联 VLAN1
                                            //和 VLAN10
SwitchD(config-mst)#instance 2 vlan 20,30   //配置实例 2 并关联 VLAN20
                                            //和 VLAN30
SwitchD(config-mst)#name region1            //配置域名称
SwitchD(config-mst)#revision 1              //配置修订号
```

验证测试：

```
SwitchD#show spanning-tree mst configuration
Multi spanning tree protocol : Enabled
Name : region1
Revision : 1
Instance Vlans Mapped
-------- ----------------------------------------------------
0 2-9,11-19,21-39,41-4094
1 1,10
2 20,30
```

▶9. 查看交换机 MSTP 选取结果

```
SwitchC#show spanning-tree mst 1
MST 1 vlans mapped : 1,10
BridgeAddr : 00d0.f8ff.4e3f
Priority : 4096
TimeSinceTopologyChange : 0d:7h:21m:17s
TopologyChanges : 0
DesignatedRoot : 100100D0F8FF4E3F  //SwitchC 是实例1的生成树的根交换机
RootCost : 0
RootPort : 0
```

从上述结果可以看出 Switch C 为实例 1 的根交换机。

```
SwitchD#show spanning-tree mst 2
MST 2 vlans mapped : 20,40
BridgeAddr : 00d0.f8ff.4662
Priority : 4096
TimeSinceTopologyChange : 0d:7h:31m:0s
TopologyChanges : 0
DesignatedRoot : 100200D0F8FF4662  //SwitchD 是实例2的生成树的根交换机
RootCost : 0
RootPort : 0
```

从上述结果可以看出 Switch D 为实例 2 的根交换机。

```
SwitchA#show spanning-tree mst 1
MST 1 vlans mapped : 1,10
BridgeAddr : 00d0.f8fe.1e49
Priority : 32768
TimeSinceTopologyChange : 7d:3h:19m:31s
TopologyChanges : 0
DesignatedRoot:100100D0F8FF4E3F   //实例1的生成树的根交换机是 Switch C
RootCost : 200000
RootPort : Fa0/23
```

从上述结果可以看出，在实例 1 中，Switch A 的 F0/23 端口为根端口，因此 VLAN1 和 VLAN10 的数据包经端口 F0/23 转发。

```
SwitchA#show spanning-tree mst 2
MST 2 vlans mapped : 20,40
BridgeAddr : 00d0.f8fe.1e49
Priority : 32768
TimeSinceTopologyChange : 7d:3h:19m:31s
TopologyChanges : 0
DesignatedRoot :100200D0F8FF4662   //实例 2 的生成树的根交换机是 Switch D
RootCost : 200000
RootPort : Fa0/24
```

从上述 show 命令结果可以看出，在实例 2 中，Switch A 的 F0/24 端口为根端口，因此 VLAN20 和 VLAN40 的数据包经端口 F0/24 转发。

MSTP 配置的注意事项如下：

（1）对规模很大的网络可以划分多个域，在每个域里可以创建多个实例。

（2）划分在同一个域里的各台交换机需配置相同的域名、相同的修订号、相同的 instance-vlan 对应表。

（3）实例 0 是默认实例，是强制存在的，其他实例可以创建和删除。

思考与动手

1. 简述二层交换网络的特点，从冲突域、广播域的数量、安全性等方面进行考虑。

2. 划分 VLAN 的好处有哪些？

3. 简述静态 VLAN 与动态 VLAN 的特点。

4. 什么是帧标记？

5. 简述 VLAN 之间的主机与 VLAN 之内的主机之间通信的差异。

6. 简述 VTP 协议的作用。

7. 重新配置任务 3-1，改为在全局模式下配置 VTP（任务中是在 VLAN Database 模式下配置的，可在 GNS3 或 PacketTrancer 模拟软件上进行）。

第 *4* 章

路由器概述

本章提要

路由器用来连接网络号不同的网络（网段或子网），其典型的应用是连接远程的 Intranet 或把 Intranet 接入 Internet。

路由器的接口分为 3 大类，即局域网接口、广域网接口和配置接口。路由器内部由 CPU、各种存储器及各种接口电路等组成。其功能依靠其系统软件来实现，Cisco 路由器的系统软件是 Cisco IOS。

路由器本身不带输入、输出系统，对其进行配置通常使用普通的计算机来完成。一般在配置 Cisco 路由器时，可采用 3 种方式进行，即通过其 Console 接口、通过其局域网接口（如 Ethernet 接口）或通过其辅助接口 AUX。

【学习目标】

（1）学会路由器的物理接口和逻辑接口的配置。

（2）学会路由器的初始配置。

4.1 路由器的基本用途

路由器作为不同网络之间互相连接的设备，通常用来连接局域网与广域网。广域网设施在我国主要由属于政府投资的中国电信运营，有时称为公用传输网络。

路由器的 Ethernet 接口与以太网交换机通过直通网线连接，广域网接口则通常通过 CSU/DSU 设备与广域网用户线相连。路由器在网络中的位置如图 4-1 所示。

图 4-1　路由器在网络中的位置

4.1.1　广域网接口的物理连接

广域网物理层描述了数据终端设备（DTE）与数据电路终端设备（DCE）之间的接口。通常，DCE 是服务提供者，DTE 是连接的设备。为 DTE 提供的服务是通过数字调制解调器或 CSU/DSU 设备来实现的。

路由器通常作为 DTE 设备连接到 CSU/DSU 设备。CSU/DSU 用于把来自路由器的数据转换为广域网服务提供者可接收的格式；还负责把来自广域网服务提供者的数据转换为路由器可接收的格式。同时，广域网用户线缆网络接口的规范和路由器广域网接口的规范通常也不相同，也需要由 CSU/DSU 来转换。路由器广域网接口一般通过串行DTE 电缆连接到 CSU/DSU，也有的路由器以接口卡的形式集成 CSU/DSU。如图 4-2所示是一种外置 CSU/DSU 和一种集成 CSU/DSU 的广域网卡。

外置 CSU/DSU 的广域网卡　　　　　　　　　集成 CSU/DSU 的广域网卡

图 4-2　CSU/DSU 设备

串行接口需要时钟信号来控制通信的时序。在大多数环境中，DCE 设备（如CSU/DSU）会提供时钟信号。默认情况下，Cisco 路由器为 DTE 设备。但是在实验室环境中，不会使用任何 CSU/DSU，当然也不会有广域网服务提供者。

实验室环境通常使用串行电缆把两个路由器的广域网口直接连接起来。使用的串行电缆通常有以下两类。

➢　DTE/DCE 交叉电缆：一端为 DTE，另一端为 DCE。

➢　两条连接在一起的 DCE 电缆和 DTE 电缆。

在如图 4-3 所示的网络拓扑中，R（Router）1 上的 Serial0/0 接口连接到电缆的 DTE端，R2 上的 Serial 0/0 接口连接到电缆的 DCE 端，通常，电缆上标记有 DTE 或 DCE。

Router1　　　　　　　　　DTE电缆　　DCE电缆　　　　　　　　　Router2

图 4-3　实验室环境路由器的广域网口连接

也可以通过查看两条电缆间的连接器来区分 DTE 和 DCE，DTE 电缆的连接器为插头型，而 DCE 电缆的连接器为插孔型。

使用 show controllers 命令可以确定路由器接口连接的是电缆的哪一端。在下面的命令输出中，可以看到 Router2 的串行接口 Serial0/0 连接的是 DCE 电缆端，并且未设置时钟频率。

```
Router2#show controllers serial 0/0
Interface Serial0/0
Hardware is PowerQUICC MPC860
DCE V.35, no clock
……<省略部分输出>
```

在实验室环境中，我们必须在路由器 DCE 接口上配置时钟信号，在接口配置模式下使用 clock rate 命令来配置并指定时钟频率。

在 Internet 中，大大小小的网络之间的相互连接是通过路由器来实现的。路由器系统构成了基于 TCP/IP 的 Internet 骨架。路由器的处理速度是网络通信的主要瓶颈之一，它的可靠性则直接影响着网络互联的质量。

路由器可以用来把局域网分段以限制广播范围，但路由器的带宽和局域网交换机的宽带比较起来通常要低得多，因此也就成了局域网中的瓶颈。故在现在的局域网中，一般采用交换机虚拟局域网技术来分段网络，解决隔离广播域及其他问题，局域网之间的连接一般使用三层交换机而不使用路由器。

4.1.2　网络连接设备

网络连接设备以 OSI 参考模型为参照，可分为 5 类，不同层次的网络连接设备如表 4.1 所示。不同的连接设备在网络中处于不同的功能层次，路由器属于第三层即网络层的设备。

表 4.1　不同层次的网络连接设备

OSI 七层模型	对应的网络设备
第七层：应用层	计算机
第六层：表示层	计算机
第五层：会话层	计算机
第四层：传输层	交换机
第三层：网络层	路由器、交换机
第二层：数据链路层	网桥、交换机
第一层：物理层	中继器、集线器

> ➤ 物理层：该层设备为中继器（Repeater）和集线器（Hub），用于连接物理特性相同的网段。中继器和集线器的接口没有物理和逻辑地址。

> ➤ 数据链路层：该层设备为网桥和交换机，用于连接同一逻辑网络中物理层规范相同或不同的网段，这些网段的拓扑结构和数据帧格式可以相同，也可以不相同。网桥和交换机的接口具有物理地址，但没有逻辑地址。

> ➤ 网络层：该层设备为路由器和三层交换机，用于连接不同的逻辑网络。路由器的每一个接口都有唯一的物理地址和逻辑地址；而三层交换机可做到一次路由，多次交换，交换时实现比路由更快的数据传输速率。

> ➤ 传输层：该层设备为四层交换机，四层交换机可以解释第四层的传输控制协议

（TCP）和用户数据报协议（UDP）信息，能够为不同的应用（使用接口号区分）分配各自的优先级。四层交换机可以"智能化"地处理网络中的数据，最大限度地避免阻塞，提高带宽利用率。

➢ 应用层及其下两层：使用软件在计算机上实现基于网络的应用。

路由器属于网络层设备，它一方面能够跨越不同类型的物理网络（如 Ethernet、DDN、FDDI 等）屏蔽网络层以下的细节，另一方面又将整个互联网络分割成逻辑上相互独立的网络单位，使网络具有一定的逻辑结构。在互联网络中，路由器处于关键的地位，是最重要的设备。

4.1.3 路由器的组成和功能

1. 路由器的基本组成

（1）路由器的外观。Cisco 2621XM 路由器的前面板如图 4-4 所示，其上有若干个接口。

图 4-4　路由器的前面板

（2）路由器的物理接口。路由器接口提供了路由器与特定类型的网络介质之间的物理连接。根据接口的配置情况，可分为固定式路由器和模块化路由器两大类。每种固定式路由器采用不同的接口组合，这些接口不能升级，也不能进行局部变动。而模块化路由器上有若干个插槽，可插入不同的接口卡，可根据实际需要灵活地进行升级或变动。

固定式路由器上通常有以下全部或部分接口，低端产品的接口数一般比高端产品的接口数少。

➢ 配置口：通过该接口使用 Console 线缆对路由器进行本地配置，接口工作在异步模式下，数据传输速率为 9600bit/s。

➢ 局域网接口：局域网接口包括以太网口、令牌环网口和光纤分布式数据接口 FDDI 等，用于连接局域网。以太网接口的数据传输速率通常为 10Mbit/s 或（10/100）Mbit/s 自适应，而作为核心路由器的高端设备，其以太网接口的速率则为 1Gbit/s 甚至更高。

➢ 广域网接口：广域网接口在同步串行连接时，要求使用时钟设备来提供收发之间传输的精确时钟；而异步连接则使用起始位来保证数据被目的接口完整准确地接收。

➢ 广域网接口类型通常包括以下几种。

➢ 同/异步串口：使用不同的接口标准，在不同的工作方式下，具有不同的数据传输速率。在同步模式下，如果使用 V.35 接口标准，路由器作为 DTE 设备，最大速率为 4.096Mbit/s；在异步模式下，如果使用 V.24 接口标准，最大速率为 114.2kbit/s。此外，还有使用其他接口标准的广域网串口。

> ISDN 的 BRI 口与 CE1/PRI 口 BRI（2B+D）：数据传输速率为 2×64kbit/s+16kbit/s，CE1/PRI 口可配置成支持 ISDN PRI（30B+D）或分时隙 E1，最大数据传输速率为 2.048Mbit/s。

> 备份口或辅助口（AUX 口）：通过 MODEM 连接广域网，作为专线连接的备份或实现对路由器的远程管理，工作在异步模式下，最大传输速率为 114.2kbit/s。

高端路由器通常做成插槽/模块的结构，使得其扩展灵活，方便用户升级。

（3）路由器的内部组成。路由器内部由以下组件组成。

> CPU：路由器的中央处理器。

> RAM/DRAM：路由器的主存储器，存储当前配置文件（Running Config）、路由表、ARP 缓存、数据报等。

> NVRAM：存储启动配置文件（Startup-Config）等。

> Flash ROM：存储系统软件映像（路由器的操作系统）、启动配置文件等，是可擦可编程的 ROM。ROM 存储开机诊断程序、引导程序和操作系统软件的备份。

> Shared Packet Memory（共享式内存）：存储缓冲用的数据包。

> 接口电路：路由器的各种接口的内部电路。

通常，Cisco 路由器的内存具有以上大部分或全部种类的内存。

（4）路由器的操作系统。路由器可以说是一种专用的计算机，正如计算机必须有操作系统才能使用一样，路由器也必须有操作系统才能使用。Cisco 公司的路由器（和交换机）专用的操作系统为 Internetwork Operating System（IOS）。

Cisco IOS 采用模块化结构，可移植性及扩展性好。目前，Cisco IOS 软件的定制已经简化为对特性集的要求。对于大多数情况来说，所有路由器共享相同的特性集。也就是说，对于 IOS 的大多数配置命令，在整个 Cisco 系列产品（包括交换机和路由器）中都是通用的，特殊要求和功能增强则要求专门的特性集。特性集可分为以下 3 类。

> 基本特性集：硬件平台使用的基本软件特性集。

> 加强特性集：基本特性集再加上与硬件平台相关的一些特性。

> 加密特性集：40bit 或 56bit 的数据加密特性集。

本书着重介绍 Cisco IOS 的基本特性集，也对个别系列路由器的一些加强特性集做一些讨论。

不同公司的路由器，其操作系统软件有不同的名称，但都可笼统地称为路由器操作系统、路由器系统软件或路由器网络操作系统。

掌握了 Cisco IOS，就不仅会配置 Cisco 的产品，对于配置国内其他一些公司的产品也会十分容易，读者只要接触其产品就会知道，许多配置命令基本上相同，再阅读其产品手册即可完全掌握。

2. 路由器的基本功能

路由器的基本功能是把数据包（Packets，或称 IP 报文）正确、高效地传送到目标网络，包括如下几个方面。

> IP 数据报的转发：与其他路由器交换路由信息，进行数据报传送的路径选择

和数据报传送，维护路由表。

> 子网隔离，限制广播范围。
> IP 数据报的差错处理及简单的阻塞控制。
> 实现对 IP 数据报的访问控制。
> 安全验证、授权和记账等。

4.1.4　路由器的分类

可以按照多种方式对路由器进行分类。

（1）按性能档次分。按性能档次可分为高、中、低档（端）路由器。

大致将路由器背板吞吐量大于 40Gbit/s 的路由器称为高档（端）路由器，背板吞吐量在 25～40Gbit/s 之间的路由器称为中档（端）路由器，背板吞吐量低于 25Gbit/s 的路由器称为低档（端）路由器。对 Cisco 路由器而言，7500 系列以上的路由器可称为高档路由器。

（2）按结构分。按结构分为模块化路由器和非模块化路由器。

模块化结构可以灵活地配置路由器，以适应企业不断增加的业务需求；非模块化路由器就只能提供固定的端口。通常，中、高端路由器为模块化结构，低端路由器为非模块化结构。

（3）按网络位置或使用对象分。按网络位置或使用对象分为骨干（核心）级路由器、企业（分布）级路由器和接入（访问）级路由器。

骨干级路由器是实现 Internet 互联、企业级网络互联的关键设备，典型应用于电信运营商或大 ISP，它的数据吞吐量较大。对骨干级路由器的基本性能要求是高速度和高可靠性。为了获得高可靠性，网络系统普遍采用热备份、双电源、双数据通路等传统冗余技术，从而确保骨干路由器的可靠性。Cisco 7500 系列以上是骨干级路由器。

企业级路由器连接许多终端系统，连接对象较多，典型应用于大企业或园区（校园）网络。其系统相对简单，数据流量相对较小，对这类路由器的要求是以尽量便宜的方法实现尽可能多的端点互联，同时还要求能够支持不同的服务质量。Cisco 4500 系列是企业级路由器。

接入级路由器主要是把小型局域网进行远程互联或接入 Internet，主要应用于小型企业客户。Cisco 2600 系列以下是接入级路由器。

（4）按性能分。按性能可分为线速路由器和非线速路由器。

所谓线速路由器就是完全可以按传输介质带宽进行通畅传输，基本上没有间断和延时。通常，线速路由器是高端路由器，具有非常高的端口带宽和数据转发能力，以介质允许的速率转发数据包；中、低端路由器是非线速路由器。

（5）按功能分。按功能可分为通用路由器与专用路由器。

一般所说的路由器为通用路由器，专用路由器通常为实现某种特定功能对路由器接口、硬件等进行专门优化。例如，接入路由器用于接入拨号用户，增强拨号接口及信令能力；宽带接入路由器强调宽带接口数量及种类；无线路由器则专用于无线网络的路由连接。

4.2 Cisco 路由器的接口信息及其配置环境的搭建

本节将讨论 Cisco 路由器的接口编号方式及配置路由器时应做的准备工作。

4.2.1 路由器的物理接口与接口标识

路由器的物理接口如 4.1.3 节所述，固定式路由器的接口由连接类型和编号进行标识。例如，Cisco 2500 系列路由器上第一个 Ethernet 接口标识为 Ethernet0，第二个 Ethernet 接口标识为 Ethernet1，以此类推，可简称为 E0、E1 等。串口也以相同的方式编号，如第一个高速同步串口的编号由 0 开始，标识为 Serial0，简称 S0。有专用的异步接口的路由器如 2509、2511，其 AUX 口标识为 async0，其他所有 Cisco 2500 系列路由器标识为 async1。其他系列的路由器专用的异步接口由 1 开始编号。Console 接口路由器的标识为 con。

模块化路由器的各种接口通常由接口类型加上插槽号和单元号进行标识。Cisco 2600 系列是模块化路由器，其上配置有一个或两个以太网 LAN 接口、两个 Cisco WAN 接口卡插槽、一个 Cisco 网络模块插槽和一个新的高级集成模块（AIM）插槽。Cisco 2600 系列拥有 3 种性能级别和 8 个型号，即 Cisco 2650/2651、Cisco 2620/2621 和 Cisco2610/2611/2612/2613。Cisco 2600 系列的模块化体系结构可使用 50 多种网络模块和接口卡，能容易地升级接口以适应网络扩展。如图 4-5 所示是 Cisco 2600 系列路由器的外观和模块组成图。

图 4-5　Cisco 2600 系列路由器的外观和模块组成图

1. 插槽和单元编号规则

在 Cisco 2600 系列路由器上，每一个独立的物理接口由一个插槽号和单元号进行标识。

插槽号通常从 0 开始，从右到左，或者从下到上进行编号，但广域网插槽 W0 和 W1 的插槽编号总是 0。单元号用来标识安装在路由器上的模块和接口卡上的接口。单元号通常从 0 开始，从右到左，或者从下到上进行编号。

也就是说，网络模块和 WAN 接口卡的接口标识由接口类型、插槽号加上斜杠（/）及单元编号组成。例如，Ethernet 0/0 表示第一个 Ethernet 模块上的第一个接口。

在 Cisco 2600 路由器上，如果在其留下的 slot 1 插槽上插入一块 2E slot 模块，在模块上安装一块 Serial 卡和一块 ISDN BRI WAN 接口卡，则其各个接口的标识如表 4.2 所示。

表 4.2　Cisco 2600 路由器的接口标识

接 口 类 型	插 槽 号	单 元 号	标 识
第 1 个 Ethernet /fast Ethernet 接口	0	0	Ethernet 0/0 或 fast Ethernet 0/0
Token Ring 接口	0	0	Token Ring 0/0
插槽 W 0，Serial 接口 0	0	0	Serial 0/0 (Serial 0)
插槽 W 1，Serial 接口 1	0	1	Serial 0/1 (Serial 1)
插槽 1，Ethernet 接口 0	1	0	Ethernet 1/0
插槽 1，Ethernet 接口 1	1	1	Ethernet 1/1
插槽 1，Serial 接口 0	1	0	Serial 1/0
插槽 1，BRI 接口 0	1	0	BRI 1/0

2E slot 模块提供了 AUI 和 10Base-T 两种接口。在某一时刻，只能使用一种接口，模块自动检测使用的是哪种接口。

2. 语音接口（Voice Interface）标识

在 Cisco 2600 系列路由器上的语音接口的标识与以上所述类似，语音接口的编号方式如下：

```
interface type classic slot/voice module slot/voice interface
```

若路由器的 slot 1 上插有一块 4 通道语音网络模块，各语音接口的标识如表 4.3 所示。

表 4.3　Cisco 2600 系列路由器的语音接口标识

接 口 类 型	插 槽 号	接 口 号	标 识
语音（Voice）	0	0	voice1/0/0（最接近机箱 slot 0 的接口）
语音（Voice）	0	1	voice1/0/1
语音（Voice）	1	0	voice1/1/0
语音（Voice）	1	1	voice1/1/1（离机箱 slot 0 最远的接口）

Cisco 2600 系列路由器的基本特性与端口组成如表 4.4 所示。

Cisco 2600 系列路由器的可选网络模块和插槽如表 4.5 所示。网络模块允许用户定制 Cisco 2600 系列满足网络服务的需求。这些模块的功能包括多服务的语音和数据综合、模拟 ISDN 和 ADSL 拨号、ATM 访问、低密度交换、入侵检测、串行设备集成等。在这些网络模块中有的上面集成有接口，可以直接使用；有的没有接口，只有插槽，需要安装接口卡才能使用；有的既有接口又有插槽，可按需使用。

99

表 4.4　Cisco 2600 系列路由器的基本特性与端口组成

路由器名称	基 本 特 性
Cisco 2600 系列	局域网到局域网路由，包括带宽管理 远程访问服务器（模拟和数字拨号服务） 多服务语音/传真/数据/集成 带有可选防火墙安全的 VPN /外部网 （Extranet） 访问 串行设备集中 广域网访问，包括 ATM 服务
Cisco 2610	一个以太网端口
Cisco 2611	两个用于局域网分割或局域网安全隔离的以太网端口
Cisco 2612	一个令牌环网端口和一个以太网端口，适合混合型局域网和从令牌环网迁移到以太网
Cisco 2613	一个令牌环网端口
Cisco 2620	一个带有 VLAN 支持的自适应 10/100 Mbit/s 以太网端口
Cisco 2621	两个带有 VLAN 支持的自适应 10/100 Mbit/s 以太网端口

表 4.5　Cisco 2600 系列路由器的可选网络模块和插槽

特性＼组件	Cisco 2610	Cisco 2611	Cisco 2612	Cisco 2613	Cisco 2620	Cisco 2621
固定的局域网端口（连接）	1 端口以太网（RJ45）	2 端口以太网（RJ45）	1 端口以太网, 1 端口令牌环网	1 端口令牌环网	1 端口 10/100 Mbit/s 以太网	2 端口 10/100 Mbit/s 以太网
固定的广域网端口	一个异步辅助端口	与 Cisco 2610 相同	与 Cisco 2610 相同	与 Cisco 2610 相同	与 Cisco 2610 相同	与 Cisco 2610 相同
网络模块插槽	1	1	1	1	1	1
广域网接口卡插槽	2	2	2	2	2	2
高级集成模块插槽（AIM）	1	1	1	1	1	1
广域网接口卡	WIC-1DSU-T1 T1 CSU/DSU（信道服务单元/数据服务单元）广域网接口卡； WIC-1DSU-56K 1 端口四线 56/64 kbit/s CSU/DSU 广域网接口卡； WIC-1T 1 端口高速串行广域网接口卡； WIC-2T 2 端口高速串行广域网接口卡；	与 Cisco 2610 相同	与 Cisco 2610 相同	与 Cisco 2610 相同	与 Cisco 2610 相同	与 Cisco 2610 相同

特性／组件	Cisco 2610	Cisco 2611	Cisco 2612	Cisco 2613	Cisco 2620	Cisco 2621
广域网接口卡	WIC-2A/S 2 端口异步/同步串行广域网接口卡； WIC-1B-S/T 1 端口 ISDN BRI 广域网接口卡； WIC-1B-U 1 端口 ISDN BRI（含有 NT1）广域网接口卡； WIC-1AM 1 端口模拟 MODEM 广域网接口卡； WIC-2AM 2 端口模拟 MODEM 广域网接口卡； WIC-ADSL 1 端口 ADSL 广域网接口卡； WIC-1SHDSL 1 端口 G.SHDSL 广域网接口卡	与 Cisco 2610 相同	与 Cisco 2610 相同	与 Cisco 2610 相同	与 Cisco 2610 相同	与 Cisco 2610 相同
局域网模块	1 和 4 端口以太网 10BaseT	与 Cisco 2610 相同	与 Cisco 2610 相同	与 Cisco 2610 相同	与 Cisco 2610 相同	与 Cisco 2610 相同
ATM 模块	NM-1ATM-25 NM-4E1-IMA NM-4T1-IMA NM-8E1-IMA NM-8T1-IMA	与 Cisco 2610 相同	与 Cisco 2610 相同	与 Cisco 2610 相同	与 Cisco 2610 相同	与 Cisco 2610 相同
语音/广域网接口卡	VWIC-1/2MFT-E1 VWIC-2MFT-E1-DI VWIC-1MFT-T1 VWIC-2MFT-T1-DI VWIC-2MFT-T1	与 Cisco 2610 相同	与 Cisco 2610 相同	与 Cisco 2610 相同	与 Cisco 2610 相同	与 Cisco 2610 相同
广域网模块	4 端口 BRI（S/T） 8 端口 BRI（S/T） 4 端口 BRI（U）w/NT1 18 端口 BRI（U）w/NT1	与 Cisco 2610 相同	与 Cisco 2610 相同	与 Cisco 2610 相同	与 Cisco 2610 相同	与 Cisco 2610 相同

（续表）

特性＼组件	Cisco 2610	Cisco 2611	Cisco 2612	Cisco 2613	Cisco 2620	Cisco 2621
广域网模块	14 端口异步/同步串行 8 端口异步/同步串行 16 端口异步串行 32 端口异步串行 1 端口信道化的 T1/PRI 1 端口信道化的 T1/PRI w/CSU NM-2CT1 NM-1/2CE1B NM-1/2CE1U NM-2CE1B NM-2W 2 端口信道化的 T1/PRI w/CSU	与 Cisco 2610 相同	与 Cisco 2610 相同	与 Cisco 2610 相同	与 Cisco 2610 相同	与 Cisco 2610 相同
语音/传真模块	1/2 插槽语音/传真模块 NM-HDV-1T1-24 NM-HDV-1T1-24E NM-HDV NM-HDV-2T1-48	与 Cisco 2610 相同	与 Cisco 2610 相同	与 Cisco 2610 相同	与 Cisco 2610 相同	与 Cisco 2610 相同
语音接口卡（用于语音传真模块）	2 端口语音—FXS 端口语音—E&M 端口语音—FXD 端口语音—BRI（S/T-TE）	与 Cisco 2610 相同	与 Cisco 2610 相同	与 Cisco 2610 相同	与 Cisco 2610 相同	与 Cisco 2610 相同
调制解调器模块	8 和 16 端口模拟调制解调器	与 Cisco 2610 相同	与 Cisco 2610 相同	与 Cisco 2610 相同	与 Cisco 2610 相同	与 Cisco 2610 相同
高级集成模块	数据压缩 AIM（8 Mbit/s）	与 Cisco 2610 相同	与 Cisco 2610 相同	与 Cisco 2610 相同	与 Cisco 2610 相同	与 Cisco 2610 相同
处理器速度（类型）	40MHz（RISC）	与 Cisco 2610 相同	与 Cisco 2610 相同	与 Cisco 2610 相同	50MHz（RISC）	50MHz（RISC）
内存	8 MB（默认） 16MB（最大）	与 Cisco 2610 相同	与 Cisco 2610 相同	与 Cisco 2610 相同	与 Cisco 2610 相同	与 Cisco 2610 相同
DRAM 内存	24 MB（默认） 64 MB（最大）	与 Cisco 2610 相同	与 Cisco 2610 相同	与 Cisco 2610 相同	与 Cisco 2610 相同	与 Cisco 2610 相同

（续表）

特性＼组件	Cisco 2610	Cisco 2611	Cisco 2612	Cisco 2613	Cisco 2620	Cisco 2621
电源	交流电源，可选的直流电源和冗余电源（外接单元）	与Cisco 2610相同	与Cisco 2610相同	与Cisco 2610相同	与Cisco 2610相同	与Cisco 2610相同
规格（高×宽×长）	0.69×17.5×11.8 in	与Cisco 2610相同	与Cisco 2610相同	与Cisco 2610相同	与Cisco 2610相同	与Cisco 2610相同

最常用的接口或接口卡是 Console 接口、以太网接口、WIC-1T 广域网接口卡、WIC-1B-S/T 广域网接口卡、WIC-ADSL 广域网接口卡、NM-2W 网络模块、NM-4B-S/T 网络模块。若要求通过网络来进行 IP 电话通信，则还会用到语音网络模块和语音接口卡 VIC。

4.2.2 路由器的逻辑接口

路由器的逻辑接口是在实际的硬件接口（物理接口）的基础上，通过路由器操作系统软件创建的一种虚拟接口。这些虚拟接口可被网络设备当成物理接口来使用，以提供路由器与特定类型的网络介质之间的连接。在路由器可配置不同的逻辑接口，主要有子接口、Loopback 接口、Null 接口、Dialer 接口、Tunnel 接口等。

1. 子接口

子接口是一种特殊的逻辑接口，它绑定在物理接口上，并作为一个独立的接口来引用。子接口有自己的第 3 层属性，如 IP 地址或 IPX 编号。

子接口名由其物理接口的类型、编号、英文句点和另一个编号所组成。例如，F0/1.1 是物理接口 F0/1 的一个子接口；Serial 0/0.1 是 Serial 0/0 的一个子接口。

子接口的配置如下：

```
Router(config)#interface f 0/1.1     //定义子接口 F0/1.1 并进入子接口
Router(config-subif)#
Router(config)#interface s 0/0.1 point to point | multi-point to point
                //定义广域网串口 S0/0 点到点或点到多点连接子接口 S 0/0.1
```

2. Loopback 接口

Loopback 接口又称环回接口，是一种虚拟接口，交换机、路由器支持应用这种接口来模拟真正的接口。这样做的好处是，虚拟接口不会像物理接口那样，因为各种因素的影响而导致接口被关闭。

（1）Loopback 接口的特点与配置。

➢ Loopback 接口永远是 up 的。

➢ Loopback 接口可以配置地址，而且可以配置全 1 的掩码，这样做可以节省宝贵的地址空间。

> ➤ Loopback 接口不能封装任何链路层协议。

配置 Loopback 接口地址，在全局模式下使用如下命令：

```
interface lookback ?
<0-2147483647> Loopback interface number     //设置 Lookback 接口号
//interface lookback 0, 按 Enter 键后提示接口和协议均 up
%LINK-5-CHANGED: Interface Loopback0, changed state to up
%LINEPROTO-5-UPDOWN: Line protocol on Interface Loopback0, changed
state to up
```

进入接口配置模式，然后用 ip address 命令配置 IP 地址。

```
ip address 172.16.1.10 255.255.255.255
                                    //配置 32 位前缀的 Lookback 接口地址
```

（2）Loopback 接口的用途。该地址与物理地址一样，可接收或发送 IP 数据包，如可使用 Telnet 远程登录此接口访问路由器；或者从此接口始发报文 Telnet 登录其他网络设备；或者始发 SNMP 报文，进行有关测试。

如果从配置 Loopback 接口的路由器远程登录其他网络设备，指定数据报从 Lookback0接口始发的命令如下：

```
ip telnet source-interface Loopback 0
```

如果要使用 Loopback 接口发送 ICMP 包，可在特权执行模式下使用不带目标地址的 ping 命令。

```
Router#ping
Protocol [ip]:
Target IP address: 172.17.2.110
Repeat count [5]:
Datagram size [100]:
Timeout in seconds [2]:
Extended commands [n]: y          //使用扩展的 ping 命令
Source address or interface: loopback0
                              //选择 Loopback0 接口为始发数据包的端口
Type of service [0]:
Set DF bit in IP header? [no]:
Validate reply data? [no]:
Data pattern [0xABCD]:
Loose, Strict, Record, Timestamp, Verbose[none]:
Sweep range of sizes [n]:
Type escape sequence to abort.
Sending 5, 100-byte ICMP Echos to 172.17.2.110, timeout is 2 seconds:
Packet sent with a source address of 172.16.1.10
!!!!!
Success rate is 100 percent (5/5), round-trip min/avg/max = 15/18/31 ms
```

3. Null 接口

Null 接口又称清零接口，主要用来过滤某些网络数据，其特点如下：

➢ Null0 接口是个伪接口（pseudo-interface），不能配置地址，也不能被封装。
➢ 总是 up 的。
➢ 从不转发或接收任何数据流量。

Null0 接口的配置，在全局配置模式下应用如下命令：

```
interface null n  //n 的取值范围是 0～2147483647
```

Null 接口模式下唯一一条配置命令是[no] ip unreachable，该命令的作用是设置是否从该接口发送 icmp 不可达报文。

Null 接口从不转发或接收任何通信量，对于所有发到该接口的通信量都直接被丢弃，由于具有这个特点，通常用它来防止路由环路。

例如，在路由器上配置 Null0 接口（默认存在）后，在全局模式下使用命令 ip route 101.1.0.0 255.255.0.0 null 0，即可将发送目标是 101.1.0.0 的数据流量引到 Null0 接口丢弃，即阻止通过本路由器向目标网络 101.1.0.0 发送数据。

4. Dialer 接口

Dialer 接口即拨号接口，路由器支持拨号的物理接口包括同步串口与异步串口。路由器通过逻辑接口 Dialer 实现 DDR（按需拨号路由）功能。

```
Router(config)#interface dialer dialer-number
                                    //进入 Dialer 接口配置模式
Router(config)#no interface dialer dialer-number
                                    //删除已创建的 Dialer 接口
```

5. Tunnel 接口

Tunnel 接口又称隧道或通道接口，用于支持某些物理接口本来不能直接支持的数据报的传输。Tunnel 接口不特别指定传输协议或者负载协议，它提供的是一个用来实现相关标准的点对点的传输模式。由于 Tunnel 实现的是点对点的传输链路，所以，对于每一链路都必须设置一对 Tunnel 接口。

Tunnel 传输适用于以下情况：

① 允许运行非 IP 协议的本地网络之间通过一个 IP 网络通信，因为 Tunnel 支持多种不同的负载协议。

② 允许在广域网上提供 VPN(virtual private network)功能。

Tunnel 接口配置的创建与删除命令如下：

```
Router(config)#interface tunnel tunnel-number
                                    //创建 Tunnel 接口并进入接口配置模式
Router(config)#no interface tunnel tunnel-number
                                    //删除创建的 Tunnel 接口
```

4.3 路由器的初始配置*

第一次对路由器上电时，路由器会提示是否进入初始配置（setup）模式，以对话框的形式提示用户完成基本的参数配置。在特权执行模式下，使用命令 setup 也可进入初始配置模式。

现以 Cisco 2611 路由器为例，介绍如何进行初始配置。

4.3.1 建立配置环境，计划配置参数

使用 Cisco 2611 提供的一条 Console 线缆，将其一端的 RJ-45 DB9 或 RJ45 DB25 转换头与计算机的 COM 1 或 COM 2 接口连接，再将另一端的 RJ-45 头接入 Console 接口中。

开启计算机，运行 Windows 超级终端程序，以 9600bit/s、8b 数据位、1b 停止位设置终端参数。

开启路由器的电源开关，路由器的启动过程就会在超级终端窗口显示出来，用户即可对路由器进行配置。

配置前，应计划好如下内容：

➢ 启用什么网络协议和路由协议。

➢ 安排路由器各接口地址。

➢ 封装什么广域网协议。

4.3.2 配置过程

▶1. 配置全局参数

开启路由器的电源开关，在 Windows 终端窗口上将显示如下信息：

```
System Bootstrap, Version 11.3 (2)XA,PLATFORM SPECIFIC RELEASE
SOFTWARE(fc1)
Copyright (c) 1998 by Cisco System, Inc.
C2600 platform with 32768 K bytes of main memory
Cisco Systems,Inc.
170 West Tasman Drive
San Jose,California 951341706

Cisco Internetwork Operating System Software
IOS TM C2600Software (C2600 JS M),Version 11.3 (2) XA,
PLATFORM SPECIFIC RELEASE SOFTWARE (fc1)
```

---

*本节教学建议放在第 8 章的教学完成之后。初始配置模式只能对路由器做一些基本的配置，实际意义不大。

```
Copyright (c) 1986   1998 by Cisco Systems,Inc.
Compiled Tue 10  Mar  98 14:18 by rnapier
Image text base:0x80008084,data base: 0x809CD49C
Cisco 2611(MPC860) processor(revision 0x100) with 24576K/8192K bytes
of memory.
Processor board ID 04614954
M860 processor,part number 0 mask 32
Bridging software.
X.25 software,Version 3.0.0
2 Ethernet/IEEE802.3 interface(s)
3 Serial network interface(s)
32terminal line (s)
DRAM Configuration parity is disabled.
32K bytes of non volatile Configuration memory.
8192K bytes of processor board System flash  (Read/Write)
——System Configure Dialog——

At any point you may enter a question mark '?' for help.
Use ctrl-c to abort Configure dialog at any prompt.
Default settings are in square brackets '[]'.
```

以上显示了 Cisco IOS 软件的版本、CPU、内存、接口等信息。

当出现如下信息时，输入"yes"进入初始配置对话框，输入"no"则进入命令行界面：

```
would you like to enter initial configuration dialog? [yes/no]: yes
```

在下面的信息出现时，按 Enter 键观察当前接口的提要信息：

```
first ,would you like to see current interface summary ? [yes]:
any interface listed with ok ? value "no" does not have a valid
configuration
```

下面显示的是 Cisco 2611 的接口信息：

```
Interface  ip address  ok ? method status protocol
ethernet 0/0 unassigned no  unset  up    up
serial 0/0 unassigned no  unset  up    down
bri 0/0 unassigned  no  unset  up    up
serial 0/1 unassigned no  unset  up    down
serial 0/2 unassigned no  unset  up    down
```

输入路由器的名字，可输入字母、数字等字符串（本例输入 Cisco 2611）：

```
configuring global parameters:
enter host name [router] : cisco2611
enable secret is a password used o protect access to privileged excc
and configuration modes. this password ,after entered ,becomes
encrypted in configuration.
```

输入加密的特权执行口令，该口令是加密的，在查看配置时不被显示：

```
enter enable secret: xxxx
```

输入特权执行口令，该口令是不加密的，在查看配置时可被显示：

```
enter enable password : ciscop
```

输入远程终端用户口令，该口令用于防止未经授权的用户通过 Console 接口以外的接口进行非法的访问。

```
enter virtual terminal password: ciscoq
```

回答下面的提示，根据网络的规划，回答包括启用何种网络协议、路由协议等提示。

```
configure snmp network management ? [yes] :
community string [public] :
configure lat? [no] :
configure appletalk? [no] :
configure decnet? [no] :
configure ip? [yes] :
configure igrp routing? [yes] :        //若回答 no，则将提示用户配置 RIP
your igrp autonomous system number [1] :15
configure clns? [no] :
configure ipx? [no] :
configure vines? [no] :
configure xns? [no] :
configure apollo? [no] :
configure bridging? [no] :
```

配置 ISDN BRI（Basic Rate Interface）模块使用的交换类型：

```
bri interface needs isdn switch type to be configured
valid switch types are:
[0] none·········.only if you don't want to configure bri
[1] basic   1tr6···.1tr6 switch type for germany
[2] basic   5ess···.at&t 5ess switch type for us/canada
[3] basic   dms100..northern dms  100 switch type for us/canada
[4] basic   net3···.net3 switch type for uk and europe
[5] basic   ni······national isdn switch type
[6] basic   ts013 switch type for australia
[7] ntt·········.ntt switch type for japan
[8] vn3···.vn3 and vn4 switch types for france
choose isdn bri switch type [4] :
```

配置集成 MODEM 模块的异步串行线路，用户若想通过 MODEM 接入路由器，必须配置异步线路。

```
async lines accept incoming modems calls.if you will have
users dialing in via modems, configure these lines.
configure async lines? [yes] :
```

```
async line speed [115200]:
will you be using modems for inbound dialing? [yes]:
```

　　如果所用的异步接口都使用相同的基本配置参数，则可以把它们作为一个组，进行一次性配置；否则，就需要分别对每个接口进行配置。

```
would you like to put all async interfaces in a group and configure
them all at one time? [yes]:
allow dial in users to choose a static ip addresses? [no]:
configure for tcp header compression? [yes]:
configure for routing updates on async links? [no]:
enter starting address of ip local pool? [x.x.x.x]:192.168.1.1
enter ending address of ip local pool? [x.x.x.x]:192.168.1.68
```

　　注意：应保证 IP 的开始地址和结束地址位于同一个子网内。下面配置一个拨号测试用户：

```
you can configure a test user to verify that your
dial up service is working properly
what is username of test user? [user]:
what is password of test user? [passwd]:
will you be using modems for outbound dialing? [no]:
```

▶2．配置接口参数

　　（1）Ethernet Interface 的配置。对以太网接口的配置，主要是配置 IP 地址及子网掩码。

```
do you want to configure ethernet0/0 interface [yes]:
configure ip on this interface? [yes]:
ip address for this interface:255.255.255.0
subnet mask for this interface [255.0.0.0]:
class a network is 1.0.0.0, 8 subnet bits, mask is/8
configure ipx on this interface? [no]:y
ipx network number [1]:
need to select encapsulation type
 [0] sap (ieee 802.2)
 [1] snap (ieee 802.2 SNAP)
 [2] arpa (ethernet II)
 [3] novell ether (novell ethernet 802.3)
enter encapsulation type [2]:
```

　　（2）Fast Ethernet Interface 的配置。下面是快速以太网（Fast-Ethernet）接口的配置，需要回答是否采用全双工、是否配置 IP 和 IPX、选择封装等。

```
do you want to configure fastethernet0/0 interface [yes]:
use 100 base tx (rj45) connector? [yes]:
operate in full duplex mode? [no]:
configure ip on this interface? [no]: yes
```

```
ip address for this interface:11.0.0.1
number of bits in subnet field [0] :
class a network is 11.0.0.0, 0 subnet bits, mask is/8
configure ipx on this interface? [yes] :
ipx network number [1] :
eed to select encapsulation type
 [0]  sap (ieee 802.2)
 [1]  snap (ieee 802.2 snap)
 [2]  arpa (ethernet一ii)
 [3]  novell一ether (novell ethernet一802.3)
enter encapsulation type [2] :
```

（3）串行接口的配置。同步串行口可与 X.25、DDN、帧中继等广域网连接。

```
do you want to configure serial0/0 interface? [yes] :
some encapsulations supported are
ppp/hdlc/frame-relay/labp/atm-dxi/smds/x25
choose encapsulation type [ppp] :
```

按提示选择封装的广域网协议类型。所谓"封装"就是用特定协议头信息对数据进行打包。例如，以太网数据的封装就是数据在放到以太网上之前，先用以太网头信息封装，当以太网信息在 WAN 上传输时，整个帧又由广域网协议（如 PPP 或 HDLC）封装。Cisco 路由器广域网口默认使用 HDLC 封装。

```
no serial cable seen.
choose mode from  ( dce/dte) [dte] :
```

若在路由器接口上没有插入电缆，则应说明该接口是用做 DTE 或 DCE；若已经插入电缆，setup 程序将检测 DTE/DCE 状态。若串行电缆是 DCE，将出现如下提示：

```
serial interface needs clock rate to be set in dce mode.
following clock rates are supported on serial interface 0
1 200, 2 400, 4 800, 9 600, 19 200, 38 400
56 000, 64 000, 72 000, 125 000, 148 000, 500 000
800 000, 1 000 000, 1 300 000, 2 000 000, 4 000 000, 8 000 000
choose clock rate from above: [2000000] :
configure ip on this interface ? [yes] :
ip address for this interface :2.0.0.1
subnet mask for this interface [255.0.0.0] :
class a network is 2.0.0.0 , 8 subnet bits; mask is /8
configure ipx on this interface ? [no] :yes
ipx network number [8] :
frame relay encapsulation
following lmi types are available to be set,
when connected to a frame relay switch
 [0] none
 [1] ansi
 [2] cisco
 [3] q933a
```

```
enter lmi type [2] :
```

注意：若将本地管理接口（Local Management Interface，LMI）的类型指定为 none，setup 程序将只提示输入 DLCI（Data Link Connection Identifier）编号。若使用默认值或指定另外的 LMI 类型，DLCI 编号将由指定的协议提供。

```
enter dlci number for this interface [16]:
do you want to map a remote machine's ip address to dlci ? [yes]:
ip address for remote interface : 2.0.0.2
do you want to map a remote machine's ipx address to dlci ? [yes]:
ipx address for remote interface: 40.1234.5678
serial interface needs clock rate to be set in dce mode.
following clock rates are supported on serial interface0.
1 200, 2 400, 4 800, 9 600, 19 200, 38 400
56 000, 64 000, 72 000, 125 000, 148 000, 500 000
800 000, 1 000 000, 1 300 000, 2 000 000, 4 000 000, 8 000 000
choose speed rate from above: [2000000]: 1200
configure IP on this interface ? [yes]:
ip address for this interface : 2.0.0.1
subnet mask for this interface [255.0.0.0]:
class A network is 2.0.0.0 , 8 subnet bits; mask is /8
```

若已配置了 IPX 协议，setup 命令将提示配置 IPX 映射（map）：

```
do you want to map a remote machine's ipx address to dlci? [yes]:
ipx address for remote interface: 40.0060.34c6.90ed
lapb encapsulation
lapb circuit can be either in dce/dte mode.
choose either from (dce/dte) [dte]:
x.25 encapsulation
x.25 circuit can be either in dce/dte mode.
choose form either dce/dte [dte] :
enter local x25 address :123
we will need to map remote x.25 station's x25 address
to remote station ip/ipx address
enter remote x25 address :132
do you want to map remote machine's x .25 address to ip address ? [yes]:
ip address for remote interface :2.0.0.2
do you want to map remote machine's x25 address to ipx address ? [yes] :
ipx address for remote interface :40.1234.5678
enter lowest 2  way channel [1] :
enter highest 2  way channel [64] :
enter frame window (k) [7] :
enter Packet window (w) [2] :
enter Packet size (must be powers of 2) [128] :
atm dxi encapsulation
enter vpi number [1] :
```

```
enter vci number [1]:
do you want to map remote machine's ip address to vpi and vci's ? [yes]:
ip address for remote interface :2.0.0.2
do you want to map remote machine's ipx address to vpi and vci's ? [yes]:
ipx address for remote interface : 10.1234.5678
smds encapsulation
enter smds address for local interface :c123.6666.77a8
we will need to map remote smds station's address
to remote station ip/ipx address
enter smds address for remote interface :c123.6666.77a8
do you want to map remote machine's smds address to ip address ? [yes]:
ip address for remote interface :2.0.0.2
do you want to map remote machine's smds address to ipx address ? [yes]:
ipx address for remote interface :10.1234.5678
serial cisco ios commands generated

interface serial 0/0
encapsulation ppp   //在串口上封装 PPP 协议
clock rate 2000000
ip address 123.0.0.1255.0.0.0
```

3. 保存配置

当根据 setup 命令解释程序的提示输入了所有的信息，系统会显示所有的配置，并询问是否采用本配置，如果采用，系统会将配置文件保存在 NVRAM 中。

```
use this configuration ? [yes/no] :yes
building configuration….
use enable mode 'configure' command to modify this configuration.
press return to get started
following configuration command script was created:
hostname 2600
enable secret 5 $1$zxxt$yzmzup1/wqvyln5cweypu.
line vty 0 4
password guessagain
snmp server community public
```

当屏幕上的信息显示停止滚动时，按 Enter 键返回提示符 Cisco2611>，表示回到了命令行界面并已经完成了路由器的基本配置。

思考与动手

1. 简述路由器在网络中的作用。
2. 了解路由器的主要硬件构成和 Cisco 路由器的接口命名方式。
3. 进入路由器的 setup 模式进行基本的配置练习。

使用 CLI 配置路由器

本章提要

通过命令行接口配置路由器是一般的配置方法。在不同的命令行模式下，能够使用的配置命令是不同的，即不同的命令行模式下能实现的配置功能是不同的。

对路由器进行新的配置或更改配置，需要进入全局模式。对特权执行模式和使用终端，通过 con、AUX 或局域网口登录路由器，均可设置口令保护。

【学习目标】

（1）学会保存路由器配置的多种方法。

（2）学会查看相邻设备的信息。

（3）学会在忘记密码的情况下从控制台登录路由器。

5.1　路由器的基本配置

使用 setup 模式可完成路由器的部分配置，但灵活性差，并且有的配置无法实现。对路由器的一般配置方法是使用其 IOS 的命令行界面（CLI），通过输入 IOS 命令来进行。本章将叙述如何使用 Cisco IOS 软件的命令行界面进行路由器基本功能的配置。

5.1.1　命令模式与命令

前面在讨论交换机时，介绍了 CLI 的 6 种基本模式，现在对其进行简单汇总并针对路由器做一些补充。

▶1. 普通用户模式

普通用户模式用于查看路由器的基本信息，不能对路由器进行配置。在该模式下，只能够运行少数的命令。

该模式默认的提示符：router>。

进入方法：登录路由器后默认进入该模式。

退出方法：使用命令 logout。

2．特权执行模式

特权执行模式可以使用比普通用户模式下多得多的命令。特权执行模式用于查看路由器的各种状态，绝大多数命令用于测试网络、检查系统等。保存配置文件，重启路由器也在本模式下进行。

该模式默认的提示符：router#。

进入方法：在普通用户模式下输入 enable 并按 Enter 键。

退出方法：退到普通用户模式的命令为 disable，退出特权执行模式的命令为 exit。

3．全局配置模式

全局配置模式用于配置路由器的全局性参数、更改已有配置等。要进入全局配置模式，必须首先进入特权执行模式。

该模式的默认提示符：Router(config)#。

进入方法：输入命令 config terminal。

退出方法：可使用命令 exit、end 或按 Ctrl+Z 组合键退到特权执行模式。

4．接口（或称端口）配置模式

接口配置模式用于对指定端口进行相关的配置。该模式及后面的数种模式均要在全局配置模式下才能进入。为便于分类记忆，都可把它们看成全局配置模式下的子模式。

该模式的默认提示符：Router(config-if)#。

进入方法：在全局配置模式下使用 interface 命令进入具体的接口。

```
Router(config-if)#interface interface-id
```

退出方法：退到上一级模式，使用命令 exit；直接退到特权执行模式，使用 end 命令或按 Ctrl+Z 组合键。

例如，进入以太网接口配置模式的命令如下：

```
router (config)#interface ethernet 0
```

5．子接口配置模式（Subinterface Configuration）

该模式的默认提示符：router (config-subif) #。

进入方法：在全局配置模式下使用 interface 命令定义和进入。

```
router (confi)#interface interface-id.subinterface-number
multipoint|point-to-point        //定义并进入多点连接或点到点连接子接口
```

退出方法：同接口配置模式。

例如，给 Ethernet 0 配置子接口 0.0 的命令如下：

```
Router(config)#interface ethernet 0.0
              //以太网子接口不需关键字 multipoint|point-to-point
Router(config-subif)#
```

6．控制器配置模式（Controller Configuration）

控制器配置模式用于配置 T1 或 E1 端口。

该模式的默认提示符：router (config-controller) #。

进入方法：在全局配置模式下使用 controller 命令指定 T1 或 E1 端口。

```
router (config) #controller e1 slot/port or number
```

退出方法：同接口配置模式。

7. 终端线路配置模式

用于配置终端线路的登录权限。

该模式的默认提示符：router(config-line)#。

进入方法：在全局配置模式下使用 line 命令指定具体的 line 端口。

```
router (config) #line number or {vty|aux|con} number
```

退出方法：同接口配置模式。

例如，配置从 Console 接口登录的口令如下：

```
Router(config)#line con 0
Router(config-line)#login
Router(config-line)#password sHi123   //设置口令为 sHi123
```

又如，配置 Telnet 登录的口令如下：

```
Router(config)#line vty 0 4
Router(config-line)#login
Router(config-line)#password password-string
```

Cisco 路由器允许 0～4 共 5 个虚拟终端用户同时登录。

8. 路由协议配置模式（Router Configuration）

用于对路由器进行动态路由配置。

该模式的默认提示符：router (config-router)#。

进入方法：在全局配置模式下使用 router protocol-name 命令指定具体的路由协议。

```
router (config) #router protocol-name [option]
                            //有的路由协议后面还必须带参数
```

退出方法：同接口配置模式。

例如，进入 RIP 路由协议配置的命令如下：

```
Router(config)router rip
Router(config-router)#
```

又如，进入 IGRP 路由协议配置的命令如下：

```
Router(config)#router igrp 60          //60 是假设的自治域系统号，需要加上
```

9. ROM 检测模式

如果路由器在启动时找不到一个合适的 IOS 映像，就会自动进入 ROM 检测模式。在该模式中，路由器只能进行软件升级和手工引导。

该模式的默认提示符（视路由器型号而定）：>或者 rommon 1>。

在忘记了路由器口令时，可以用该模式来解决，有两种方法可以人工进入该模式：

方法 1，在路由器加电 60s 内，在超级终端下按 Ctrl+Break 组合键 3～5s。

方法 2，在全局配置模式下，输入"Config 0x0"，然后关闭电源重新启动。

10．初始配置模式（Setup Mode）

系统以对话框提示用户设置路由器，可完成一些基本配置，简单方便。

该模式的默认提示符：一系列提示对话框，详见第 4 章。

进入方法：未保存配置文件到 NVRAM 的路由器启动时自动进入；在特权执行模式下使用 setup 命令进入。

退出方法：同接口配置模式。

5.1.2　路由器的命令分类

在配置 Cisco 路由器时，根据不同的工作模式，为了便于记忆，可把命令分为 3 类，即全局命令、主命令、子命令。

1．全局命令

全局命令是影响路由器整体功能的命令，通常在全局配置模式下使用。

hostname：更改路由器的名字。

enable secret：设置或更改路由器的加密口令。

no ip domain lookup：禁止路由器进行域名解析。

2．主命令

主命令是用于配置特定端口或进程的命令，通常在全局配置模式下使用后，会进入另一配置模式。每个主命令执行后必须且至少有一个子命令随着执行。主命令有 interface s 0/0、router RIP、line vty 0 4 等。

3．子命令

子命令用于主命令之后，用来完成由主命令开始的有关配置，如进程或端口的具体参数。与主命令举例对应的子命令有 ip address 123.45.45 255.0.0.0、network 192.168.1.0、login 等。

5.1.3　配置路由器的主机名和口令

配置路由器的主机名和口令是配置路由器的第一项工作。在网络中有多个路由器时，为其配置主机名以便于将其区分；设置口令则是为了防止非授权用户修改路由器的配置。

1．配置主机名

配置主机名的步骤如下：

（1）进入特权执行模式。

```
router> enable
password: //屏幕提示输入 password，按 Enter 键后进入特权执行模式
```

```
router#
```
（2）进入全局配置模式。
```
router#config t
Router(config) #
```
（3）修改主机名，如改为 cisco。
```
router (config) #hostname cisco
cisco (config)#
```

2. 配置口令

（1）配置特权执行模式加密口令，如设置该口令为 ciscopass。
```
cisco (config) #enable secret ciscopass
```
（2）配置从 Console 端口登录路由器口令。

进入 Line 配置模式以配置 Console 端口：
```
cisco(config) #line con 0
```
在终端屏幕上某段时间内没有输入时，设置路由器的 EXEC 功能不发生超时：
```
cisco (config-line) # exec timeout 0 0
```
设置登录口令 lopass：
```
cisco(config-line)#login
cisco(config-line)password lopass
cisco(config-line)#
```

5.2　路由器端口配置的注意事项

路由器有多种端口，这里说明其同步串口和以太网口配置的注意事项。

（1）端口 IP 地址配置。每端口可以配置一个 IP 地址，也可以配置多个 IP 地址。

（2）封装协议。Cisco 交换机以太网口封装以太网协议，不用显式配置；广域网同步串口默认封装的是 HDSL 协议，不用显式配置。但若要改用其他协议，就需要重新封装。

（3）在 DCE 端口配置同步时钟。对点到点的广域网连接，需要在 DCE 电缆一端的设备提供同步时钟。实验室环境下常用一条 DTE 电缆和一条 DCE 电缆直接相连来模拟广域网连接，两端连上路由器。连接 DCE 电缆一端的路由器作为 DCE 设备，需要在连接的端口上配置时钟频率。否则，两个路由器相连的广域网端口和协议都无法开启。

配置时钟频率是在端口配置模式下，使用如下命令：
```
Clock rate clock-rate
```
（4）配置子接口。配置广域网接口的子接口时，需要指明子接口是点到点还是点到多点连接。
```
Interface s 1/0.2  point-to-point|multipoint
                    //配置广域网口点到点或点到多点连接子接口 s1/0.2
```
（5）启用接口。路由器的接口必须用命令开启，在接口（或子接口）配置模式下使用命令 no shutdown 开启相应的接口，物理接口开启后，其上的子接口才能开启。

▽ 5.3 配置的保存与查看

5.3.1 保存配置

对路由器进行配置后，各种端口和协议等参数就会构成一个配置文件并存储在路由器的内存（RAM）中，掉电后就会马上消失。因此要在特权执行模式下，把配置文件存储到掉电后不会丢失的 NVRAM 或 TFTP 服务器中。

（1）把配置文件保存在 NVRAM 中。在特权执行模式下，可用 copy 命令将配置文件从 RAM 复制到 NVRAM 中。

```
router# copy running-config startup-config
```

（2）把配置文件保存在 TFTP 服务器中。在特权执行模式下，可用 copy 命令将配置文件从 RAM 复制到 TFTP 服务器中。

```
router#copy running-config tftp
```

（3）把 TFTP 服务器保存的配置文件复制到 RAM 中。在特权执行模式下，使用如下命令：

```
router#copy tftp running-config
```

（4）把 NVRAM 中的配置信息复制到 RAM 中。在特权执行模式下，使用如下命令：

```
router#configure memory          //路由器启动时，这一过程是自动完成的
```

（5）清除 NVRAM 中的配置文件。在特权执行模式下，使用如下命令：

```
router#erase startup-config
```

5.3.2 查看配置

（1）查看主机名和口令。要查看所配置的主机名和口令，可使用 show config 命令：

```
router (config ) #show config
using 1888 out of 126968 bytes
version 11.0
hostname Router
enable secret 5 $// $6014$x2jyowodc0.kqalloO/w8/
```

（2）查看接口配置信息。在接口配置模式下，可用如下命令查看路由器的接口配置信息等。

show version：显示路由器的硬件配置、端口信息、软件版本、配置文件的名称来源及引导程序来源。

show process：显示当前进程的各种信息。

show interface [*type slot/port*]：显示端口及线路的协议状态、工作状态等。

show stacks：显示进程堆栈的使用情况、中断使用及系统本次重新启动的原因。

show buffers：提供缓冲区的统计信息。

show protocols：显示路由器的 IP 路由、所有端口及其协议的状态信息。

（3）查看路由器内存中的配置及空间使用情况。在特权执行模式下，可使用 show 命令查看 RAM、NVRAM 和 Flash ROM 中的内容。

show running-config：显示当前的配置。

show startup-config：显示存放在启动配置文件中的内容。

show flash：显示存放在 Flash ROM 中的 IOS 文件名，Flash ROM 所使用的空间和空闲的空间。

show mem：显示路由器内存的各种统计信息。

show terminal：显示终端的配置参数。

show config：显示 NVRAM 中保存的配置文件内容。

5.3.3 查看相邻设备的配置

在分析网络状态、优化使用网络时，收集和路由器相邻的其他路由器（交换机）的信息是很重要的，这些路由器（交换机）通常称为邻近路由器（交换机）。Cisco 路由器有一个专门的协议，称为 Cisco 发现协议（Cisco Discover Protocol，CDP），可以在直连的 Cisco 设备之间交换信息。交换的信息包括对端操作系统版本、硬件平台、接口类型等。可以用它来发现和查看相邻设备的信息和接口的连接情况。

CDP 利用数据链路广播来发现那些也运行了 CDP 的邻近 Cisco 路由器（交换机）。使用 IOS 10.3 以后的版本的 Cisco 路由器系统，在启动后，CDP 是自动打开的，介绍其中几个有关的命令。

cdp enable：该命令在接口配置模式下使用，可启用某接口的 CDP。

cdp run：全局模式使用该命令可启用路由器所有接口上的 CDP。

show cdp interface：该命令检查路由器接口的状态是否正常、CDP 是否启用等。

show cdp neighbors：该命令显示邻近与自身相连的各个接口的名称、平台及协议信息。

show cdp neighbor details：该命令显示 CDP 邻近的有关细节。

在大型企业网络中，网络设备及其接口众多，接口及其相互连接的状况也是网络管理的一项烦琐的任务。使用功能强大的网管软件可以呈现包括设备接口连接状况的网络拓扑。但在无网管软件的情况下，有效地查看设备的连接情况可以使用 Cisco 发现协议，而不需管理员到现场查看。

【实例 5-1】 网络设备相连端口的查看

在当前设备上执行特权命令 show cdp neighbors，即可看到当前设备和与当前设备直接相连的其他设备的连接端口。例如，在某 Router1 上执行该命令会得到如下输出显示：

```
Router1#show cdp neighbors
Capability Codes: R - Router, T - Trans Bridge, B - Source Route Bridge
                  S - Switch, H - Host, I - IGMP, r - Repeater
Device ID   Local Intrfce   Holdtme   Capability   Platform   Port ID
```

```
Switch1    Eth 0/1    131    R S I    3640    Fas 0/13
Switch2    Eth 0/2    141    R S I    3640    Fas 0/13
```

从输出结果就可以看出，Router1 的 Eth0/1 接口是连接到 Switch1 的 Fas0/13 接口，Eth0/2 接口是连接到 Switch2 的 Fas0/13 接口。

5.4　绕过特权执行口令登录路由器

5.4.1　绕过 NVRAM 引导路由器

绕过 NVRAM 引导路由器的配置步骤如下：

（1）在普通用户模式下查看配置寄存器。

```
R>#show version
……<省略部分输出>
Configuration register is 0x2102
```

配置寄存器的值一般为 0x2102 或 0x102，如果因为忘记了控制台登录口令，并且在普通用户模式下都不能进入时，就假定为 0x2102。

（2）设置路由器从 0x2142 寄存器引导系统，绕过正常时的 0x2102 寄存器（从 NVRAM 启动），从而绕过 NVRAM 中的启动配置。

```
rommon 1>confreg 0x2142
rommon 2 >reset
```

按 Enter 键后，系统提示重新引导，也可以通过输入"no"，完成初始化；或者按 Ctrl+C 组合键终止初始化，进入普通用户模式，随后输入"enable"进入特权执行模式，此时已不需口令。

5.4.2　原启动配置文件的恢复

按照前面的步骤，当路由器重启后，原启动配置文件仍然存在于 NVRAM 中，按如下步骤可以将其再合并到当前运行的配置文件里。

（1）输入"copy startup-config running-config"把 startup-config 从 NVRAM 中复制合并到 RAM 的 running-config 中。不能输入"copy running-config startup-config"，否则会擦除启动配置。这样就恢复了原来的配置文件。

（2）输入"show running-config"，可以看到加密格式或未加密格式的口令（enable 口令、enable 加密口令、vty 口令、控制台口令等，如果都已配置），可以重新使用未加密的口令，但已加密的口令没法看到原来的字符，必须更改为新口令。

在全局模式下输入"enable secret"更改加密口令，例如：

```
Router(config)# enable secret shisco
config-register configuration_register_setting
```

其中，*configuration_register_setting* 是启动寄存器的值，如 0x2102，例如：

```
Router(config)#config-register 0x2102
```

在特权执行模式下使用命令 copy running-config startup-config 保存更改。输入"show version"命令确认路由器是在下次重新启动时使用所配置的启动寄存器设置。

思考与动手

1. 如何查看、保存路由器的当前配置？
2. 如何配置路由器的主机名和口令？
3. 如何查看启动配置文件？
4. 掌握路由器的启动过程。
5. 掌握路由器的接口配置要点，动手配置路由器的接口 IP 地址并激活接口。

## 第 6 章

TCP/IP 协议与 IP 路由

本章提要

在 TCP/IP 网络中，主机用 IP 地址来标识和区分。IP 地址由网络地址和主机地址（或称网络号和主机号）两部分组成。

IP 地址分为 A、B、C、D 和 E 五类，对前 3 类地址，还可划分子网。划分子网后，IP 地址可视为由网络地址、子网地址和主机地址 3 部分组成。划分子网是通过改变子网掩码的代表网络号的二进制位的长度（前缀长度）来实现的。

把若干个网络地址用一个统一的网络号来表示的编址方式称为超网编址，超网编址及其寻址方式称为无类域间路由。

路由是指对到达目标网络的地址路径做出选择，也指被选出的路径本身。路由器中的路由表就像一张"网络地图"，记录了到达各个目标网络的路径。对路由表中"记录"的填写可以采用人工方式，也可以采用路由协议自动进行填写，这分别称为静态路由配置和动态路由配置。

【学习目标】

（1）学会子网与超网的表示方法。

（2）学会静态路由和默认路由的配置。

（3）学会查看路由表。

6.1 TCP/IP 协议

TCP/IP 协议作为 Internet 事实上的协议标准，在计算机网络领域中占有特别重要的地位。

6.1.1 TCP/IP 的结构

TCP/IP 指的是整个 TCP/IP 协议族，它是一个具有 4 层结构的协议系统，由若干协议组成这 4 个层次由高到低依次是应用层、传输层、Internet 层和网络接口层。我们把这样的协议组合称为 TCP/IP 协议栈，也称为 TCP/IP 模型。

由于 TCP/IP 在设计时就是要使异种机型、异种网络能够互联，与具体的物理传输媒体无关，故其没有对数据链路层和物理层做出规定，只是简单地把最低的一层命名为网络接口层。除网络接口层外，其余各层都由多个协议组成。

在 Internet 层，IP 协议封装的数据报文能够被路由器从一个子网传送到另一个子网，故称 IP 协议是可路由的协议；IP 数据报的路由称为 IP 路由。通过配置路由器，使 IP 数据报在路由器之间传送并到达目标网络，与之相关的配置称为 IP 路由配置。

6.1.2　TCP/IP 各层协议简介

TCP/IP 实际上是许多具体协议的总称，这些协议适用于连接不同的网络系统，包括局域网和广域网。下面对各层的主要协议进行简单介绍。

1．应用层

TCP/IP 的应用层与 OSI 参考模型的应用层、表示层、会话层相对应，除了 HTTP 协议外，还有以下主要协议。

Telnet：远程登录协议，通过网络提供远程登录的终端仿真服务。

FTP：文件传输协议，用以进行交互式文件传输。

SMTP：简单邮件传输协议，用来在网络上传送电子邮件。

DNS：域名服务，用来把主机域名解析成 IP 地址。

NFS：网络文件系统，允许网络上的其他机器共享主机目录。

2．传输层

传输层提供端到端的数据传送服务。TCP/IP 协议中的传输层协议包括传输控制协议（TCP）和用户数据报协议（UDP），其中，TCP 提供面向连接的服务，UDP 提供无连接数据报传输服务。该层与 OSI 参考模型的传输层相对应。

（1）TCP 协议。TCP 面向高层应用提供了全双工的、确认重传的、带控制流的传输服务，它允许数据报无差错、可靠地传到目标主机。TCP 可同时支持不同高层协议的应用。

（2）UDP 协议。UDP 在传输层上提供无连接的数据报传输，它不保证数据报一定能够到达目标主机，即不能解决报文丢失、重复、失序和流控等问题。传输的可靠性依靠应用层的协议来保证。UDP 本身忽略可靠性，而优先考虑传输速度问题，因此其传输速率较 TCP 高。

3．网际层（Internet 层）

网际层由 IP 和 ICMP 等协议组成。IP 协议和 TCP 协议是 TCP/IP 协议族的核心。网际层对应于 OSI 参考模型的网络层。IP 协议的主要功能是屏蔽所有低层的具体细节，向上层提供统一的通信服务，具体包括网络编址、无连接数据报传送、数据报路由、差错处理、阻塞控制、点到点传输等，其中的核心是数据报路由。IP 协议的特点是使用 IP 地址用于标识计算机所属的网络及主机号，以确定计算机的位置，实现寻址。

此外，地址解析协议（ARP）和逆向地址解析协议（RARP）也是该层两个较为重要的协议。前者用来把 IP 地址映射成主机的物理地址，即媒体访问控制地址 MAC，使得数据报能最终到达目标主机；后者则相反，用来把物理地址映射成 IP 地址，如无盘工作站 IP 地址的获取，就是 RARP 的具体应用。

由于要与物理地址打交道，因此也可认为 ARP 和 RARP 协议是跨越网络接口层和网际层的协议。

4. 网络接口层

这一层在 TCP/IP 模型中没有实质性的内容，是该模型的一个缺陷。该层对应于 OSI 参考模型的物理层和数据链路层，可参考 OSI 参考模型中这两层的协议。物理层定义了数据传输设备的硬件特性，包括机械和电气特性等。数据链路层的作用是使数据能在物理层提供的链路上可靠地传输。

TCP/IP 与 OSI 七层模型的对比如表 6.1 所示。

表 6.1 TCP/IP 与 OSI 七层模型的对比

OSI 七层模型	TCP/IP
第七层：应用层	应用层 FTP、Telnet、SMTP、SNMP、NFS 等
第六层：表示层	
第五层：会话层	
第四层：传输层	传输层 TCP、UDP
第三层：网络层	网际层 IP 路由协议，如 RIP、ICMP、ARP、RARP 等
第二层：数据链路层	网络接口层
第一层：物理层	

6.2 路由协议与 IP 路由配置

在网际层传输的数据报，欲到达不同网络的目标主机，则必含有到达目标的路由信息。路由信息的获取，是联网设备路由器的功能。路由器必须知道网络上的路由信息，即怎样到达目标网络，才能对数据报的传输路径做出正确的选择。

对于简单的网络，可以手工指定到达目标网络的路径，这称为静态路由配置；对于复杂的网络，则必须通过对路由器配置路由协议来实现路由选择，这称为动态路由配置。在使用 IP 协议的网络中所做的静态路由配置和动态路由配置统称 IP 路由配置。

6.2.1 路由协议及其作用

路由协议是指通过使用不同的路由算法来选择最优路由的协议，全称为路由选择协议。它控制路由表的自动生成，使路由器相互交换网络上的路由信息。常用的路由协议有 RIP、IGRP、OSPF、BGP、EGP 等。

在 Internet 上，路由协议使路由器交换路由信息，及时动态更新路由表中的路由项，以保证路由表中的路由信息是最新的。当遇到线路故障、路由器设备故障或者新的路由器加入等网络环境的变化时，路由协议都会及时地更新路由表，以保证路由表的正确。

Cisco 路由器可路由的网络协议包括在 Internet 和局域网上使用最广泛的协议 TCP/IP，以及 IPX、DECnet、AppleTalk 等。TCP/IP 支持的路由协议称为 IP 路由协议，是本书主要讨论的对象。

▶ 1．网络协议与路由协议的关系

网络协议是在网络中进行传输、通信和路由的协议，如 TCP/IP 协议族中应用层、传输层和网际层的协议；路由协议是一些用来进行某种路由选择算法的协议。网络协议是通过路由协议进行传输的。

▶ 2．内部路由协议与外部路由协议

因为 Internet 的规模巨大，如果要求所有的路由器都知道到达所有网络的路径，则将使得其路由表太大，处理所需要的时间太长，这样做是不现实的。现实的做法是将 Internet 划分为若干个较小的单位，这些单位称为自治域系统（Autonomous System，AS）。一个 AS 也是一个互联网络，在 AS 内部的路由器，只要知道本 AS 中各目标网络怎样到达即可；而在 AS 之间，则通过 AS 边界上的路由器交换路由信息，这样就可提高路由的效率。用在 AS 内部的路由协议称为内部路由协议，而用在 AS 边界路由器上的路由协议称为外部路由协议。

（1）内部路由协议（Interior Router Protocol）。内部路由协议在早期的 RFC 文档中称为内部网关协议（Interior Gateway Protocol，IGP），这里的网关指的就是路由器。内部路由协议是在一个自治域系统内部使用的路由协议，如 RIP、OSPF 和 IGRP 协议。不同的自治域系统可以随意选择不同或相同的内部路由协议。

（2）外部路由协议（External Router Protocol）。外部路由协议在早期的 RFC 文档中称为外部网关协议（External Gateway Protocol，EGP），当数据报要跨越不同的自治系统传输时，在一个自治域系统的边界上，需要使用某种路由协议把路由选择信息传递到另一个自治域系统中，这种路由协议称为外部路由协议。现在使用最多的外部路由协议是 BGP。

Internet 自治域系统的划分和管理由 Internet NIC 统一进行，按 IP 地址范围划分为许多自治域系统并分给世界上不同的机构。

边界网关路由协议（Border Gateway Protocol，BGP）的详情请参阅有关 RFC 文档的内容，本节主要详细讨论常用的内部路由协议。

内部路由协议按照其算法的不同，分为距离矢量（Distance Vector）算法、链路状态（Link State）算法和混合（Hybrid）算法 3 种。

路由信息协议（Routing Information Protocol，RIP）和内部网关路由协议（Interior Gateway Routing Protocol，IGRP）是采用距离矢量算法的路由协议。RIP 只以跳数作为

计算度量标准，数据报经过每一个路由器称为"一跳"，到目标的跳数越少，就说明路径越优。IGRP 则采用多个参数作为计算度量标准，如带宽、延迟、负载、可靠性及最大传输单元（MTU）。该协议由 Cisco 公司开发。

开放最短路径优先（Open Shortest Path First，OSPF）协议则是典型的基于链路状态算法的路由协议。OSPF 可以将网络分成不同的区域并作用在这些区域中，这些区域也称为自治域系统（与对整个 Internet 划分自治域系统的做法类似，这里是把自治域系统再划分为更小的多个系统）。当源地址与目标地址在同一个区域时，使用域内路由选择；在不同区域时，使用域间路由选择。增强型内部网关路由协议（Enhanced IGRP，EIGRP）则同时吸收了距离矢量路由协议和链路状态路由协议的优点，对 IGRP 做了大量的改进，是 Cisco 公司于 20 世纪 90 年代初发布的协议。

6.2.2　选择路由协议的注意事项

配置路由器选择路由协议时，应注意以下几点：

（1）在拨号网络上使用静态路由。

（2）在小型网络上数据量不大且不需要高可靠性的情况下，可使用静态路由或 RIP 路由。在大型网络上则应使用 OSPF、EIGRP。

（3）在含有变长子网掩码（VLSM）的网络且子网不连续（被其他网络隔开）的情况下，不能使用 RIP 版本 1 和 IGRP，可以使用 RIP 版本 2、OSPF 或 EIGRP。

（4）在系统稳定后，使用 OSPF 和 EIGRP 所占的带宽比 RIP 和 IGRP 少得多，使用 IGRP 所占的带宽比 RIP 也少。

（5）在可靠性要求高的情况下，应综合使用动态路由、静态路由、默认路由，以保证路由的冗余。

6.3　IP 数据报的寻址与 IP 地址的规定

从 6.2 节的讨论中已经知道，Internet 中对不同目标网络的寻址是通过路由器进行的，路由器通过路由表查找目标网络的地址。那么，地址是如何规定的呢？

根据 OSI 参考模型，标识网络中的主机（计算机或其他网络设备）可使用两种地址，即 MAC 地址和网络地址。MAC 地址用于在数据链路层的通信，是网卡的物理地址；而网络地址则是用于确定主机位置的逻辑地址。在 TCP/IP 网络中，数据报能通过 IP 地址找到目标主机。在 Internet 上，从源主机发出的 IP 数据报根据所携带的目标主机的 IP 地址信息寻址，并通过 ARP 完成目标 IP 地址与 MAC 地址的映射，在数据链路层封装 MAC 地址成为数据帧，数据帧根据 MAC 地址找到目标，最终完成数据通信。

MAC 地址固化于网卡中，用于标识网络设备，控制对网络介质（双绞线、光纤等）的访问。每块网卡都具有唯一的 MAC 地址。

网络地址又称逻辑地址，通常用网络号和主机号两部分表示，用于在网络层（OSI 参考模型）或网际层（TCP/IP 模型）标识网络或该网络中的设备。不同网络层协议中，网络地址的表示不同。

6.3.1 MAC 地址、IPX 地址与 IP 地址的表示

1. MAC 地址

802 标准规定 MAC 地址为 6Byte（48bit）或 2Byte（16bit），实际通用的为 6Byte。书写时常用十六进制表示，用两个十六进制数表示一个字节，如 00 00 F4 D6 C7 A2 就代表一个 MAC 地址。

2. IPX 地址

IPX 地址为 80bit，其中高 32bit 用于识别网络，为网络号；低 48bit 用于标识节点（主机），为节点号。书写时，通常用 20 个十六进制数来表示。

3. IP 地址

IP 地址为 4Byte（32bit），通常用十进制数来表示，每个字节间用句点"."分开，这种表示方法称为点分十进制表示法，如 192.168.53.125 就是一个 IP 地址。

一个 IP 地址分为网络号和主机号两部分。网络号表示主机所在的网络编号，主机号则表示主机在所在网络中的地址编号。

6.3.2 IP 地址与子网掩码

1. IP 地址的分类

为了便于管理和合理利用资源，适应不同大小的网络需求，最先由美国国防数据网络信息中心把 IP 地址分为 5 类，即 A、B、C、D 和 E 类。其中，D 类用于多点广播（组播），E 类用于保留研究使用，因此常用的 IP 地址为 A、B、C 三类，如表 6.2 所示。

表 6.2　IP 地址的分类

类别	网络号 N，主机号 H	N1 取值		N2/N3/H2/H3 取值		H4 取值	
		二进制	十进制	二进制	十进制	二进制	十进制
A	N1.H2.H3.H4	00000000～01111111	0～127	00000001～11111111	0～255	000000000～11111110	1～254
B	N1.N2.H3.H4	10000000～10111111	128～191	00000001～11111111	0～255	000000000～11111110	1～254
C	N1.N2.N3.H4	11000000～11011111	192～223	00000001～11111111	0～255	000000000～11111110	1～254

2. 特殊的 IP 地址

在 IP 地址中，有的被保留作为内部网络专用，有的具有特殊的含义，有的具有特殊的用途。

（1）保留地址。Internet 的保留地址主要作为内部网络使用，包括 A 类地址 10.0.0.0，B 类地址 172.16.0.0～172.31.0.0、169.254.0.0～169.254.255.254（微软保留地址块），C

类地址 192.168.0.0～192.168.255.0。

（2）网络地址（"0"地址）。主机号全为 0 的 IP 地址表示某网络号的网络本身，如 IP 地址 123.23.23.0 表示 A 类网络 123.23.23.0。若主机试图在本网内通信，但又不知道本网的网络号，就可以用"0"网络号代替。

（3）广播地址。主机号各位全为 1 的 IP 地址表示广播地址。广播是指同时向网上所有的主机发送报文，如 123.23.23.255 就是 C 类地址中的一个广播地址，代表网络 123.23.23 中的所有主机。

地址 255.255.255.255 代表本网广播或称本地广播。规定 32bit 全为 1 的 IP 地址用于本网广播，代表本网中的所有主机。

（4）环回地址。A 类网络地址的第一段十进制数值为 127，是一个保留地址，如 127.1.11.13 用于环路反馈测试、网络阻塞判断、本地机进程间的通信等。

（5）全"0"地址。整个 IP 地址全为 0 代表一个未知的网络，在路由器的配置中，用于默认路由的配置。

▶3. 子网掩码

为了确定 IP 地址的哪部分代表网络号，哪部分代表主机号，以及判断两个 IP 地址是否属于同一个网络，就产生了子网掩码的概念。

子网掩码也采用 32bit 的二进制位来表示。当掩码为 1 时，该位对应的 IP 地址位为网络地址位；当掩码为 0 时，该位对应的 IP 地址位为主机地址位。子网掩码给出了整个 IP 地址的位模式，其中的 1 对应网络号部分，0 对应主机号部分，应用中也采用点分十进制来表示。

例如，某 B 类地址子网掩码为 16 位 1，该子网掩码用二进制表示为 11111111 11111111 00000000 00000000，用点分十进制表示为 255.255.0.0。

假如 IP 地址是 172.16.1.100，与子网掩码合写在一起的两种十进制表示方法如下：

➤   172.16.1.100 255.255.255.0。
➤   172.16.1.100/16，/16 是子网掩码的另外一种表示方法，称为网络前缀或前缀长度，表示 IP 地址中前 16 位为网络号，也表示子网掩码中前 16 位为 1。

原始的按分类使用 IP 地址的方式称为有类编址，有类 IP 地址意味着网络地址可由第一组二进制 8 位数的值来确定，或者更准确地说，网络地址由 IP 地址的前 3 位来确定，第一位为 0 的是 A 类，前 8 位代表网络地址，子网掩码为 11111111 00000000 00000000 00000000；前 2 位为 10 的是 B 类，前 16 位代表网络地址，子网掩码为 11111111 11111111 00000000 00000000；前 3 位为 110 的是 C 类，前 24 位代表网络地址，子网掩码为 11111111 11111111 11111111 00000000。

简单地说，有类编址从 IP 地址中就能够知道网络地址和子网掩码。路由器在处理时不必附带子网掩码信息，这称为有类路由。

有类编址缺乏灵活性，使得 A 类、B 类网络包含的 IP 地址数太多，而 C 类网络包含的 IP 地址数又可能太少。

6.3.3　无类域间路由与变长子网掩码

1993 年，IETF 引入了无类域间路由（Classless Inter Domain Routing，CIDR）这一概念。CIDR 有以下作用：

➤ 允许更灵活地使用 IPv4 地址空间。

➤ 允许前缀聚合，这样就缩小了路由表。

对于采用 CIDR 的路由器，地址类别就会变得没有意义。因为该概念涉及子网掩码或者网络前缀的长度是可以改变的，所以 IP 地址的网络部分由网络子网掩码或者前缀长度（如/8、/20）来确定，也就是说网络地址不再由地址所属的类来确定。

这样，我们就可通过任意前缀长度（如/8、/9、/10 等）更加有效地分配地址空间，而不必局限于/8、/16 或/24 子网掩码。网络的 IP 地址段可以针对用户的具体需要加以分配，小到只有两台主机，大到拥有数百、上千台主机。

这类改变网络前缀长度的操作称为可变长子网掩码（Variable Length Subnet Masking，VLSM）。

▶ 1. 子网与超网

A、B、C 类地址的前缀长度分别为 8、16、24，如果增加前缀长度，就会把一个网络分成多个更小的网络；反之，就会把多个网络汇聚为一个更大的网络。

（1）子网。所谓子网就是一个网络分成的若干个较小的网络。例如，把一个 C 类网络划分为 30 个较小的网络，每一个较小的网络就是一个子网。

划分子网后，可以提高 IP 地址的利用率，可以减少在每个子网上的网络广播信息量，可以使互联网络更加易于管理。

划分子网后，网络中数据报的寻址就变成了分级寻址的情况，即先由干路上的 Internet 路由器根据网络号定位到目的网络，再由连接子网的路由器根据扩展网络号进一步定位到目的网络中的子网络，而子网间的通信则不经过干路上的路由器，使得干路上路由器的路由表能得到简化，提高工作效率。

划分子网后，可以认为 IP 地址分为网络地址、子网地址及主机地址 3 部分；当网络不使用子网时，不使用子网地址，只使用网络地址和主机地址两部分。

创建子网时，可用主机地址的总数目会减少。要确定子网掩码，首先应确定传输 IP 信息流的子网个数，然后再确定能够容纳子网个数的最小子网掩码长度，在确定子网个数时，一般不使用包含全 0 或全 1 的子网地址，因为前者的网络地址形式与未划分子网时的原网络地址形式相同；后者的广播地址形式与未划分子网时的原网络的广播地址形式相同。但实际使用时，如在路由器上配置地址时，是可以使用这两个子网的。

若要划分为 254 个子网，则前缀长度变为 24bit，表示为 11111111 11111111 11111111 00000000 或 255.255.255.0，即把原来代表 8bit 主机号的 8 个 0 改成了 8 个 1。

为便于参照说明，下面仍然使用有类编址的做法对某个 B 类和 C 类网络划分子网，则其前缀长度、子网掩码、子网的个数、每个子网的主机数等关系如表 6.3 所示。

表6.3　B类和C类网络的子网

前 缀 长 度	子 网 掩 码	有效子网数	主 机 位 数	主 机 数
16（B类地址）	255.255.0.0（B类掩码）	0	16	65534
18	255.255.192.0	2	14	16382
19	255.255.224.0	6	13	8190
20	255.255.240.0	14	12	4094
21	255.255.248.0	30	11	2046
22	255.255.252.0	62	10	1022
23	255.255.254.0	126	9	510
24	255.255.255.0	254	8	254
25	255.255.255.128	510	7	126
26	255.255.255.192	1022	6	62
27	255.255.255.224	2046	5	30
28	255.255.255.240	4094	4	14
29	255.255.255.248	8190	3	6
30	255.255.255.252	16382	2	2
24（C类地址）	255.255.255.0（C类掩码）	0	8	254
26	255.255.255.192	2	6	62
27	255.255.255.224	6	5	30
28	255.255.255.240	14	4	14
29	255.255.255.248	30	3	6
30	255.255.255.252	62	2	2

从表6.3可以看出，只要前缀长度相同，则每个子网的主机数（IP地址个数）就相同，与"父"网的类别无关。

① 有效子网个数的计算：

$$有效子网个数 = 2^{网络前缀-父网前缀} - 2$$

实际上，第一个子网和最后一个子网也是可用的，即子网个数就是 $2^{网络前缀-父网前缀}$。

例如，202.1.1.0/30，202.1.1.252/30，前一子网可用地址为 200.10.10.1/30 和 200.10.10.2/30，后一子网可用地址为 200.10.10.253/30 和 200.10.10.254/30。

② 每个子网有效 IP 地址个数的计算：

$$有效 IP 地址个数 = 2^{32-网络前缀} - 2$$

减去 2 是减去子网中代表子网号的 IP 地址和代表广播地址的 IP 地址。例如，202.1.1.0/30 中，地址 202.1.1.0 和 202.1.1.3 分别是该子网的网络地址和广播地址，不能配置给主机或网络设备使用。

③ 网络地址的表示。下面举例说明网络地址的表示。

例如，192.16.136.8 /18 的网络前缀为/18，即在该 IP 地址中，前 18 位为网络地址，后 14 位为主机地址。用二进制表示该 IP 地址为 11000000 00010000 10001000 00001000；其网络地址用二进制表示为 11000000 00010000 10000000 00000000；用十进制表示为

192.16.128.0。

（2）超网。超网是与子网相反的概念，IP 地址根据子网掩码被分为网络地址和主机地址。划分子网，是在某类网络中，"借"用主机地址的位数作为子网的位数，把某个网络分为若干个较小的网络；相反，超网则是把一些较小的网络组合成一个大网络。

例如，有 8 个网络，网络地址从 199.99.168.0/24 递增到 199.99.175.0/24，可以表示为网络 199.99.168.0/21，即 199.99.168.0/21 就是一个超网，这种 IP 地址的编址方式称为超网编址。

2. 路由总结与无类域间路由

（1）路由总结。路由总结就是把多个连续或不连续的目标网络汇聚为一个大的网络（超网），作为路由信息发布。采用超网编址后，网络对外部路由的数量就可减少。例如，把 256 个网络地址 192.1.0.0 /24～192.1.255.0/24 分配给一个 Internet 服务供应商（ISP），ISP 再把其分配给 256 个最终用户，则这 256 个最终用户属于超网（域）的内部。该超网的全部地址构成一个域，该 ISP 到内部最终用户的路由有 256 条，是域内路由；该 ISP 作为一个整体，与其他域之间通信时，其路由称为域间路由，这时路由器会把这 256 条路由总结为一条路由信息 192.1.0.0/16 发送给其他的 ISP，其他 ISP 的路由器到本网的路由表就只有一个路由表条目，这样就简化了路由表。

（2）无类域间路由。从子网和超网编址的表示方式上就可以看出，最初的 A、B、C 类地址的分类界线已不存在，是一种不区分类型的编址方式，故称为"无类型"；把超网作为一个整体（域）来完成不同超网之间的寻址，称为"域间路由"，将两者合起来称为无类域间路由。

3. 可变长子网掩码

按类划分 IP 地址时，默认的子网掩码长度为 A 类 8bit，B 类 16bit，C 类 24bit。使用子网或超网后，子网掩码的长度就会改变，在使用这类 IP 地址的网络之间路由数据报时，就需要启用支持可变长子网掩码的路由协议，如 RIP 版本 2、OSPF、EIGRP 等。

例如，使用广域网线路连接两个路由器的两个串口时，每一个串口上要分配一个相同网络号的 IP 地址，路由器广域网口的 IP 地址如图 6-1 所示。

图 6-1　路由器广域网口的 IP 地址

该 IP 地址由 ISP 提供给用户 USER。如果不使用变长子网掩码，则只能分配给一个用户，这样占去一个网络号，浪费掉大量 IP 地址；使用可变长子网掩码后，则可把一个 C 类网络号的 IP 地址分配给 62 个用户使用。

例如，若 ISP 把 C 类网络号 202.1.1.0（默认子网掩码前缀长度 24bit）中的 IP 地址 202.1.1.5 分配给用户 Router1 的广域网串口使用，把 IP 地址 202.1.1.6 分配给自己 Router2 的广域网串口使用，则该网络号中其余 252 个 IP 地址就会浪费。

但若使用 30bit 前缀，则该 C 类网络就被分成了 62 个子网，子网号分别为 202.1.1.4，202.1.1.8，…，202.1.1.248；子网掩码均为 255.255.255.252。每个子网中有两个可用的 IP 地址，正好供两个路由器的串口使用。例如，子网 202.1.1.4 中，可用的 IP 地址为 202.1.1.5 和 202.1.1.6；子网 202.1.1.8 中，可用的 IP 地址为 202.1.1.9 和 202.1.1.10。

6.4 路由器的 IP 地址配置

一般情况下，路由器的接口需要配置 IP 地址。

6.4.1 IP 地址配置规则

路由器的接口连接着某个网络。路由器是网络层的设备，其接口通常要用网络地址来标识；在 IP 网络中，就用 IP 地址来标识。路由器的某接口连接到某网络上，则其 IP 地址的网络号和所连接网络的网络号应该相同，具体要遵循如下规则：

➢ 一般，路由器的物理网络接口通常要有一个 IP 地址（无编号网络除外）。
➢ 相邻路由器的相邻端口地址必须在相同子网上。
➢ 同一路由器的不同端口地址在不同的子网上。
➢ 除了相邻路由器的相邻端口外，相邻路由器的非相邻端口的地址通常不在同一个子网，若在同一个子网，称为网络重叠，需要配置重叠地址转换才能相互访问。

6.4.2 IP 地址配置

在路由器的诸多配置中，最多和首先遇到的就是对其端口配置 IP 地址。无论是局域网端口还是广域网端口，IP 地址的配置方式都是相同的。

为某端口设置 IP 地址，首先应进入接口配置模式：

```
Router(config)# interface type slot/number
```

1. 一个端口配置一个 IP 地址

```
Router(config-if)# ip address ip-address mask
```

其中，*ip-address* 为具体的 IP 地址，*mask* 为子网掩码，用来识别 IP 地址中的网络地址位数。

2. 一个端口配置多个 IP 地址

```
Router(config-if)# ip address ip-address mask secondary
```

其中，secondary 参数使每一个端口可以支持多个不同子网的 IP 地址。可以重复使用该命令指定多个 secondary 地址，secondary IP 地址可以用在多种情况下。例如，在同一端口上配置两个以上的子网 IP 地址，可以用路由器的一个端口来实现连接在同一个局域网上的不同子网之间的通信。

Cisco 路由器默认不允许从某一个物理端口进来的同一个 IP 报文又从原端口发送出去，即 IP 数据报的重定向功能是禁用的。如果要实现连在路由器同一端口的不同子网之间的通信，必须再启用 IP 重定向功能，在端口配置模式下使用命令 ip redirect：

```
Router(config-if)# ip redirect
```

该命令表示允许由同一端口进入路由器的 IP 报文由原端口发送出去。

3. 无编号 IP 地址（IP unnumbered Address）

若使用专线或者虚拟专用网络成对连接路由器串口，则可使用匿名联网技术，不需为路由器串口配置 IP 地址。

在 Cisco 路由器上实现时，按如下步骤配置：

（1）先指定一端口的 IP 地址，如 Loopback 接口的 IP 地址。

```
Router(config)# interface l 0
Router(config)# ip address 198.88.4. 4  255.255.255.255
```

（2）在广域网串口 Serial0 上使用无编号 IP 地址。

```
Router(config)# interface serial 0/0
Router(config-if)#ip unnumbered l0
```

本例可以理解为，使用无编号 IP 地址时，路由器上的串口 Serial0 从另一个端口 Ethernet0 "借"用了一个 IP 地址来进行点对点链路的通信。因此，在指定 unnumbered 端口时，另外的那个端口不能也是 unnumbered 端口，而必须是一个配置了 IP 地址的端口。

6.5 IP 路由配置

IP 路由是指在 IP 网络中，选择一条或数条从原地址到目标地址的最佳路径方式或过程，有时也指该路径本身。IP 路由配置就是在路由器上进行某些操作，使其能够完成在网络中选择路径的工作。

配置路由的方式有 3 种，分别为静态路由配置、动态路由配置、默认路由配置。

6.5.1 路由配置的方式

1. 静态路由

通过手工配置路由表项，指定每条路由线路而得到的路由称为静态路由。

静态路由的特点如下。

➢ 安全性高，每条路由均由管理员指定，不会"节外生枝"，因而具有较高的安全性。

> ➤ 静态路由不向外广播路由信息，路由不能自动更新。
> ➤ 默认情况下，静态路由所选路径与动态路由所选路径相比，路由器会优先采用前者。
> ➤ 由于要配置到达所有目标的路径，对规模较大、较为复杂或者易变化的网络环境，不能使用静态路由配置。

2. 动态路由

通过路由器按指定路由协议在网上广播和接收路由信息，通过路由器之间不断交换的路由信息动态地更新和确定路由表项，这种获取目标路径的方式称为动态路由。

动态路由的特点如下。

◇ 路由表项自动生成。路由器由所配置的路由协议自动选择寻址路径。

◇ 路由表项自动更新。如果网络的拓扑发生了变化，路由器能自动对路由进行更新，选择出新的最优路径。

◇ 安全性靠相关协议的加密认证来保证。由于路由动态生成，如无其他安全措施，易被"路由欺诈"，故通常要采取安全认证措施。

由于是自动、动态生成路由表项，所以动态路由配置适合复杂的网络环境。

3. 默认路由

为了进一步简化路由表，或者在不知道目标网络地址的情况下，可以配置默认路由。在某路由器上配置默认路由，是告诉到达该路由器上的数据报去往哪个目标，下一跳目标该去到哪里或者该从当前路由器的哪个接口出去。也就是说，默认路由会送出到达该路由器的任何数据报。

静态路由、动态路由和默认路由这 3 种方式可以单独或综合配置使用。路由配置完成后，默认情况下，静态路由和默认路由会同时出现在路由表中，但是只有在某目标网络无静态路由和动态路由时，默认路由才被执行。

6.5.2 配置静态路由

在全局配置模式下，建立静态路由的命令格式如下：

```
Router(config) # ip route network netmask {address | interface-id}
[distance]
```

其中，

network：所要到达的目标网络（子网）地址。

netmask：子网掩码。

address：下一跳 IP 地址，即相邻路由器的相邻端口地址。

interface-id：本路由器连接下一跳相邻路由器的接口，即数据报的送出接口。

distance：管理距离，默认值为 1。

注意：配置静态路由时，输入本路由器的送出接口名或下一跳路由器的 IP 地址均可，在输入下一跳地址的情况下，路由器会据此地址的网络号查出本路由器的送出接口，即静态路由必须具有活动的送出接口才会被添加到路由表中。

任务 6-1 配置静态路由

【主要设备】

Cisco 2800 路由器 3 台，2960 交换机 3 台，计算机 3 台。

【网络拓扑】

按照如图 6-2 所示连接网络。

图 6-2 配置静态路由

【具体要求】

通过配置静态路由，使任意两台计算机或路由器的任意接口之间都能互相通信。

【操作步骤】

1. 配置路由器各接口 IP 地址并激活接口

以对 R1 的 s0/0 接口的配置为例，命令如下：

```
Router(config)#hostname R1
R1(config)#
R1(config)#interface s0/0
R1(config-if)#ip address 11.1.1.1 255.255.255.0
R1(config-if)#no shutdown
```

其余接口的配置请读者自己完成。

2. 在 DCE 接口上配置时钟

在实验室环境下，必须在 DCE 电缆一端的路由器接口上配置时钟，本实验需要在两个端口上配置（假定 R1 的 s0/0 端口为 DCE 端，R3 的 s0/1 端口为 DCE 端，则这两个端口都需要配置时钟）。

```
R1(config-if)#clock rate ?
Speed (bits per second)
1200  2400  4800  9600  19200  38400  56000  64000  72000  125000
```

```
128000  148000  250000  500000  800000  1000000  1300000  2000000
4000000
```

从以上数字中选择其中一个作为时钟频率。

其余路由器的时钟配置请读者自己完成。

3. 配置静态路由

配置 R1 的静态路由：

```
R1(config)#ip route 11.1.2.0 255.255.255.0 s0/0 | 11.1.1.2
                      //分别使用送出接口或下一跳地址两种方式配置静态路由
R1(config)#ip route 192.168.2.0 255.255.255.0 s0/0 | 11.1.1.2
R1(config)#ip route 192.168.3.0 255.255.255.0 s0/0 | 11.1.1.2
```

配置 R2 的静态路由：

```
R2(config)#ip route 11.1.1.0 255.255.255.0 s0/0 | 11.1.2.2
R2(config)#ip route 192.168.1.0 255.255.255.0 s0/0 | 11.1.2.2
R2(config)#ip route 192.168.3.0 255.255.255.0 s0/0 | 11.1.2.2
```

配置 R3 的静态路由：

```
R3(config)#ip route 192.168.1.0 255.255.255.0 s0/0 | 11.1.1.1
R3(config)#ip route 192.168.2.0 255.255.255.0 s0/1 | 11.1.2.1
```

配置计算机的 IP 地址、子网掩码和默认网关：

IP 地址和子网掩码按图 6-2 所示参数进行配置。

PCa 的默认网关为 192.168.1.1。

PCb 的默认网关为 192.168.2.1。

PCc 的默认网关为 192.168.3.1。

4. 测试配置

（1）特权执行模式下使用 show ip route 命令查看路由表，如查看 R1 的路由表：

```
R1#show ip route
```

使用转发接口方式配置静态路由的路由表：

```
Codes:C - connected, S - static, I - IGRP, R - RIP, M - mobile, B - BGP
      D - EIGRP, EX - EIGRP external, O - OSPF, IA - OSPF inter area
      N1 - OSPF NSSA external type 1, N2 - OSPF NSSA external type 2
      E1 - OSPF external type 1, E2 - OSPF external type 2, E - EGP
      i - IS-IS, L1 - IS-IS level-1, L2 - IS-IS level-2, ia - IS-IS
      inter area
      * - candidate default, U - per-user static route, o - ODR
      P - periodic downloaded static route
Gateway of last resort is not set

     11.0.0.0/24 is subnetted, 2 subnets
C       11.1.1.0 is directly connected, Serial0/0
S       11.1.2.0 is directly connected, Serial0/0
```

```
C    192.168.1.0/24 is directly connected, FastEthernet0/0
S    192.168.2.0/24 is directly connected, Serial0/0
S    192.168.3.0/24 is directly connected, Serial0/0
```

使用下一跳地址方式配置静态路由的路由表（注意与上述方式对比）：

```
Codes:C - connected, S - static, I - IGRP, R - RIP, M - mobile, B - BGP
      D - EIGRP, EX - EIGRP external, O - OSPF, IA - OSPF inter area
      N1 - OSPF NSSA external type 1, N2 - OSPF NSSA external type 2
      E1 - OSPF external type 1, E2 - OSPF external type 2, E - EGP
      i - IS-IS, L1 - IS-IS level-1, L2 - IS-IS level-2, ia - IS-IS
      inter area
      * - candidate default, U - per-user static route, o - ODR
      P - periodic downloaded static route
Gateway of last resort is not set   //没有配置默认路由


     11.0.0.0/24 is subnetted, 2 subnets
C      11.1.1.0 is directly connected, Serial0/0
S      11.1.2.0 [1/0] via 11.1.1.2
C    192.168.1.0/24 is directly connected, FastEthernet0/0
S    192.168.2.0/24 [1/0] via 11.1.1.2
S    192.168.3.0/24 [1/0] via 11.1.1.2
```

通过路由表可以发现：

① 静态路由条目由"S"标记，目标网络、下一跳地址或传出接口都是配置时指定的参数，下一跳地址前的 via 是"通过"或"经由"的意思。

② 直接连接条目标记为"C"，连接在同一路由器上的不同网络，路由器能自动识别，称为直接连接或直连路由。用直接指定送出接口生成的静态路由表条目也显示为 is directly connected（直接连接），但并不是直接连接，只是说明数据报经由此接口能够到达目标。

因此，静态路由条目"S 192.168.2.0/24 [1/0] via 11.1.1.2"和"S 192.168.2.0/24 is directly connected, Serial0/0"可分别解读成目标网络 192.168.2.0 经由下一跳地址 11.1.1.2 到达和目标网络 192.168.2.0 经由传出接口 s0/0 到达。

注意："S"条目里的"[1/0]"分别代表静态路由的管理距离值和度量值，直连路由"C"的管理距离和度量值都是 0，不可手动删除或添加。管理距离和度量的意义将在第 7 章中进行介绍。

有时，我们只想查看主要的路由信息，如只查看静态路由，则可使用命令 show ip route static：

```
R1#show ip route static
11.0.0.0/24 is subnetted, 2 subnets
S      11.1.2.0 [1/0] via 11.1.1.2
S    192.168.2.0/24 [1/0] via 11.1.1.2
S    192.168.3.0/24 [1/0] via 11.1.1.2
```

（2）从任意一台计算机 ping 其他计算机的 IP 地址，或 ping 任意路由器任意接口的 IP 地址，都能 ping 通。

（3）列出 R1 的配置文件供读者参考，注意每个"！"下的主命令均应在全局配置模式下输入（默认配置不用输入）。

```
R1#show running-config
Building configuration...
Current configuration : 781 bytes
!
version 12.2
no service timestamps log datetime msec
no service timestamps debug datetime msec
no service password-encryption
!
hostname R1
!
interface FastEthernet0/0
 ip address 192.168.1.1 255.255.255.0
 duplex auto
 speed auto
interface FastEthernet0/1
 no ip address
 duplex auto
 speed auto
 shutdown
!
interface Serial0/0
 ip address 11.1.1.1 255.255.255.0
 clock rate 1000000
!
interface Serial0/1
 no ip address
 shutdown
!
ip classless
ip route 11.1.2.0 255.255.255.0 Serial0/0
ip route 192.168.2.0 255.255.255.0 Serial0/0
ip route 192.168.3.0 255.255.255.0 Serial0/0
!
line con 0
line vty 0 4
 login
```

```
!
end
```

6.5.3　配置默认路由

在全局配置模式下建立默认路由的命令格式如下：

```
Router(config) # ip route 0.0.0.0 0.0.0.0{address |interface}
```

其中，address 与 interface 任选其一，address 为下一跳 IP 地址，即相邻路由器相邻端口的 IP 地址，interface 为本路由器（连接下一跳路由器）的接口。

在上面的命令中，配置 R1 的如下两行：

```
R1(config)#ip route 192.168.2.0 255.255.255.0 s0/0
R1(config)#ip route 192.168.3.0 255.255.255.0 s0/0
```

可用如下的默认路由配置来代替：

```
Router(config)#ip route 0.0.0.0 0.0.0.0 11.1.1.2
```

配置 R2 的如下三行：

```
R2(config)#ip route 11.1.1.0 255.255.255.0 s0/0
R2(config)#ip route 192.168.1.0 255.255.255.0 s0/0
R2(config)#ip route 192.168.3.0 255.255.255.0 s0/0
```

可用如下的默认路由配置来代替：

```
R2(config)#ip route 0.0.0.0 0.0.0.0 11.1.2.2
```

注意：R3 上的静态路由就不需要用默认路由配置来取代，也就是至少要保留一个静态路由配置。

如果同时配置了静态路由和默认路由，则同时作为路由条目添加到路由表中。配置了静态路由的 R1 又配置默认路由后生成的路由表如下所示，S*即代表默认路由：

```
R1#show ip route
……<省略部分信息>
Gateway of last resort is 11.1.1.2 to network 0.0.0.0
                    //默认路由的网关（注意与没有配置默认路由的路由表对照）
    11.0.0.0/24 is subnetted, 2 subnets
C      11.1.1.0 is directly connected, Serial0/0
S      11.1.2.0 is directly connected, Serial0/0
C  192.168.1.0/24 is directly connected, FastEthernet0/0
S  192.168.2.0/24 is directly connected, Serial0/0
S  192.168.3.0/24 is directly connected, Serial0/0
S*   0.0.0.0/0 [1/0] via 11.1.1.2
```

路由器会优先按照静态路由转发数据报，如果静态路由失效，则执行默认路由。

在大型网络中，因为目标网络太多，配置静态路由将变得十分困难。而动态路由配置不需要人工配置目标网络地址，只需要启用动态路由协议和指定本路由器端口所连的网络地址（通告该网络）即可，动态路由配置又叫路由协议配置，将在第 7 章进行介绍。

思考与动手

1．弄清网络协议与路由协议的关系。

2．弄清静态路由与动态路由的异同。

3．理解默认路由的含义，在如图 6-2 所示的网络中，为每个路由器配置默认路由，然后测试各个网段的连通性。

4．弄清子网编址与超网编址方法。

5．在一个 C 类网络中，掩码前缀使用 27bit，试回答如下问题：

（1）分成了多少个子网？

（2）每个子网有多少个可用的 IP 地址？

（3）第一个子网的子网号是什么？

6．在一个 B 类网络中，掩码仍使用 27bit，试回答与第 5 题相同的问题。

7．写出 IP 地址 192.12.5.2 255.255.252.0 的网络号。

8．保留的内部专用地址有哪些？

第 7 章

路由协议及其配置

本章提要

在 IP 网络中使用动态路由配置时，路由器会使用路由协议自动完成路径的选择。不同的路由协议采用不同的路由算法来完成选路工作。采用距离矢量算法的路由协议称为距离矢量路由协议，采用链路状态算法的路由协议称为链路状态路由协议。

引入自治域系统的概念可使路由表得以简化。在自治域系统内使用的路由协议称为内部路由协议，在自治域系统之间使用的路由协议称为外部路由协议。

常用的路由协议有 RIP、IGRP、EIGRP、OSPF 和 BGP 等，其中前 4 个是内部路由协议，最后一个是外部路由协议。

配置路由协议时，需要在全局配置模式下指定所用的协议，进入相应的路由协议配置模式，然后再完成进一步的配置工作。

【学习目标】

（1）学会常用路由协议的配置。
（2）学会路由重分布配置。
（3）学会消除路由环路的方法。

7.1 常用的路由协议

路由器的路由表记录着到达目标网络的路径。路由表中的路由项可由人工指定，设为静态路由和默认路由；若要自动生成并维护路由表项，则需对路由器配置路由协议。由路由协议来为网络中的所有路由器提供网络拓扑结构图，生成并更新路由表。常用的路由协议如下：

- 路由信息协议（RIP）。
- 内部网关路由协议（IGRP）。
- 开放最短路径优先协议（OSPF）。
- 增强型内部网关路由协议（EIGRP）。
- 边界网关路由协议（BGP）。

7.1.1 路由协议的分类

▶ 1. 自治域系统

自治域系统是指共享同一个路由策略网络的集合，自治域有时也称区域。在 Internet 上，使用自治域系统可以简化路由表。在自治域系统内的路由器只需知道本系统内的路由信息即可，不必了解其他自治域的情况。各个自治域之间的通信则通过位于自治域边界的路由器 Ra、Rb 和 Rc 来完成。在自治域内部路由器上运行的路由协议称为内部网关协议，在连接各自治域之间的路由器（边界路由器）上运行的路由协议称为外部网关协议。

▶ 2. 路由协议的分类

按路由协议作用的范围，可把其分为内部网关协议（内部路由协议）和外部网关协议（外部路由协议），这里的网关是以往对路由器的称呼。

路由信息协议 RIP、内部网关路由协议（IGRP）、开放最短路径优先协议 OSPF、增强型内部网关路由协议 EIGRP 属于内部网关协议，而外部网关协议则使用边界网关协议 BGP。

当然，自治域系统的划分也是相对的，整个 Internet 可划分为若干个自治域系统。

按路由协议使用的路由算法，可把其分为距离矢量路由协议和链路状态路由协议。

（1）距离矢量路由协议。距离矢量路由协议（Distance Vector Routing Protocol）通过计算所连接的所有目标网络地址（其他路由器）的距离矢量值（以跳数作为计算标准）来完成路由表的生成，在路由表中记下所有可到达的目标地址及其距离矢量。并且，定时把本路由表的副本传送到相邻的路由器，启用该协议所有的路由器都是如此，使路由信息在路由器之间得以交换。如果网络的拓扑结构发生了变化，在该协议的作用下，各个路由器的路由表都能自动更新。距离矢量路由协议所用的路由算法为 Bellman-Ford，某路由器只了解与之直接相连的路由器和同步直接相邻的路由器的路由信息。某路由项变化时，整张路由表都会被更新。路由信息协议 RIP、内部网关路由协议 IGRP 或其增强型 EIGRP 属于距离矢量路由协议。

（2）链路状态路由协议。链路状态路由协议（Link State Routing Protocol）使用链路状态通告（LSA）获得网络中所有路由器的信息，如路由器的名称、到达目标的路由开销等，各个路由器均拥有整个网络的拓扑结构信息。与距离矢量路由协议不同的是，距离矢量路由协议只获取相邻路由器的网络信息。链路状态路由协议所用的路由算法为最短路径优先（SPT）算法，也称 Dijkstra 算法。链路状态路由协议在更新路由表时，只更新其变化的路由项部分而不更新整张路由表，故能节约带宽；该协议还支持无类域间寻址和路由聚合等。开放最短路径优先协议 OSPF、中间系统到中间系统协议 IS-IS 属于链路状态路由协议。

7.1.2　不同路由协议的特点

▶1. 路由信息协议（RIP）

路由信息协议（Routing Information Protocol，RIP）是第一个出现的内部网关协议，纯粹采用距离矢量算法，目前仍在被广泛使用，适用于比较简单的小型同类网络环境。

RIP 通过广播 UDP 报文来交换路由信息，定时发送路由信息更新。RIP 提供跳数（Hop Count）作为度量来衡量路由的优劣。跳数是指一个数据报到达目标所必须经过的路由器的个数。对于跳数最少的路径，RIP 就认为是最优的路径。RIP 支持的最多跳数为 15，即在源网和目的网间所要经过的最多路由器的数目为 15，跳数 16 视为不可到达。

RIP 的缺点很明显，路由的度量标准过于简单，只考虑了跳数因素。如果有到相同目标的两个不等速或不同带宽的路由，但跳数相同，则 RIP 会认为两个路由是等距离的。而其他因素，如链路带宽、阻塞程度等，对路径优劣的影响甚至大于跳数，因此 RIP 是一个比较简单、"粗糙"的路由协议。

在规模较大的网络中，只支持 15 跳是远远不够的，因此 RIP 只适用于较为简单的网络环境。

定期更新：RIP 通过广播 UDP 数据段来实现路由信息的更新，默认为每隔 30s 进行一次。某路由器如果在 180s 内没有收到目标路由器的响应信息，则认为该目标路由器当前不可到达，在 240s 内若仍无响应，则到达该目标路由器的路由信息就会被从路由表中删除。

触发更新：当网络拓扑发生变化时，RIP 即时发出更新路由信息，以反映网络的变化。

RIP 有两个版本，即版本 1 和版本 2。版本 2 是对版本 1 的改进，版本 1 不支持变长子网掩码，版本 2 则支持。

RIP 可以在 6 条相同开销的路径上进行负载均衡。这里的相同开销是指所选路径的优劣程度相同，即要求跳数相同；负载均衡又叫流量均衡，是指在两条或两条以上路径上的分流路由器之间的通信量，进行负载均衡可避免在单一路径上传送数据的阻塞。RIP 要求参与负载均衡的路径必须是开销相同的路径，条件比较苛刻。

▶2. 内部网关路由协议（IGRP）

内部网关路由协议（Interior Gateway Routing Protocol，IGRP）是 Cisco 公司开发的路由协议，它以 RIP 为基础，但做了重大的改进。它使用带宽、时延、可靠性、负载和最大传输单元 5 个参数作为路由选择的度量标准。IGRP 的主要特点如下。

- ➢ 路由度量标准复杂化，合理性提高。
- ➢ 在网络拓扑变化时能快速地响应。
- ➢ 带宽占用和 CPU 开销降低。
- ➢ 可达目标距离大于 RIP，默认跳数为 100 跳，最大可支持 255 跳。
- ➢ 支持在 6 条路径上进行负载均衡，且不要求这些路径的开销相同。

以上特点也是 IGRP 的优点。IGRP 不使用跳数作为度量标准，但可提供最大 255 跳的路由信息，故在大型网络中得到了较为广泛的应用。

定期更新：默认情况下，使用 IGRP 的路由器每隔 90s 广播一次路由更新信息。若在 270s 后未收到目标路由器的响应，则认为该目标路由器不可到达。若在 280s 后仍无响应，就会禁用到达该目标路由器的路由。若在 630s 后仍无响应，该路由器就会删除有关目标路由器的路由信息。

触发更新：当网络拓扑发生变化时，IGRP 即时发出更新路由信息，以反映网络的变化。

IGRP 使用自治域系统来划分网络，配置 IGRP 协议时需要指明路由器所在地的自治域系统号。

IGRP 的缺点之一是不支持可变长子网掩码。因此，目前已被其改进版增强型内部网关路由协议 EIGRP 取代。

3. 开放最短路径优先路由协议（OSPF）

开放最短路径优先（Open Shortest Path First，OSPF）路由协议是由 Internet 工程任务组（Internet Engineering Task Force，IETF）于 20 世纪 80 年代中期提出的，目的也是为了弥补 RIP 协议的不足，开发一种新的协议来适应复杂的大型异种网络互联的需求。

OSPF 是典型的链路状态路由协议，采用最短路径优先（Shortest Path First，SPF）算法来进行最佳路由的计算。OSPF 目前已成为 Internet 和 Intranet 采用最多、应用最广泛的路由协议之一。现在使用的是 OSPF 协议的第 2 版。

OSPF 可以把网络划分为不同层次的区域，称为一个路由域。一个路由域也可看成一个自治域系统，在同一个路由域中，所有的 OSPF 路由器都维护一个相同的描述这个域结构的数据库，该数据库中存放的是该域中相应链路的状态信息，路由器正是通过这个数据库计算出 OSPF 路由表的。

作为一种链路状态的路由协议，OSPF 将链路状态通告（Link State Advertisement，LSA）传送给在某一区域内的所有路由器，这一点与距离矢量路由协议不同。

当源地址和目标地址在相同区域之内时，OSPF 路由器之间的路由选择称为域内路由选择；当源地址和目标地址在不同区域之内时，OSPF 路由器之间的路由选择称为域间路由选择。

通常，使用区域边界上的高性能路由器来作为域间路由选择的路由器。这些路由器构成的网络称为骨干网，如图 7-1 所示的区域 area0 就是一个骨干网。

OSPF 路由协议提供了不同的网络通过同一种 TCP/IP 协议交换网络信息的途径。作为一种链路状态的路由协议，OSPF 协议的主要特点如下：

➢ 路由器拥有整个网络的拓扑结构信息，路由收敛快速。
➢ 用增量方式更新路由表，即只更新变化的路由表项，节约带宽资源。
➢ 支持可变长子网掩码。
➢ 支持 CIDR 及路由总结（Routing Summary）。
➢ 支持路由信息验证。

图 7-1　骨干网

所有这些优点保证了 OSPF 路由协议能够被应用到大型的、复杂的网络环境中。接下来对有关术语进行简单介绍。

（1）路由器 ID（Router ID）。在 OSPF 里，路由器 ID 用来标识一台路由器。Cisco 的路由器 ID 可以通过以下标准选择。

> router-id 命令配置：这种路由器 ID 拥有最高的优先选择权。

> Loopback 接口地址：如果没有使用命令 router-id 配置路由器 ID，OSPF 路由器就会选择所有 Loopback 接口上 IP 地址数值最大的路由器作为路由器 ID。

> 物理接口地址：如果既没有配置 router-id 命令，也没有 Loopback 接口地址，路由器会选择所有物理接口地址中 IP 地址数值最大的路由器作为路由器 ID。

（2）指定路由器（Designated Router，DR）。如果运行 OSPF 路由器的某个接口连接到多路访问的网络中，如以太网接口，路由器为了让 LSA 的转发更有效率，会在所有连接到同一个多路访问网络的接口中选择一个作为 DR，其他的非 DR 都会先把 LSA 发送到 DR，再由 DR 转发这些 LSA 给其他路由器。这种 LSA 的转发方法可以节省网络资源，更有效率。

（3）备份指定路由器（Backup Designated Router，BDR）。顾名思义，备份指定路由器是当前 DR 的备份，在当前多路访问网络中的 DR 失效时，由 BDR 接替 DR 工作，这样可以防止因为 DR 的失效造成网络的 LSA 更新失败。

（4）路由器优先级（Router Priority）。路由器优先级可以用来选择 DR 和 BDR，默认所有的 OSPF 路由器的优先级是 1，数值越大越优先。如果两个路由器的优先级相同，需要通过比较路由器 ID 的大小来选择 DR 和 BDR。

（5）LSA 泛洪。形成邻接关系的路由器之间会交换 LSA，LSA 主要用来告知其他路由器本地的链路及状态。因为 OSPF 定义了很多链路类型，所以 LSA 的类型也很多。路由器收到一个相邻的 LSA 之后，会将这个 LSA 再转发给其他的邻居，最终这个 LSA 会被整个 OSPF 区域内的所有路由器收到，这个过程就称为 LSA 泛洪。

（6）链路状态数据库（LSDB）。路由器会将所有符合条件的 LSA 保存在 LSA 数据库里。当一个区域内的网络稳定后，区域内的每个 OSPF 路由器所保存的链路状态数据库都是相同的。这个链路状态数据库，对路由器来说就是当前区域的完整网络拓扑图；同时，拓扑里的链路状态也都包含在数据库里。

OSPF 协议用链路开销 COST（Cisco 路由器的 COST 由链路所经接口带宽决定）

作为路由优劣的度量。

（7）计算路由表。当路由器拥有了完整的 LSDB 后，它就会使用 SPF 算法，以自己为根计算到达每个目标网络的最短路径。这就好像一个人站在广州，拿着广东省地图去计算到达省内每个城市的最短路径一样。这里的地图就相当于路由器的链路状态数据库。

当目标网络的最短路径计算出来后，就会将此目标网络放入路由表，这样即可形成 OSPF 的路由表。

▶ 4．增强型内部网关路由协议（EIGRP）

增强型内部网关路由协议（Enhanced Interior Gateway Routing Protocol，EIGRP）即增强型的 IGRP，也是 Cisco 专用的路由协议。它使用了 IGRP 的距离矢量作为度量计算的基础，但采用增量方式更新路由表。因此，EIGRP 可称为混合型路由协议，它兼有距离矢量路由协议和链路状态路由协议的优点。

EIGRP 采用的路由算法为弥补修正算法，或称为 DUAL 算法，它使用相邻路由器发送的 hello 数据报中的维持时间来了解网络拓扑结构的变化。该协议增强了网络的扩展能力，最大跳数可为 224 跳。EIGRP 的主要特点如下：

- ➢ 支持可变长子网掩码。
- ➢ 支持触发式路由表更新，在路由表发生变化时才广播路由信息。
- ➢ 支持路由的自动重新分配，EIGRP 和 IGRP 发现的路由可以彼此自动重新分配给对方。
- ➢ 增强了网络的可扩展能力，最大跳数为 224 跳。
- ➢ 支持多种网络协议。

EIGRP 也使用自治域系统来划分网络，配置 EIGRP 协议时需要指明路由器所在的自治域系统。EIGRP 除了生成和维护路由表外，还生成和维护拓扑表，拓扑表中可以有一条或多条备用路径。

▶ 5．边界网关协议（BGP）

以上介绍了内部网关协议的特点，内部网关协议主要用于自治域系统内部的路由，而外部网关协议则用于自治域系统之间的路由。边界网关协议是常用的外部网关协议，是 Internet 上标准的外部网关协议。

BGP 的前身是 EGP（Exterior Gateway Protocol），BGP 改进了 EGP，使用了可靠的传输协议。这样，BGP 工作起来更为稳定、可靠。

BGP 用来处理两个或多个自治域系统边界路由器之间的路由，这些边界路由器又称核心路由器（Core Route）。通常，这些核心路由器彼此作为邻居，共享路由表信息。

BGP 使用单一度量来决定通往某一个网络的最佳路径。每个网络连接都分配一个数值来标识该连接的优先级。BGP 主要用于 ISP 之间的路由。

7.2 路由协议的配置

配置路由协议是路由器配置中最重要的项目之一，通过启用某种路由协议，完成相应的配置项目，路由器就能自动生成和维护路由表。

7.2.1 RIP 的配置

1. RIP 的配置步骤

（1）在全局配置模式下，指定使用 RIP 协议进入路由协议配置模式。

```
Router(config)# router rip
Router(config-router)#
```

（2）指定参与 RIP 路由的子网。

```
Router(config-router)# network network
```

其中，network 为子网地址，路由器直接连接了多少个子网（网段），就配置多少行。

（3）配置 RIP 的版本，启用版本 2。

```
Router(config-router)# version 2
```

RIP 路由协议有两个版本，即版本 1 和版本 2。RIP 版本 2 支持验证、密钥管理、路由汇总、无类域间路由和变长子网掩码。

Cisco 路由器在与其他厂商的路由器相连时，RIP 版本必须一致。在默认状态下，Cisco 路由器接收 RIP 版本 1 和版本 2 的路由信息，但只发送 RIP 版本 1 的路由信息。

（4）配置被动接口，以停止不需要的更新广播。

```
Router(config-router)#passive-interface interface-id
```

该命令会停止从指定接口发送路由更新。但是，从其他接口发出的路由更新中仍将通告该指定接口所属的网络。所有的路由协议都支持被动接口，用以停止不需要的路由更新广播，减少网络流量。

（5）相关命令查看，在特权执行模式下使用。

```
show ip route          //查看路由表
show ip protocols      //查看路由协议进程参数
```

2. 配置举例

【实例 7-1】 在 DDN 专线连接的两个路由器上配置 RIP 协议，连接如图 7-2 所示的网络 1 和网络 2。若在实验室中进行，则把两个路由器的广域网串口用 DTE 和 DCE 电缆直接连接起来。

（1）Router1 的配置。

① 配置局域网口和广域网口的 IP 地址（读者自己完成，注意图 7-2 中指定的广域网口网络前缀的位数及地址所属的子网）。

图 7-2　配置 RIP 的网络

② 启用 RIP 协议，指定版本号，本实例中指定版本 2。

```
Router1(config)# router rip
Router1(config-router)#version 2
```

③ 指定 Router1 各端口直接相连网络的网络号。

```
Router1(config-router) # network 192.168.1.0
Router1(config-router) # network 202.1.1.4
```

（2）Router2 的配置。请读者参照 Router1 的配置自己完成，注意在实验室环境下必须在 DCE 路由器上配置时钟，在软件 GNS3 模拟路由器环境下也是如此。否则，广域网端口和协议状态都会是关闭的。

（3）测试验证。

① 在各计算机上配置 IP 参数后，相互应该能够 ping 通。

② 使用命令 show route 查看路由表，应该有 "R" 标记的路由表项。

```
R1#show ip route
Codes:C - connected, S - static, I - IGRP, R - RIP, M - mobile, B - BGP
      D - EIGRP, EX - EIGRP external, O - OSPF, IA - OSPF inter area
      N1 - OSPF NSSA external type 1, N2 - OSPF NSSA external type 2
      E1 - OSPF external type 1, E2 - OSPF external type 2, E - EGP
      i - IS-IS, L1 - IS-IS level-1, L2 - IS-IS level-2, ia - IS-IS
      inter area
      * - candidate default, U - per-user static route, o - ODR
      P - periodic downloaded static route
Gateway of last resort is not set
C    192.168.1.0/24 is directly connected, FastEthernet0/0
R    192.168.2.0/24 [120/1] via 202.1.1.6, 00:00:08, Serial0/0
C    202.1.1.0/24 is directly connected, Serial0/0
```

③ 使用调试命令 debug ip routing，查看 RIP 协议生成路由表的过程。debug 是调试命令，用于查看路由器的动态工作过程，如路由表的建立过程、各种协议的执行过程等；而使用 show 命令，查看的则是结果。

```
R2#debug ip routing
IP routing debugging is on          //路由调试开启
R2#
```

```
R2(config)#interface s0/0
R2(config-if)#shutdown
%LINK-5-CHANGED: Interface Serial0/0, changed state to
administratively down
%LINEPROTO-5-UPDOWN: Line protocol on Interface Serial0/0, changed
state to down
//以下显示的是关掉 R2 的 S0/0 接口后，R2 路由表条目的删除过程
RT: interface Serial0/0 removed from routing table
RT: del 192.168.1.0 via 202.1.1.1, rip metric [120/1]
RT: delete network route to 192.168.1.0
RT: NET-RED 192.168.1.0/24
RT: del 202.1.1.0 via 0.0.0.0, connected metric [0/0]
RT: delete network route to 202.1.1.0
RT: NET-RED 202.1.1.0/24
Router(config-if)#no shutdown          //激活该接口，观察路由表的变化
%LINK-5-CHANGED: Interface Serial0/0, changed state to up
Router(config-if)#
%LINEPROTO-5-UPDOWN: Line protocol on Interface Serial0/0, changed
state to up
//以下是路由表条目的建立过程
RT: interface Serial2/0 added to routing table
RT: SET_LAST_RDB for 202.1.1.0/24
    NEW rdb: is directly connected
RT: add 202.1.1.0/24 via 0.0.0.0, connected metric [0/0]
RT: NET-RED 202.1.1.0/24
RT: SET_LAST_RDB for 192.168.1.0/24
    NEW rdb: via 202.1.1.1
RT: add 192.168.1.0/24 via 202.1.1.1, rip metric [120/1]
RT: NET-RED 192.168.1.0/24
```

④ 注意路由表中 RIP 路由条目里的[120/1]，120 是 RIP 管理距离的默认值，1 是度量值。对比静态路由条目中的[1/0]可见数值是不一样的。所有的路由协议及静态路由、默认路由和直连路由都有相应的管理距离和度量值。

7.2.2 管理距离与度量值

路由器使用管理距离和度量值来共同度量路由的优劣并确定是否放入路由表。

1. 管理距离（Administrative Distance）

（1）管理距离的意义。管理距离是路由协议可信度或优先级的量度。

路由器可能从多种途径获得到达同一目标网络的路由，例如，我们可以在实例 7-1 中在 Router1 上再配置一条到达目标网络 192.168.2.0/24 的静态路由或配置其他路由协议，在 Router2 上也做相应的配置。这里假定在 Router1 和 Router2 上各配置了一条静

态路由。

从不同途径获得的路由可能采取相同或不同的路径到达目标网络（实例 7-1 的网络只有一条路径可选），那么，路由器会依据什么来选取路由呢？会把何种路由协议的路由放入路由表让其成为路由表条目呢？我们先来查看路由表：

```
Router1#show ip route
…<省略部分输出>
C    192.168.1.0/24 is directly connected, FastEthernet0/0
S    192.168.2.0/24 [1/0] via 202.1.1.6
C    202.1.1.0/24 is directly connected, Serial0/0
```

经过查看发现原来的 RIP 条目不见了，取而代之的是静态路由条目。

路由器是依据管理距离值来判断不同路由协议的可信度的，值越小，可信度越高，被选为路由表条目的优先级就越高。静态路由的管理距离值为 1，小于 RIP 的 120，所以路由器会选取静态路由放入路由表。此时，RIP 发现的路径只能等候使用，不能成为路由表条目。不同路由协议的管理距离默认值如表 7.1 所示。

表 7.1 不同路由协议的管理距离默认值

路由协议	管理距离
直连路由（直连网络）	0
静态路由	1
BGP（外部）	20
EIRRP（内部）	90
IGRP	100
OSPF	110
RIP	120
EIGRP（外部）	170
BGP（内部）	200

（2）默认管理距离数值的修改。管理距离的数值是可以修改的，例如，在实例 7-1 中配置了静态路由后，要想让 RIP 路由条目进入路由表，有两种方法：一是删除静态路由；二是保留静态路由但修改其管理距离值使其大于 RIP 的管理距离值。

① 静态路由管理距离值的修改：

```
Router1(config)#ip route 192.168.2.0 255.255.255.0 202.1.1.6 121
    //121为指定的新管理距离值,原静态路由默认的值为1,管理距离的取值范围为1~255
```

然后查看路由表，即可看到 RIP 路由条目：

```
Router1#show ip route
…<省略部分输出>
Gateway of last resort is not set
C    192.168.1.0/24 is directly connected, FastEthernet0/0
R    192.168.2.0/24 [120/1] via 202.1.1.6, 00:00:08, Serial0/0
C    202.1.1.0/24 is directly connected, Serial0/0
```

注意：此时 Router2 如果没有修改静态路由的管理距离值，则其路由表中仍是静态路由条目。

```
Router2#show ip route
…<省略部分输出>
C    192.168.1.0/24 is directly connected, FastEthernet0/0
S    192.168.1.0/24 [1/0] via 202.1.1.5
C    202.1.1.0/24 is directly connected, Serial0/0
```

从两端计算机上进行连通性测试,测得网络仍是连通的。

② RIP 和 OSPF 路由协议的管理距离值在路由协议配置模式下使用如下命令进行修改:

```
Router(config-router)#distance ?
<1-255>  Administrative distance
```

③ EIGRP 路由协议则使用如下命令分别修改内部和外部路由管理距离值:

```
distance eigrp distance-for-interna-routes  distance-for-externa-l
routes
```

BGP 的管理距离值修改比较烦琐,读者可以参阅相关资料。

2. 度量值(Metric)

当路由器有多条路径可到达某一目标网络时,路由协议必须判断其中哪一条是最优路径并把它放到路由表中。路由协议会为每一条路由计算出一个数值并用它来度量路由的好坏,这个数值就是度量值。

度量值和管理距离在路由表条目中表示为"[*管理距离/度量值*]"。选择路由条目放入路由表时,路由器先比较管理距离值,把管理距离值小的路由协议发现的路由选中,然后比较这些路由的度量值,度量值越小的路由就越优先被选中放入路由表。

一般在同一种路由协议选择的路径中比较度量值,因为不同路由协议定义度量值的方法不是一样的,计算出的数值不同,没有直接可比性。但如果硬要比较,可以采用如下方法做一个实验。

在实例 7-1 中,把 RIP 的管理距离值改为 1,这样,RIP 路由条目的管理距离就会与静态路由的默认值一样。路由器会把哪条路由放入路由表呢?我们先来查看路由表:

```
Router1#show ip route
…<省略部分输出>
C    192.168.1.0/24 is directly connected, FastEthernet0/0
S    192.168.2.0/24 [1/0] via 202.1.1.6
C    202.1.1.0/24 is directly connected, Serial0/0
```

经过查看发现出现的还是静态路由,这是因为 RIP 的度量值是 1,而静态路由的度量值是 0。

修改静态路由的管理距离为大于 1 的数值,再查看路由表:

```
Router1#show ip route
…<省略部分输出>
C    192.168.1.0/24 is directly connected, FastEthernet0/0
```

```
R    192.168.2.0/24 [1/1] via 202.1.1.6, 00:00:04, Serial0/0
C    202.1.1.0/24 is directly connected, Serial0/0
```

也就是说，在管理距离值相同时，路由器会选择度量值小的路由，而不管它是由哪种路由协议计算出的；管理距离值不同时，路由器会选择管理距离值小的路由，而不管其度量值是多少。

常见路由度量值或其计算依据如表 7.2 所示。

表 7.2　常见路由度量值或其计算依据

路　由　协　议	度量值或其计算依据（参数）
直连路由（直连网络）	0
静态路由/默认路由（用下一跳地址配置）	1
BGP	人工指定
EIRRP	带宽、时延、可信度和负载
IGRP	默认为带宽和时延，可信度、负载和最大传输单元也可选择
OSPF	路径开销
RIP	跳数

其中，RIP 协议的路由度量值等于到达目标网络的跳数，其他动态路由协议的路由度量值需要依据参数按照一定的公式计算得出。

【实例 7-2】　把任务 6-1 的拓扑重画于图 7-3 中，使用 RIP 协议配置路由，连通网络，查看路由表并与任务 6-1 的静态路由表对比。

图 7-3　在网络中配置 RIP

请读者参照实例 7-1 完成配置，若有困难，请参照课件上的实例配置文件 7-2。

7.2.3　EIGRP 的配置

1. EIGRP 的配置步骤

（1）启动 EIGRP 路由协议。

```
Router(config) # router Eigrp autonomous-system-number
                                //使用 EIGRP 协议指定自治域系统号

Router(config-router) #
```

其中，*autonomous-system-number* 为自治域系统号，简称 AS 号。为了交换路由更新信息，运行 EIGRP 的路由器使用相同的 AS 号，属于同一个自治域系统，这样才能彼此交换路由信息。

不同 AS 号的路由器之间若要相互通信，则必须在连接两个 AS 的路由器上配置不同 AS 之间的路由重分布。

（2）指定本路由器参加动态路由的子网。

```
Router(config-router)# network network  //network 为网络地址
```

在只使用一种路由协议的情况下，通常把本路由器全部端口所连的子网都加以指定。EIGRP 只将由 network 指定的子网在各端口中进行传送以交换路由信息，如果不指定子网，则路由器不会将该子网信息广播给其他路由器。

（3）不允许某个端口发送 EIGRP 路由广播信息。

在接口配置模式下，使用如下命令：

```
Router(config-outer)#passive interface interface-id
```

假如在 F0/0 接口连接的以太网中没有别的路由器，则此接口再发送 EIGRP 广播就没有意义且浪费带宽，可用如下命令将其禁用：

```
Router(config-outer)#passive-interface F0/0
                        //禁止路由器 F0/0 接口广播路由信息
```

2. 负载均衡配置

EIGRP 最多可以在两个进行 IP 通信的设备间同时启用 6 条路径，让 6 条路径分担流量，任何一条路径断线都不会影响其他路径的传输，其特点如下：

➢ EIGRP 可以支持非等价负载均衡，最多支持 6 条，默认为 4 条。

➢ 非等价负载均衡功能默认为关闭状态，等价负载均衡默认为开启状态。

➢ EIGRP 只能将拓扑表中的备用链路放入路由表执行负载均衡。

➢ 拓扑表中可能有多条备用链路，而且多条链路的度量值也可能各不相同，当启用非等价负载均衡时，用什么样的度量范围进行负载均衡，需要通过控制度量的变量（Variance）值来定义。

（1）配置是否使用负载平衡功能。

```
Router(config-router) # traffic share balanced|min
```

balanced 表示启用负载平衡，min 表示不启用负载均衡，只用最佳路径。

（2）配置路径间的度量值相差多大时，可以启用负载均衡。

```
Router(config-router) # variance variance
```

variance 的默认值为 1，表示只有每条路径的度量值相同时才能启用负载均衡。

3. 配置举例

【实例 7-3】 在如图 7-2 所示的网络中，配置 EIGRP 路由协议，连通网络。

（1）Router 1 的配置。

① 配置 Router1 各端口的 IP 地址（请读者自己完成）。

② 启用 EIGRP 路由协议，进入路由协议配置模式。

```
Router1(config) # router eigrp 100   //100 为 AS 号
```

③ 指定参与动态路由的子网号。

```
Router1(config-router)# network 192.168.1.0
Router1(config-router)# network 202.1.1.4
```

（2）Router2 的配置。请读者参照 Router1 的配置自己完成，注意在实验室环境中要在 DEC 路由器上配置时钟。

（3）验证配置。在特权执行模式下使用命令 show route 查看路由表，应该有"D"标记的路由表项出现；在各计算机上配置 IP 参数后，相互应该能够 ping 通。

任务 7-1　配置 EIGRP 协议

【主要设备】

Cisco 2800 路由器 3 台，2960 交换机 3 台，计算机 3 台。

【网络拓扑】

按照如图 7-4 所示的拓扑连接网络。

图 7-4　配置 EIGRP 协议

【具体要求】

通过配置 EIGRP 路由协议，使任意两台计算机或路由器的任意接口之间都能连通。

【操作步骤】

▶▶ **1. 配置路由器各接口的 IP 地址、在 DCE 接口上配置时钟、激活接口**

以对 R1 的 s0/0 接口的配置为例，命令如下：

```
Router(config)#hostname R1
R1(config)#
R1(config)#interface s0/0
R1(config-if)#ip address 11.1.1.1 255.255.255.0
R1(config-if)#no shutdown
R1(config-if)#clock rate 1000000
```

其余路由器的配置请读者自己完成。

2. 配置 EIGRP

配置 R1：

```
R1(config)# router eigrp 100
R1(config-router)#
R1(config-router)# network 192.168.1.0
R1(config-router)# network 11.1.1.0
```

配置 R2：

```
R2(config)# router eigrp 100
R2(config-router)#
R2(config-router)# network 192.168.2.0
R2(config-router)# network 11.1.2.0
```

配置 R3：

```
R3(config)# router eigrp 100
R3(config-router)#
R3(config-router)# network 192.168.3.0
R3(config-router)# network 11.1.2.0
R3(config-router)# network 11.1.3.0
```

配置计算机的 IP 地址、子网掩码和默认网关：

IP 地址和子网掩码按图 7-4 所示参数进行配置。

PCa 的默认网关为 192.168.1.1。

PCb 的默认网关为 192.168.2.1。

PCc 的默认网关为 192.168.3.1。

3. 测试验证

（1）从任意一台计算机 ping 其他计算机或路由器的任意地址，均能 ping 通。

（2）特权执行模式下使用 show ip route eigrp 命令查看路由表，如查看 R1 的路由表：

```
R1#sh ip route eigrp
     11.0.0.0/8 is variably subnetted, 3 subnets, 2 masks
D    11.0.0.0/8 is a summary, 00:06:52, Null0
D    11.1.2.0/24 [90/2681856] via 11.1.1.2, 00:06:45, Serial0/0
D    192.168.2.0/24 [90/2684416] via 11.1.1.2, 00:06:45, Serial0/0
D    192.168.3.0/24 [90/2172416] via 11.1.1.2, 00:06:45, Serial0/0
```

7.2.4 OSPF 的配置

1. OSPF 的配置步骤

（1）启用 OSPF 协议。

```
Router(config)# router ospf process-number
```

其中，*process-number* 为 OSPF 路由进程编号，该编号的范围为 1～65535。*process-number* 只在路由器内部起作用，不同路由器的 *process-number* 可以不同。

（2）指定参与 OSPF 路由的子网。指定参与 OSPF 路由的子网号和通配符掩码，并指定该子网属于哪一个 OSPF 路由信息交换区域。

```
Router(config-router)# network network-address wildcard-mask area
area-number
```

其中，*network-address* 是 IP 子网号；*wildcard-mask* 是通配符掩码，这里可暂时视其为子网掩码的反码；*area-number* 为网络区域号，是一个在 0~4294967295 之间的十进制数，也可以用点分十进制的 IP 地址格式来表示。网络区域号为 0 或 0.0.0.0 时为主干区域。

不同网络区域边界的路由器通过主干区域学习路由信息，不同区域交换路由信息必须经过区域 0。如果某一区域要接入 OSPF0 区域，则该区域必须至少有一台路由器为区域边界路由器，该路由器既参与本区域路由又参与区域 0 路由。

（3）路由信息总结配置。如果区域中的子网是连续的，则本区域边界路由器向外传播路由信息时，启用路由汇总功能后，路由器就会将所有连续的子网路由总结为一条路由传播给其他区域，则在其他区域内的路由器看到这个区域的路由就只有一条，这样可以节省路由时所需的网络带宽。对某一区域的子网（多个子网）进行总结，在路由配置模式下的命令格式如下：

```
area area-id range network-id netmask
```

其中，*area-id* 是区域号；*network-id* 是总结后的网络号；*netmask* 是总结后网络的掩码。

（4）查看配置。特权执行模式下使用命令 show ip ospf 显示有关 OSPF 路由进程的一般信息；使用命令 show ip route 查看路由表。

2. 配置举例

OSPF 的配置较为复杂，这里举一个基本的配置实例加以说明。

【实例 7-4】 在如图 7-5 所示的网络中，配置 OSPF 协议，连通网络。

图 7-5　配置 OSPF 的网络

（1）Router1 的配置。

① 配置各接口的 IP 地址和广域网 DCE 接口的时钟。

```
Router1(config)#interface F0/0
```

```
Router1(config-if)#ip address 192.168.1.2  255.255.255.0
Router1(config-if)#no shutdown
Router1(config-if)#interface serial 0/0
Router1(config-if)#ip address 11.1.1.5.  255.255.255.252
Router1(config-if)#no shutdown
Router1(config-if)#clock rate 1000000
```

② 在全局配置模式下配置 OSPF 协议并指定进程号。

```
router ospf 100
```

③ 在路由协议配置模式下指定与 Router1 端口相连的网络号及区域以通告该网络。

```
network 192.168.1.0  0.0.0.255 area 1
network 11.1.1.4  0.0.0.3 area 1
```

注意：通配符掩码是对子网掩码取"反"。

（2）Router 2 的配置。

① 配置各端口的 IP 地址，请读者自己完成，配置时注意掩码的位数。

② 在全局配置模式下配置 OSPF 协议并指定进程，以及指定网络号和区域。

```
router ospf 101
network 192.168.1.0  0.0.0.15 area 1
network 11.1.1.4  0.0.0.3 area 1
network 11.1.1.8  0.0.0.3 area 0
```

Router3 和 Router4 的配置请参照 Router1 和 Router2，由读者自己完成，需要在 DCE 接口配置时钟。

（3）验证配置。使用命令 show ip route ospf 查看路由表：

```
Router1#show ip route ospf
   11.0.0.0/30 is subnetted, 3 subnets
O IA   11.1.1.8 [110/128] via 11.1.1.6, 00:12:36, Serial0/0
O IA   11.1.1.12 [110/192] via 11.1.1.6, 00:12:26, Serial0/0
O IA 192.168.2.0 [110/65] via 11.1.1.6, 00:12:36, Serial0/0
O IA 192.168.3.0 [110/129] via 11.1.1.6, 00:12:26, Serial0/0
O IA 192.168.4.0 [110/193] via 11.1.1.6, 00:12:26, Serial0/0
```

Router1 上有 5 条 OSPF 路由条目，IA 表示目标网络在 Router1 所在区域（area1）之外，是域间路由。

```
Router2#show ip route ospf
     11.0.0.0/30 is subnetted, 3 subnets
O IA   11.1.1.12 [110/128] via 11.1.1.10, 00:13:10, Serial0/1
O    192.168.1.0 [110/65] via 11.1.1.5, 00:13:20, Serial0/0
                                        //在 area1
O    192.168.3.0 [110/65] via 11.1.1.10, 00:13:10, Serial0/1
                                        //在 area0
O IA 192.168.4.0 [110/129] via 11.1.1.10, 00:13:10, Serial0/1
```

Router2 上有 4 条 OSPF 路由条目，其中两条无 IA 标记，表示目标网络在 Router2

所在区域（area0 和 area1）之内，是域内路由。

Router3 和 Router4 的路由表请读者自己查看。

任务 7-2　配置 OSPF 协议

【主要设备】

Cisco 2811 路由器 3 台，3560 三层交换机 4 台，4500 三层交换机 2 台（如果没有，则仍用 3560 三层交换机代替），计算机 3 台。

【网络拓扑】

将本书涉及的典型企业网络拓扑简化为如图 7-6 所示，连接网络。

172.16.10.0/24 生产部VLAN
172.16.20.0/24 技术部VLAN
172.16.30.0/24 市场部VLAN
172.16.40.0/24 财务部VLAN
172.16.50.0/24 服务部VLAN
172.16.60.0/24 网管VLAN

企业总部

服务器VLAN　　　网管VLAN

防火墙

核心层

主广域网连接

汇聚层
...

接入层
...

企业分支机构

技术部VLAN　　生产部VLAN　　市场部VLAN　　财务部VLAN

图 7-6　在网络中配置 OSPF 协议

【具体要求】

（1）按图示规划好内部 IP 地址段，按照 VLAN 划分子网，各个 VLAN 需要设置虚拟接口地址。

（2）核心交换机 C4500 启用三层接口，规划好交换机 C4500 和路由器各个接口的 IP 地址；路由器和三层交换机 C4500 均配置 OSPF 路由协议，把两台 C4500 作为 area 0，两台路由器作为 area1。

透明模式防火墙可视为对路由器和核心交换机之间的流量无任何影响，即进行路由配置时可不考虑它的存在。但由于核心交换机到防火墙的连接有冗余链路，故路由器连接防火墙的以太网接口需要配置子接口。

【操作步骤】

请读者根据"具体要求"自己完成。

7.2.5　路由协议小结

➤　路由协议的作用除了发现远程网络之外,还要维护准确的网络信息。当网络拓扑结构发生变化时,路由协议会将此变化告知其他路由器。在路由域内传播这一变化信息时,某些路由协议可能比其他路由协议的传播速度快,如 OSPF 和 EIGRP 就是传播速度最快的路由协议。

➤　所有路由器的路由表达到协调一致的过程称为收敛,同一个路由域内的所有路由器都获取完整而准确的网络信息的过程称为完成收敛。配置不同路由协议的网络,收敛的快慢可能有所不同。

➤　路由协议使用度量值来确定到达目的网络的最佳路径(又叫最优路径或最短路径),不同的路由协议可能会使用不同的度量。通常,度量值越低表示路径越佳。例如,就 RIP 路由协议而言,到达某个目标网络的路径,4 跳的路径就要优于 5 跳的路径。

➤　有时,路由器会同时通过静态路由协议和动态路由协议获取到达到同一目的网络的多个路由。如果路由器从多个路由来源获取目的网络信息,则路由器会使用管理距离值来确定使用哪一个路由来源的信息。每个动态路由协议都有唯一的管理距离值,静态路由和直连网络也不例外。管理距离值越低,路由来源的优先级别越高。直连网络是优先选用的路由来源,其次是静态路由协议,然后是各种动态路由协议。

7.3　路由重分布配置

7.3.1　路由重分布

一般来说,一个大型企业网络,如跨国公司网络是很少只使用一个路由协议的,往往是同时运行多个路由协议。

但是,由于各个路由协议的管理距离值不同,同一个路由器上,值小的协议所发现的路由条目会被写入路由表而其他协议的则不被采用。所以把运行多种路由协议的网络集成到一起时,必须采取一种方式在这些不同的路由协议之间共享路由信息。

▶ 1. 路由重分布

在路由协议之间交换路由信息的技术称为路由重分布(Route Redistribution)技术,用来将一个路由协议的路由信息发布到另外一个路由协议中。

重分布只能在针对同一种第三层协议的路由选择进程之间进行,也就是说,在 OSPF、RIP、IGRP 等之间可以重分布,因为它们都属于 TCP/IP 协议栈的协议,而

AppleTalk 或者 IPX 协议栈的协议与 TCP/IP 协议栈的路由选择协议则不能相互重分布路由。

执行路由重分布的路由器被称为边界路由器，它们位于两个或多个自治域系统的边界上。

▶2．种子度量值

种子度量值（seed metric）是定义在路由重分布里的，它是一条从外部重分布进来的路由初始度量值。路由协议默认的种子度量值如表 7.3 所示。

表 7.3　路由协议默认的种子度量值

路 由 协 议	默认种子度量值
RIP	无限大
EIGRP/IGRP	无限大
OSPF	对 BGP 为 1，其他为 20
IS-IS	0
BGP	同 IGP、RIP、OSPF、IGRP、EIGRP、IS-IS 等的度量值

7.3.2　路由重分布配置

▶1．重分布配置命令

在路由协议配置模式下使用如下命令：

```
Router(config-router)#redistribute protocol [protocol-id] { level-1
| level-2 | level-1-2 } {metric metric-value} {metric-type type-value}
{match ( internal | external 1 | external 2 ) } {tag Tag-value}
{route-map map-tag} {weight weight } {subnets}
```

▶2．路由重分布的实例及注意事项

（1）RIP 协议中使用重分布。

```
Router(config)#router rip
Router(config-router)#redistribute static
Router(config-router)#redistribute ospf 100
Router(config-router)#default-metric 5      //定义 RIP 默认的种子度量值
```

在这个例子里，可以看到将静态路由及 OSPF 分布到了 RIP 的进程里。我们把 RIP 默认的种子度量值重新定义为 5，这样分布进来的其他路由选择协议（此处是静态路由和 OSPF 路由）的度量值默认也就是 5。这里要注意，因为 RIP 路由协议重分布默认的度量值是无穷大（实际为 16，16 即无限大目标不可达），如果不重新定义度量值，重分布的路由协议所学习到的路由条目就不会分布到 RIP 里。距离矢量路由协议都是如此，故配置 EIGRP 时一定也不要忘了修改默认的度量值。还要注意 EIGRP 的度量值并不是简单地由跳数来决定的，而是由带宽、时延、可信度、负载及最大传输单元决定的，所以在配置 EIGRP 时可以直接在 redistribute 后面加上参数 metric，然后输入以上 5 个参

数，例如：

```
Router(config)#router eigrp 100
Router(config-router)#redistribute rip metric 10000 100 255 1 1500
```

（2）EIGRP 协议中使用重分布。

```
Router(config)#router eigrp
Router(config-router)#redistribute rip
Router(config-router)#redistribute ospf 100
Router(config-router)#default-metric 10000 100 255 1 1500
```

在这个例子里，EIGRP 路由协议将 RIP 和 OSPF 分布到了 EIGRP 的进程里。这里可以使用 default-metric 一次定义所有路由选择协议默认的度量值。另外，redistribute 命令后用 metric 定义的度量值的优先级要高于 default-metric 定义的默认优先级，如果两处都有定义，则执行的是前者。

如果 IGRP 的 AS 号和 EIGRP 相同，则 EIGRP 会自动将 IGRP 的路由信息分布到自己的路由表里。

（3）OSPF 协议中使用重分布。

```
Router(config)#router ospf
Router(config-router)#redistribute rip metric-type 1 subnets
```

关于 OSPF 的重分布相对而言比较简单，只需要注意两个问题：一是 metric-type，metric-type 的主要作用就是定义被重分布到 OSPF 路由域中的默认路由的外部类型，可以选择 1 或 2，这里将类型改成了 1，而 OSPF 默认的类型为 2；二是 subnets，同 metric-type 一样，subnets 也是一个可选的参数，这个命令用于将路由重分布到 OSPF 时指定重分布的范围，包括有类网络中的子网。

OSPF 在默认情况下重分布的度量值是 20，但是 BGP 分布到 OSPF 中时的度量值为 1。

任务 7-3　配置路由重分布

【主要设备】

Cisco 2811 路由器 4 台。

【网络拓扑】

网络拓扑如图 7-7 所示，用串行电缆连接各路由器的广域网口，网络 IP 地址参数按照图示进行配置。

图 7-7　配置路由重分布

【具体要求】

在每个路由器上重分布不同路由协议发现的路由。

【操作步骤】

1. 配置 R1

```
R1(config)#router rip
R1(config-router)#version 2
R1(config-router)#no auto-summary
R1(config-router)#network 200.1.2.0
R1(config-router)#redistribute static metric 3
                                //把静态路由重分布到 RIP 中
R1(config)#ip route 0.0.0.0 0.0.0.0 Serial0/1
```

2. 配置 R2

```
R2(config)#router eigrp 100
R2(config-router)#no auto-summary
R2(config-router)#network 200.1.3.0
R2(config-router)#redistribute rip metric 1000 100 255 1 1500
//将 RIP 重分布到 EIGRP 中，分别指定了带宽、时延、可靠性、负载及最大传输单元参
//数的值作为度量值
R2(config)#router rip
R2(config-router)#version 2
R2(config-router)#no auto-summary
R2(config-router)#network 200.1.2.0
R2(config-router)#redistribute eigrp 100     //将 EIGRP 重分布到 RIP 中
R2(config-router)#default-metric 4           //配置默认种子度量值
```

注意：在 redistribute 命令中用参数 metric 指定的种子度量值优先于路由模式下使用 default-metric 命令设定的默认种子度量值。

3. 配置 R3

```
R3(config)#router eigrp 100
R3(config-router)#no auto-summary
R3(config-router)#network 172.17.1.0 0.0.0.255
R3(config-router)#network 200.1.3.0
R3(config-router)#redistribute ospf 1 metric 1000 100 255 1 1500
//将 OSPF 重分布到 EIGRP 中
R3(config-router)#distance eigrp 90 150     //配置 EIGRP 的默认管理距离
R3(config)#router ospf 1
R3(config-router)#network 200.1.4.0 0.0.0.255 area 0
R3(config-router)#redistribute eigrp 1 metric 30 metric-type 1 subnets
//将 EIGRP 重分布到 OSPF 中
```

```
R3(config-router)#default-information originate always
                                    //发送默认路由
```

4. 配置 R4

```
R4(config)#router ospf 1
R4(config-router)#network 172.16.1.0 0.0.0.255 area 0
R4(config-router)#network 200.1.4.0 0.0.0.255 area 0
```

5. 测试配置

（1）在 R1 上查看路由表：

```
R1#show ip route
Codes: C - connected, S - static, R - RIP, M - mobile, B - BGP
D - EIGRP, EX - EIGRP external, O - OSPF, IA - OSPF inter area
N1 - OSPF NSSA external type 1, N2 - OSPF NSSA external type 2
E1 - OSPF external type 1, E2 - OSPF external type 2
i - IS-IS, L1 - IS-IS level-1, L2 - IS-IS level-2, ia - IS-IS inter area
* - candidate default, U - per-user static route, o - ODR
P - periodic downloaded static route
Gateway of last resort is 0.0.0.0 to network 0.0.0.0
C 200.1.2.0/24 is directly connected, Serial0/0
172.16.0.0/24 is subnetted, 2 subnets
R 172.17.1.0 [120/4] via 200.1.2.2, 00:00:08, Serial0/0
R 172.16.1.0 [120/4] via 200.1.2.2, 00:00:08, Serial0/0
C 200.1.1.0/24 is directly connected, Serial0/1
R 200.1.3.0/24 [120/4] via 200.1.2.2, 00:00:08, Serial0/0
R 200.1.4.0/24 [120/4] via 200.1.2.2, 00:00:08, Serial0/0
S* 0.0.0.0/0 is directly connected, Serial0/1
```

输出表明 R1 学到从 R2 重分布进 RIP 的路由。

（2）在 R2 上查看路由表：

```
R2#show ip route
……<省略部分输出>
Gateway of last resort is 200.1.2.1 to network 0.0.0.0
C 200.1.2.0/24 is directly connected, Serial0/0
172.16.0.0/24 is subnetted, 2 subnets
D 172.17.1.0 [90/2297856] via 200.1.3.2, 00:00:21, Serial0/1
                                    //内部路由
D EX 172.16.1.0[170/3097600] via 200.1.3.2, 00:00:21, Serial0/1
                                    //外部路由
C 200.1.3.0/24 is directly connected, Serial0/1
D EX 200.1.4.0/24 [170/3097600] via 200.1.3.2, 00:00:21, Serial0/1
                                    //外部路由
R* 0.0.0.0/0 [120/3] via 200.1.2.1, 00:00:05, Serial0/0
```

输出表明从 R1 上重分布进 RIP 的默认路由被 R2 学习，路由代码为 "R*"；在 R3 上重分布进来的 OSPF 路由也被 R2 学习，代码为 "D EX"，这也说明 EIGRP 能够识别内部路由和外部路由，默认时，内部路由的管理距离是 90，外部路由的管理距离是 170。

（3）在 R3 上查看路由表：

```
R3#show ip route
……<省略部分输出>
Gateway of last resort is 200.1.3.1 to network 0.0.0.0
D EX 200.1.2.0/24 [150/3097600] via 200.1.3.1, 00:00:43, Serial0/1
172.16.0.0/24 is subnetted, 2 subnets
C 172.17.1.0 is directly connected,f0/0
O 172.16.1.0 [110/65] via 200.1.4.2, 00:00:43, Serial0/0
C 200.1.3.0/24 is directly connected, Serial0/1
C 200.1.4.0/24 is directly connected, Serial0/0
D*EX 0.0.0.0/0 [150/3097600] via 200.1.3.1, 00:00:08, Serial0/1
```

输出表明从 R2 上重分布进 EIGRP 的路由被 R3 学习，代码为 "D EX" 和 "D*EX"，同时 EIGRP 外部路由的管理距离被改成了 150。

（4）在 R4 上查看路由表：

```
R4#show ip route
……<省略部分输出>
Gateway of last resort is 200.1.4.1 to network 0.0.0.0
O E1 200.1.2.0/24 [110/94] via 200.1.4.1, 00:00:26, Serial0/0
172.16.0.0/24 is subnetted,2 subnets
O E1 172.17.1.0 [110/94] via 200.1.4.1, 00:00:26, Serial0/0
4.0.0.0/24 is subnetted, 1 subnets
C 172.16.1.0 is directly connected,f0/0
O E1 200.1.3.0/24 [110/94] via 200.1.4.1, 00:00:26, Serial0/0
C 200.1.4.0/24 is directly connected, Serial0/0
O*E2 0.0.0.0/0 [110/1] via 200.1.4.1, 00:00:26, Serial0/0
```

输出表明从 R3 上重分布进 OSPF 的路由被 R4 学习，代码为 "O E1"；同时学到由 R3 进入的代码为 "O*E2" 的默认路由。

（5）在 R3 上查看 ip protocols：

```
R3#show ip protocols
Routing Protocol is "eigrp 100" //运行 AS 号为 100 的 EIGRP 进程
Outgoing update filter list for all interfaces is not set
Incoming update filter list for all interfaces is not set
Default networks flagged in outgoing updates
Default networks accepted from incoming updates
EIGRP metric weight K1=1, K2=0, K3=1, K4=0, K5=0
EIGRP maximum hopcount 100
EIGRP maximum metric variance 1
Redistributing: eigrp 100, ospf 1 (internal, external 1 & 2,
nssa-external 1 & 2)
```

```
//将 OSPF 进程 1 重分布到 EIGRP 中
EIGRP NSF-aware route hold timer is 240s
Automatic network summarization is not in effect
Maximum path: 4
Routing for Networks:
172.17.1.0/24
200.1.3.0
Routing Information Sources:
Gateway Distance Last Update
200.1.3.1 90 00:51:05
Distance: internal 90 external 150
Routing Protocol is "ospf 1"                //运行 OSPF 进程，进程号为 1
Outgoing update filter list for all interfaces is not set
Incoming update filter list for all interfaces is not set
Router ID 200.1..4.1
It is an autonomous system boundary router    //自治域系统边界路由器 (ASBR)
Redistributing External Routes from,
eigrp 100 with metric mapped to 30, includes subnets in redistribution
//将 EIGRP100 重分布到 OSPF 中
Number of areas in this router is 1. 1 normal 0 stub 0 nssa
Maximum path: 4
Routing for Networks:
200.1.4.0 0.0.0.255 area 0
Routing Information Sources:
Gateway Distance Last Update
172.16.1.1 110 00:00:42
172.16.2.1 110 00:00:42
Distance: (default is 110)
```

输出表明 R3 上运行 EIGRP 和 OSPF 两种路由协议，而且实现了双向重分布。

7.4 路由环路

路由环路是指数据报在一系列路由器之间不断循环或往返传输却始终无法到达其预期目标网络的一种现象。当两台或多台路由器的路由信息中存在指向不可达目的网络的有效但是错误的路径时，就可能发生路由环路。

7.4.1 产生路由环路的原因与危害

1. 产生路由环路的原因

➢ 静态路由配置错误。
➢ 路由重分布配置错误。

> ➢ 拓扑已变化的网络收敛速度缓慢，不一致的路由表未能得到更新。
> ➢ 错误配置或添加了丢弃的路由。

路由环路容易在配置距离矢量路由协议的路由器中产生，在链路状态路由协议中较为少见，但有时也会发生。

2. 路由环路的危害

路由环路会对网络造成严重影响，导致网络性能降低，甚至使网络瘫痪。路由环路可能造成以下后果：

> ➢ 环路内的路由器占用链路带宽来反复收发流量。
> ➢ 路由器的CPU因不断处理循环数据报而不堪重负。
> ➢ 路由器的CPU不堪重负从而影响到网络收敛速度。
> ➢ 路由更新数据报可能丢失或无法得到及时处理，这可能会导致更多的路由环路，使情况进一步恶化。

7.4.2 消除路由环路的方法

路由环路一般是由距离矢量路由协议引发的。目前，在路由器的设计和配置中，有多种机制可以消除路由环路，包括定义最大度量、抑制计时器、水平分割、路由毒化与毒性反转。

1. 定义最大度量值防止计数至无穷

从下面的一个简单例子中，查看路由环路是怎样发生的，又该如何消除。

（1）计数至无穷。在如图7-8所示的网络中，假设路由协议使用的是RIP，R1在某一时刻发现自己的接口F0/0所直连的网络10.10.30.0/24不可达，正欲向R2发出更新，但这时R2的更新（假设定时更新刚好在此时发生）已先发出并送达R1，R2告诉R1自己知道到达10.10.30.0/24的路径，数据报从接口S0/0/1转发，度量值（跳数）是1跳（下一跳是R1）；于是R1更新自己的路由条目：到目标10.10.30.0/24的路径不再是从接口F0/0直达，而是应该通过R2到达，即更新数据报的转发接口为S0/0/1，度量值为2跳（下一跳为R2），然后向R2发出更新消息。R2收到更新后，就修改自己的路由条目，把度量值改为3跳（下一跳为R2），然后发出更新消息。如此反复，R1和R2的度量值计数将趋于无穷，链路中充斥更新消息；此时如果有访问10.10.30.0/24的数据报，则将在R1和R2之间循环往返传递，消耗、占用CPU和带宽。

图7-8 路由环路

（2）消除方法。在设计距离矢量路由协议时，考虑到这一问题，就把到达目标的跳数定义一个最大值（如RIP协议就定义为16跳，达到或超过16则认为网络不可达），达到最大值就把该路由条目从路由表中删除。

另外，IP 协议自身也包含防止数据报在网络中无休止传输的机制。IP 设置了生存时间（TTL）字段，每经过一台路由器，TTL 的值都会减 1。如果 TTL 变为零，则路由器将丢弃该数据报。因此，即使在存在路由环路的情况下，被路由的数据报也不会无休止地循环。

▶ 2．使用抑制计时器防止路由环路

距离矢量协议采用两种更新机制，即定期更新和触发更新。触发更新用来加速收敛过程。假设现在有一个不稳定的网络，在很短的时间内，路由器的接口被重置为 up，然后是 down，接着再重置为 up，这种现象反映在路由里，称为路由摆动。若这时使用触发更新，路由器可能会反应过快，而如果同时又出现定时更新，就很可能造成路由环路。

处理的办法是，可以让路由器收到更新后，等待一段时间再执行该更新。具体的实现机制是使用抑制计时器。

工作过程仍然以图 7-8 为例加以说明。

（1）R2 从邻居 R1 处接收到更新，该更新表明以前可以访问的网络 10.10.30.0/24 现在已不可访问。

（2）R2 将该网络标记为 possibly down 并启动抑制计时器。

（3）如果 R2 在抑制期间从任意相邻路由器接收到含有比原先从该路由器收到的更小度量值的有关该网络的更新，则更新路由表条目恢复到该网络的路由并删除抑制计时器。

（4）如果 R2 在抑制期间从相邻路由器收到的更新包含的度量值与之前相同或更大，则该更新将被忽略。

（5）当抑制计时器超时，R2 执行更新，删除到达 10.10.30.0/24 的路由条目。

在抑制期间，R2 仍然会转发目标被标记为 possibly down 的 10.10.30.0/24 数据报。这时目标网络如果确实不可达，数据报转发就会有去无回，该目标犹如黑洞，该路由称为黑洞路由，直到抑制计时器超时，删去该路由条目为止。

▶ 3．水平分割

防止路由环路的另一种方法是水平分割。水平分割规则规定，路由器不能使用接收更新的同一个接口来通告同一个网络。

仍然以图 7-8 为例对水平分割的过程加以说明。

（1）R1 将 10.10.30.0/24 网络通告给 R2。

（2）R2 接收该信息并更新其路由表。

（3）R2 随后通过 F0/0 接口或其他接口将 10.10.30.0/24 网络通告给其他相连的路由器（图 7-8 中没有画出）；但 R2 不会通过 S0/0/1 接口将 10.10.30.0/24 通告给 R1，因为该路由原本来自该接口。

（4）由于 R2 不再将 10.10.30.0/24 通告给 R1，R1 就不会误认为通过 R2 能够路由

到 10.10.30.0/24，即不会再错误地更新。

（5）其他路由器接收该信息并更新其路由表。

因为使用了水平分割，所以其他与 R2 相连的路由器也不会将关于网络 10.10.30.0/24 的信息通告给 R2。水平分割能够防止路由环路，Cisco 路由器默认为启用水平分割。但是，在某些特定情况下，为获得正确的路由必须禁用水平分割。

启用和禁用水平分割要在接口配置模式下执行如下命令：

```
ip split-horizon          //启用
no ip split-horizon       //禁用
```

4. 路由毒化与毒性反转

（1）路由毒化。路由毒化是距离矢量路由协议用来防止路由环路的一种方法。路由毒化用于在发往其他路由器的路由更新中将路由标记为不可达。标记为不可达的方法是将度量值设置为最大值。对于 RIP 来说，毒化路由的度量值为 16。

仍以图 7-8 为例说明路由毒化的过程。

① 网络 10.10.30.0 /24 由于链路故障而变得不可用。

② R1 将度量值设置为 16 使该路由毒化，然后发送触发更新指明 10.10.30.0 /24 不可达。

③ R2 收到并处理该更新，由于度量值为 16，所以 R2 在其路由表中将该路由条目标记为无效，使 R2 也被毒化。

④ R2 随后将毒性更新发送给其他相连的路由器（图 7-8 中没有画出），更新中的度量值被再次设置为 16，以此表明该路由不可用。其他相连的路由器处理该更新，也将其路由表中的 10.10.30.0/24 条目标记为无效。

通过这种方法，在网络上传播有关 10.10.30.0/24 的信息比等待跳数达到最大度量值更加迅速，因此路由毒化可加速收敛过程。

（2）毒性反转。由于水平分割的存在，毒化路由在路由器之间是单向传递的，网络 10.10.30.0/24 不可达时，R1 将毒化路由通告给 R2，而 R2 不会再通告给 R1。这时，R1 可能收到网络中其他相连的路由器关于 10.10.30.0/24 可达的错误通告。因此，如果 R2 此时能明确告知 R1 网络 10.10.30.0/24 不可达，就可以防止 R1 发生错误更新。

也就是说，R2 需要把毒性路由反向传回给 R1，称为毒性反转。毒性反转需要与水平分割技术结合使用才能实现，称为带毒性反转的水平分割，即当路由器使用路由毒化方式传播更新时，水平分割会自动失效。带毒性反转的水平分割规则规定，从获知路由毒化的特定接口向外发送更新时，将通过该接口获知的所有网络标识为不可达。

毒性反转的实现过程仍以图 7-8 为例加以说明。

① 网络 10.10.30.0/24 由于链路故障而变得不可用。

② R1 通过将度量值设置为 16 使该路由毒化，然后发送触发更新指明 10.10.30.0/24 不可达。

③ R2 处理该更新，在其路由表中将该路由条目标记为无效，然后立即向 R1 发送毒性反转。

④ 毒性反转会使路由器忽略水平分割规则的要求，它的作用在于确保 R1 不会轻易受到有关网络 10.10.30.0/24 错误更新的影响。

注意：并非所有 IOS 版本都默认启用带毒性反转的水平分割。

7.5 跨 Internet 路由配置

在跨区域的企业网络中，可使用 DDN 或帧中继线路连接总公司和分公司的网络。但是两者的费用都相对昂贵，从经济的角度考虑，通过 Internet 来连接公司总部和分支机构网络是中小企业的合理选择，如图 7-9 所示。

图 7-9 使用 Internet 连接企业总部与分支机构网络

7.5.1 隧道技术

如果想通过较廉价的 Internet 实现分公司访问总公司资源的要求，可以使用隧道技术并配合动态路由的方案来解决。

隧道技术是一种协议封装技术，可以对某些网络层协议进行封装，被封装的数据可以在另一个网络层协议中传输。数据在隧道的一端封装，在另外一端解封装，这样通过隧道就可以把处于 Internet 中的两个节点连接起来。隧道技术构建了这两个节点间的一条虚拟点到点连接。最常使用的隧道协议是 GRE（Generic Routing Encapsulation，通用路由封装）。

7.5.2 GRE 的工作过程

GRE 通过对网络层协议的封装和解封装，来连接处于远端的两个接口。接下来介绍 GRE 如何对协议进行封装和解封装。

▶ 1. 协议封装

当位于分公司的数据报想要到达总公司的服务器时，这个数据报的目标地址是一个私有地址，即总公司服务器地址。因为私有地址在广域网是不可路由的，所以不能直接发送，此时在出口处，分公司 R2 用一个 GRE 头对这个 IP 包进行封装，再用新的 IP 头封装这个 GRE 头，新 IP 头的源 IP 地址是分公司 R2 外网接口的 IP 地址，目标地址是总公司 R1 的外网接口的 IP 地址。这个新的数据报是可以路由的，因为 R1 外网接口地址是个全球可路由的公网地址。

▶ 2. 协议解封装

当重新封装的 IP 包通过隧道到达 R1 后，路由器会将此数据报交给 GRE 进程处理，GRE 进程将把刚才封装的 GRE 头去掉，那么剩下的就是最初的 IP 数据报，这个数据报称为净荷。经过路由器路由，该净荷可以到达总公司的任意位置。

7.5.3 配置 GRE 隧道

配置 GRE 隧道前，要保证总公司和分公司的路由器都能够访问 Internet。假设总公司 R1 的外网接口 IP 地址是 61.1.1.100，分公司 R2 的外网接口 IP 地址是 211.1.1.100，可以在路由器上使用 ping 命令测试互联网的连通性。

在 R1 上配置 GRE 隧道，配置步骤如下：

```
R1(config)#interface tunnel 0           //创建并进入编号为 0 的隧道
R1(config-if)#tunnel source ethernet 0/0
//配置隧道的源，此处指定是路由器的接口 Ethernet 0/0
R1(config-if)#tunnel destination 211.1.1.100
//配置隧道的目标地址是分公司路由器外网接口地址 211.1.1.100
R1(config-if)#ip address 172.16.110.254 255.255.255.0
//配置隧道 IP 地址为 172.16.110.254
R1(config-if)#tunnel mode gre ip     //选择隧道模式为 GRE over IP
```

在隧道的对端 R2 上也要进行 GRE 的配置，步骤如下：

```
R2(config)#interface tunnel 0
R2(config-if)#tunnel source ethernet 0/1
R2(config-if)#tunnel destination 61.1.1.100
R2(config-if)#ip address 172.16.110.253 255.255.255.0
R2(config-if)#tunnel mode gre ip
```

在两边都配置好 GRE 隧道后，可以在 R2 上使用命令 ping 测试隧道是否能连通：

```
R2#ping 172.16.110.254 source tunnel 0

Type escape sequence to abort.
Sending 5, 100-byte ICMP Echos to 172.16.110.254, timeout is 2 seconds:
Packet sent with a source address of 172.16.110.253
!!!!!
Success rate is 100 percent (5/5), round-trip min/avg/max = 16/85/176 ms
```

可以看到，在 R2 上以隧道 0 接口 IP 地址作为源地址，去 ping R1 上的隧道口地址
172.16.110.254，可以 ping 通，这说明隧道已经能够正常工作。此时，可以把这条隧道
看成一条虚拟的点到点链路。

7.5.4 配置基于 GRE 的 OSPF

接下来需要在总部 R1 和分公司 R2 之间启用动态路由协议，这里选择 OSPF 作为
整个企业的动态路由协议。因为总部 R1 和分公司 R2 之间是通过 Internet 连接的，所以
如果把总公司和分公司的路由器都划分到一个单个区域内，那么总公司的 LSA 泛洪过
多，就会影响广域网链路的速度。为了提高整个网络的性能，应该尽可能减少广域网上
的流量。

根据以上分析，将总公司的网络划分为骨干区域，然后分公司通过一个非骨干区域
连接到骨干区域。

下面先配置 R1，配置命令如下：

```
R1(config)#interface loopback 0
R1(config-if)#ip address 1.1.1.1 255.255.255.255
//配置 Loopback0 的地址作为路由器的路由器 ID
R1(config-router)#network 172.16.70.0 0.0.0.255 area 0
                                      //R1 的以太网接口网络
R1(config-router)#network 172.16.80.0 0.0.0.255 area 0
                                      //R1 的以太网接口网络
R1(config-router)#network 1.1.1.1 0.0.0.0 area 0
//以上的 network 命令，将总部局域网的接口都加入骨干区域 0
R1(config-router)#network 172.16.110.0 0.0.0.255 area 1
//将隧道接口加入区域 1
```

分公司 R2 的 OSPF 配置如下：

```
R2(config)#interface loopback 0
R2(config-if)#ip address 1.1.1.2 255.255.255.255
//配置 Loopback0 的地址作为路由器的路由器 ID
R2(config-if)#router ospf 10
R2(config-router)#network 172.16.110.0 0.0.0.255 area 1
R2(config-router)#network 172.16.120.0 0.0.0.255 area 1
R2(config-router)#network 1.1.1.2 0.0.0.0 area 1
//将所有接口都加入区域 1
*Mar  1 00:33:56.627: %OSPF-5-ADJCHG: Process 10, Nbr 1.1.1.1 on
Tunnel0 from LOADING to FULL, Loading Done
//系统提示已经与路由器 ID 为 1.1.1.1 的路由器建立邻接关系，并同步了 LSA
```

经过以上的设置，总公司和分公司的两台路由器之间已经通过 OSPF 同步了 LSDB，
并且利用 LSDB 生成了路由表。操作成功之后，分公司的路由器包含了完整的公司路
由，可以访问总公司内的所有网络资源，就好像通过专线连接到总公司一样。

查看分公司 R2 的路由表：

```
R2#sh ip route
Codes:C - connected, S - static, R - RIP, M - mobile, B - BGP
       D - EIGRP, EX - EIGRP external, O - OSPF, IA - OSPF inter area
       N1 - OSPF NSSA external type 1, N2 - OSPF NSSA external type 2
       E1 - OSPF external type 1, E2 - OSPF external type 2
       i - IS-IS, su - IS-IS summary, L1 - IS-IS level-1, L2 - IS-IS
       level-2
       ia - IS-IS inter area, * - candidate default, U - per-user static
       route
       o - ODR, P - periodic downloaded static route
Gateway of last resort is 211.1.1.254 to network 0.0.0.0

     1.0.0.0/32 is subnetted, 2 subnets
O IA    1.1.1.1 [110/11112] via 172.16.110.254, 00:00:26, Tunnel0
C       1.1.1.2 is directly connected, Loopback0
     2.0.0.0/32 is subnetted, 2 subnets
O IA    2.2.2.2 [110/11114] via 172.16.110.254, 00:00:26, Tunnel0
O IA    2.2.2.1 [110/11113] via 172.16.110.254, 00:00:26, Tunnel0
     172.16.0.0/24 is subnetted, 12 subnets
O IA    172.16.60.0 [110/11113] via 172.16.110.254, 00:00:26, Tunnel0
O IA    172.16.50.0 [110/11113] via 172.16.110.254, 00:00:26, Tunnel0
O IA    172.16.40.0 [110/11113] via 172.16.110.254, 00:00:26, Tunnel0
O IA    172.16.30.0 [110/11113] via 172.16.110.254, 00:00:26, Tunnel0
O IA    172.16.20.0 [110/11113] via 172.16.110.254, 00:00:26, Tunnel0
O IA    172.16.10.0 [110/11113] via 172.16.110.254, 00:00:26, Tunnel0
C       172.16.120.0 is directly connected, Ethernet0/0
C       172.16.110.0 is directly connected, Tunnel0
O IA    172.16.100.0 [110/11113] via 172.16.110.254, 00:00:26, Tunnel0
O IA    172.16.80.0 [110/11112] via 172.16.110.254, 00:00:26, Tunnel0
O IA    172.16.70.0 [110/11113] via 172.16.110.254, 00:00:26, Tunnel0
C    211.1.1.0/24 is directly connected, Ethernet0/1
S*   0.0.0.0/0 [1/0] via 211.1.1.254
```

从 R2 的路由表可以看到，所有以 "O IA" 为标记的都是由总公司 R1 从另外一个区域转发过来的 LSA 生成的路由，这种路由称为 OSPF 区域间路由。这些路由已经包含了所有的总部子网，因此分公司员工通过 R2 可以像访问局域网资源一样，去访问总公司的所有资源。

这种分层的 OSPF 设计也为以后公司的发展预留了空间，如果以后公司在其他地域创建了新的分公司，可以继续在现有 OSPF 的架构上增加新的非骨干区域，可以方便地实现公司全网的跨地域路由。

7.6 路由热备份简介

在网络通信中，可靠性是非常重要的。在一些企业或机构的网络中，对重要数据的传输通常要求不能中断。路由器是连接局域网与广域网的桥梁，路由器的故障使数据报路由失败，直接导致网络通信的中断。

所谓热备份就是"在线备份"的意思，网络数据的传输因备份的启用而不会中断。路由热备份技术主要包括对路由器的热备份和对线路的热备份技术。前者要解决的问题是在路由器由于自身硬件或软件系统的某种故障而导致网络瘫痪、数据传输中断时，如何及时恢复正常；后者要解决的问题则是当路由器的接口或广域网线路出现故障时，如何启用备份、及时恢复正常路由。下面简单介绍对路由器的热备份操作。

7.6.1 对路由器的热备份与热备份路由协议

对路由器本身的热备份是指在网络中有一台或多台与正在工作的主路由器功能相同的路由器，在主路由器出故障的情况下，以某种方式代替主路由器工作，继续为网络提供路由。

Cisco 路由器采用热备份路由协议（Hot Standby Routing Protocol，HSRP），在主路由器与热备份路由器之间进行透明切换，而且它们之间的切换速度较快，用户通常感觉不到网络的变化。

HSRP 定义了一组路由器（两个以上）共用一个虚拟的 IP 地址（也称浮动 IP 地址，作为局域网中其他主机的默认网关），每个路由器都设置一个权值，权值最高的作为主路由器，其余的作为备份路由器。当主路由器出现故障时，权值次高的路由器将作为主路由器，以此类推。使用 HSRP 的路由器之间定期交换权值信息以确定路由器的工作状态，如果主路由器在一段时间内不发送这种信息包，其他备份路由器则认为该路由器已坏，权值次高的备份路由器将接管主路由器的工作；而一旦原主路由器恢复正常，则会自动切换回去，重新接管传输数据的工作，备份路由器则停止工作，处于备份状态。

对于局域网的计算机而言，则使用这个虚拟的 IP 地址作为默认网关。用户通常感觉不到主路由器和备份路由器之间的切换变化。

在主线路和备份线路都是相同的广域网线路的情况下，使用 HSRP 协议。为了使切换速度更快，路由协议应使用收敛速度快的 EIGRP、OSPF 等。

7.6.2 HSRP 的基本配置

HSRP 的基本配置是要在参与 HSRP 热备份的一组路由器上配置端口 IP 地址，指定虚拟 IP 地址、启用 HSRP 协议、设定各个路由器的 HSRP 权值等。

▶ 1. 配置步骤

（1）配置端口 IP 地址。

```
Router(config-if)# ip address ip-address subnet-mask
```

其中，*ip-address* 为 IP 地址，*subnet-mask* 为子网掩码。

（2）启用 HSRP，配置虚拟 IP 地址。

```
Router(config-if)#standby group-id ip ip-address
```

其中，*group-id* 为组号，具有相同组号的路由器属于同一个 HSRP 组；*ip-address* 为虚拟 IP 地址，属于同一个 HSRP 组的路由器具有同一个虚拟 IP 地址。

（3）配置 HSRP 抢占。

```
Router(config)#standby group-id preempt
```

该设置允许权值高于该路由器 HSRP 权值的其他路由器成为主路由器。

（4）设置路由器的 HSRP 权值。

```
Router(config-if)#standby group-id priority priority-value
```

其中，*priority-value* 为权值，默认权值为 100。权值越大，则成为主路由器的优先权就越高。

（5）设置 HSRP 切换时间。

```
Router(config-if)#standby group-id time-1 time-2
```

其中，*time-1* 表示路由器每隔多长时间交换一次 hello 信息，以表明路由器是否正常工作，默认值为 3s。time-2 表示在多长时间内同组的其他路由器没有收到主路由器的信息，则宣布主路由器瘫痪，默认值为 10s。如果要更改该默认值，则同一 HSRP 组的每台路由器都应该做同样的更改。

（6）设置 HSRP 组路由器身份验证。

```
Router(config-if)#standby group-id authentication [string]
```

其中，*string* 为 HSRP 组路由器身份验证字符串。该项为可选设置，如果设置该项，则该 HSRP 组路由器中，只有字符串相同时才能进行 HSRP 配置。

（7）设置端口跟踪。

```
Router(config-if)#standby group-id track interface-id
```

该设置表示如果所跟踪的端口出现故障，则仍进行路由器的切换，可以设置跟踪多个端口。

2. 配置举例

【实例 7-5】 如图 7-10 所示是常见的有路由器备份的网络，各局域网接口 IP 地址如图所示，虚拟 IP 地址设为 192.168.1.254，把 R1 设为主路由器，R2 设为备份路由器。

图 7-10　路由器热备份

（1）配置 R1：

```
R1(config-if)#interface ethernet 0/0
R1 (config-if)# ip address 192.168.1.1 255.255.255.0
R1 (config-if)#standby 1 ip 192.168.1.254
              //指定路由器属于 HSRP 组 1,虚拟默认网关 IP 地址为 192.168.1.254
R1 (config-if)#standby 1 preempt        //配置 HSRP 主路由器抢占
R1 (config-if)#standby 1 priority 120  //指定权值为 120
R1(config-if)# standby 1 timers 10 20
//定义 HSRP 组 1 每隔 10s 交换一次 hello 信息,20s 内没收到 hello 信息就开始切换
R1 (config-if)# standby 1 authentication ciscoshi
                                    //设置 R1 身份验证字符串
R1 (config-if)# standby 1 track s0/0   //指定监控 S0/0 端口
```

（2）配置 R2：

```
R2 (config-if)#interface ethernet 0/0
R2 (config-if)# ip address 192.168.1.2 255.255.255.0
R2 (config-if)#standby 1 ip 192.168.1.254
              //指定路由器属于 HSRP 组 1，虚拟默认网关 IP 地址为 192.1.3.33
R2 (config-if)#standby 1 preempt        //配置 HSRP 主路由器抢占
R2 (config-if)#standby 1 priority 100  //指定权值为 100
R2(config-if)# standby 1 timers 10 20
//定义 HSRP 组 1 每隔 10s 交换一次 hello 信息,20s 内没收到 hello 信息就开始切换
R2 (config-if)# standby 1 authentication ciscoshi
                                    //设置 R2 身份验证字符串
R2(config-if)# standby 1 track s0/0   //指定监控 S0/0 端口
```

任务 7-4 企业网交换与路由综合配置

【主要设备】

实验用 2 台 Cisco 3560 三层交换机做核心，2 台 Cisco 2960 二层交换机做汇聚，4 台 Cisco 2960 二层交换机做接入；用 Cisco 2811 路由器做出口路由器；4 台 PC 分别代表 4 个 VLAN 的用户端。

【网络拓扑】

为了突出企业网交换与路由的配置，把图 0-1 中的相关部分简化，防火墙认为工作在透明模式而在拓扑中忽略掉，画出拓扑如图 7-11 所示。

VLAN 划分如图 7-11 所示，VLAN 接口地址配置在两个核心交换机上，所有交换机均基于端口划分为 4 个 VLAN，用 MSTP 按 VLAN 实例配置二层冗余。

图 7-11 简化的企业网交换与路由设计拓扑图

【具体要求】

在如图 7-11 所示的典型企业网络中，其交换部分要完成的功能如下。

（1）实现 VLAN，如图 7-11 所示划分为 4 个 VLAN，在核心交换机上配置各个 VLAN 接口地址。

（2）实现多生成树 MSTP 的冗余链路并提供负载均衡：配置核心交换机 sw_R 做 VLAN10 和 VLAN30 的主根，做 VLAN20 和 VLAN40 的备根；配置核心交换机 sw_R 做 VLAN20 和 VLAN40 的主根，做 VLAN10 和 VLAN30 的备根。

（3）实现核心交换机之间的链路聚合。

（4）用 HSRP 实现三层冗余：配置 4 个虚拟局域网网关，地址分别为 172.16.10.254/24、172.16.20.254/24、172.16.30.254 和 172.16.40.254。由于 sw_L 是 VLAN10 和 VLAN30 的主根，sw_R 是 VLAN20 和 VLAN40 的主根，因此正常情况是 sw_L 抢占成为 VLAN10 和 VLAN30 的主网关，sw_R 抢占成为 VLAN20 和 VLAN40 的主网关。

（5）实现上、下行流量的负载均衡。把 VLAN10 和 VLAN30 作为 mst 实例 1，VLAN20 和 VLAN40 作为实例 2。

➤ 网络正常工作时

VLAN10 和 VLAN30 上行流量：一部分 VLAN10 和 VLAN30 走 sw1 的 F0/1——sw_L 的 F0/2——sw_L 的 F0/1——R 的 F0/2；流量的另一部分 VLAN10 和 VLAN30 走 sw2 的 F0/1——sw_L 的 F0/3——sw_L 的 F0/1——R 的 F0/2。其中，位于核心和汇聚交换机之间的这两条链路同时是实例 2 的备用链路。

VLAN10 和 VLAN30 下行流量：沿上行的同路径反向下行。

VLAN20 和 VLAN40 上行流量：一部分 VLAN20 和 VLAN40 走 sw1 的 F0/2——sw_R 的 F0/2——sw_R 的 F0/1——R 的 F0/1；流量的另一部分 VLAN20 和 40 走 sw2 的 F0/2——sw_R 的 F0/3——sw_R 的 F0/1——R 的 F0/1。其中，位于核心和汇聚交换机之间的这两条链路同时是实例 1 的备用链路。

VLAN20 和 VLAN40 下行流量：沿上行的同路径反向下行。

➢ 网络故障时

任意一台汇聚或核心交换机部分接口故障或整机 Down 机、或一台汇聚和一台核心交换机同时 Down 机，MSTP 会启用备用二层链路；一台核心交换机 Down 机，HSRP 会使得另外一台抢占成为主网关，保证流量不中断。这时上、下行流量的路径，则会因为故障点的不同而不同。

【操作步骤】

▶ 1．规划各个设备 IP 地址等

规划的各设备 IP 地址等参数见表 7.4。

表 7.4　规划的各设备 IP 地址等参数

设备	接口	地址	HSRP 网关地址	备注
R1	S0/0/0	61.1.1.100/24		
	F0/1	172.16.1.2/24		
	F0/2	172.16.2.2/24		
sw_L	F0/1	172.16.2.1/24		
	F0/2			Trunk 口
	F0/3			Trunk 口
	G0/1			Trunk 口
	G0/2			Trunk 口
	VLAN10	参见图 7-11	172.16.10.254/24	
	VLAN20		172.16.20.254/24	
	VLAN30		172.16.30.254/24	
	VLAN40		172.16.40.254/24	
sw_R	F0/1	172.16.1.1/24		
	F0/2			Trunk 口
	F0/3			Trunk 口
	G0/1			Trunk 口
	G0/2			Trunk 口
	VLAN10	参见图 7-11	172.16.10.254/24	
	VLAN20		172.16.20.254/24	
	VLAN30		172.16.30.254/24	
	VLAN40		172.16.40.254/24	
sw1	F0/1			Trunk 口
	F0/2			Trunk 口
	F0/3-6			Access 或 Trunk 口
sw2	F0/1			Trunk 口
	F0/2			Trunk 口
	F0/3～6			Access 或 Trunk 口
4 台接入层交换机	F0/1～24			按图 7.11 所示划分 VLAN
4 台 PC		172.16.10.1/24 172.16.20.1/24 172.16.30.1/24 172.16.40.1/24		配置其他 IP 参数，其中默认网关配置 HSRP 网关地址

▶2. 配置各个交换机 VLAN 和接口参数

（1）4台接入层交换机

从左到右依次把4台交换机连接 PC 的接口划入 VLAN10、VLAN20、VLAN30 和 VLAN40，连接 sw1 和 sw2 的在本例中配为 Trunk 口或 Access 口均可。若是配为 Access 口，分别加入 VLAN10、VLAN20、VLAN30 和 VLAN40。具体配置略。

（2）配置 sw1 和 sw2

配置4个 VLAN，即 VLAN10、VLAN20、VLAN30 和 VLAN40。把它们的 F0/1 和 F0/2 口配为 Trunk 口，F0/3~F0/6 配为 Access 口，依次加入这4个 VLAN。具体配置略。

（3）配置 sw_L

创建 VLAN10、VLAN20、VLAN30 和 VLAN40：

```
sw_L(config-vlan)#exit
sw_L(config)#vlan 10
sw_L(config)#vlan 20
sw_L(config-vlan)#exit
sw_L(config)#vlan 30
sw_L(config-vlan)#exit
sw_L(config)#vlan 40
sw_L(config-vlan)#exit
```

配置 VLAN10、VLAN20、VLAN30 和 VLAN40 的 IP 地址：

```
sw_L(config)#interface vlan 10
sw_L(config-if)#ip address 172.16.10.252  255.255.255.0
sw_L(config-if)#exit
sw_L(config)#interface vlan 20
sw_L(config-if)#ip address 172.16.20.252  255.255.255.0
sw_L(config-if)#exit
sw_L(config)#interface vlan 30
sw_L(config-if)#ip address 172.16.30.252  255.255.255.0
sw_L(config-if)#exit
sw_L(config)#interface vlan 40
sw_L(config-if)#ip address 172.16.40.252  255.255.255.0
sw_L(config-if)#exit
//配置物理接口 f0/1~f0/3,g0/1~g0/2
sw_L(config-if)#no switchport                   //将 F0/1 口设为路由口
sw_L(config-if)#ip address 172.16.2.1 255.255.255.0
                                     //配置该路由口的 IP 地址
sw_L(config-if)#exit

sw_L(config)#interface f0/2-3           //配置 F0/2~F0/3 为 Trunk 口
sw_L(config-if)#switchport mode trunk
sw_L(config-if)#interface g0/1-2           //配置 G0/1 和 G0/2 为 Trunk 口
```

```
sw_L(config-if)#switchport mode trunk
sw_L(config-if)#end
```

（4）配置 sw_R

创建 VLAN10、VLAN20、VLAN30 和 VLAN40：

```
sw_R(config-vlan)#exit
sw_R(config)#vlan 10
sw_R(config)#vlan 20
sw_R(config-vlan)#exit
sw_R(config)#vlan 30
sw_R(config-vlan)#exit
sw_R(config)#vlan 40
sw_R(config-vlan)#exit
```

配置 VLAN10、VLAN20、VLAN30 和 VLAN40 的 IP 地址：

```
sw_R(config)#interface vlan 10
sw_R(config-if)#ip address 172.16.10.253  255.255.255.0
sw_R(config-if)#exit
sw_R(config)#interface vlan 20
sw_R(config-if)#ip address 172.16.20.253  255.255.255.0
sw_R(config-if)#exit
sw_R(config)#interface vlan 30
sw_R(config-if)#ip address 172.16.30.253  255.255.255.0
sw_R(config-if)#exit
sw_R(config)#interface vlan 40
sw_R(config-if)#ip address 172.16.40.253  255.255.255.0
sw_R(config-if)#exit
配置物理接口 f0/1~f0/3,g0/1~g0/2
sw_R(config-if)#no switchport                //将 F0/1 口设为路由口
sw_R(config-if)#ip address 172.16.1.1 255.255.255.0
                                    //配置该路由口的 IP 地址
sw_R(config-if)#exit

sw_R(config)#interface f0/2-3          //配置 F0/2～F0/3 为 Trunk 口
sw_R(config-if)#switchport mode trunk
sw_R(config-if)#interface g0/1-2       //配置 G0/1～G0/2 为 Trunk 口
sw_R(config-if)#switchport mode trunk
sw_R(config-if)#end
```

3. 配置 MSTP

简单来说，MSTP 就是基于实例的 STP，一个实例可包含一个或多个 VLAN。

（1）sw1 配置

开启生成树，状态设为 MSTP，配置实例和版本：

```
sw1(config)#spanning-tree mode mstp      //生成树类型为多生成树
sw1(config)#spanning-tree mst configuration    //配置多生成树
sw1(config-mst)#instance 1 VLAN 10,30    //将VLAN10、VLAN30加入实例1中
sw1(config-mst)#revision 1               //配置多生成树的版本号
sw1(config-mst)#instance 2 vlan 20,40    //将VLAN20、VLAN40加入实例2中
sw1(config-mst)#revision 1
sw1(config-mst)#exit
```

验证：

```
sw1# show spanning-tree                  //查看生成树信息

StpVersion : MSTP
SysStpStatus : Enabled
BaseNumPorts : 24
MaxAge : 20
HelloTime : 2
ForwardDelay : 15
BridgeMaxAge : 20
BridgeHelloTime : 2
BridgeForwardDelay : 15
MaxHops : 20
TxHoldCount : 3
PathCostMethod : Long
BPDUGuard : Disabled
BPDUFilter : Disabled

###### MST 0 vlans mapped : 1-9,11-19,21-29,
                            31-39,41-4094
BridgeAddr : 00d0.f8db.a401
Priority : 32768
TimeSinceTopologyChange : 0d:0h:15m:0s
TopologyChanges : 0
DesignatedRoot : 800000D0F8DBA401
RootCost : 0
RootPort : 0
CistRegionRoot : 800000D0F8DBA401
CistPathCost : 0

###### MST 1 vlans mapped : 10,30
BridgeAddr : 00d0.f8db.a401
Priority : 32768
TimeSinceTopologyChange : 0d:18h:49m:57s
TopologyChanges : 0
```

```
DesignatedRoot : 800100D0F8DBA401
RootCost : 0
RootPort : 0


###### MST 2 vlans mapped : 20,40
BridgeAddr : 00d0.f8db.a401
Priority : 32768
TimeSinceTopologyChange : 0d:18h:49m:57s
TopologyChanges : 0
DesignatedRoot : 800200D0F8DBA401
RootCost : 0
RootPort : 0


sw1#show spanning-tree mst configuration       //查看生成树的配置信息
Multi spanning tree protocol : Enabled
Name    :
Revision : 1
Instance  Vlans Mapped
--------  -------------------------------------------------
0       1-9,11-19,21-29,
        31-39,41-4094
1       10,30
2       20,40
-----------------------------------------------------------
```

（2）sw2 配置

开启生成树，状态设为 MSTP，配置实例和版本：

```
sw2(config)#spanning-tree                //开启生成树
sw2(config)#spanning-tree mode mstp      //生成树类型为多生成树
sw2(config)#spanning-tree mst configuration   //配置多生成树
sw2(config-mst)#instance 1 vlan 10,30      //将 VLAN10、VLAN30 加入实例 1 中
sw2(config-mst)#revision 1             //配置多生成树的版本号
sw2(config-mst)#instance 2 vlan 20,40      //将 VLAN20、VLAN40 加入实例 2 中
sw2(config-mst)#revision 1
sw2(config-mst)#exit

RG-S21B# show spanning-tree            //查看生成树信息
RG-S21B#show spanning-tree mst configuration  //查看生成树的配置信息
```

查看上述两项，结果显示和 sw1 的基本类似，只是 mac 地址不一样。

（3）sw_L 配置

开启生成树，状态设为 MSTP，配置实例和版本，并配置实例的优先级：

```
sw_L(config)#spanning-tree
sw_L(config)#spanning-tree mode mstp
sw_L(config)#spanning-tree mst configuration
sw_L(config-mst)#instance 1 vlan 10,30
sw_L(config-mst)#revision 1
sw_L(config-mst)#instance 2 vlan 20,40
sw_L(config-mst)#revision 1
sw_L(config-mst)#exit

sw_L(config)#spanning-tree mst 1 priority 4096
```
　　　　　　　　　　　　//配置实例 1 的优先级为 4096，即配置 sw_L 为实例 1 的主
根，或者用如下命令也可实现：
```
sw_L(config)#spanning-tree mst 1 root primary
sw_L(config)#spanning-tree mst 2 priority 8192
```
　　　　　　　　　　　　//配置实例 2 的优先级为 8192，即配置 sw_L 为实例 2 的备
选根，或者用如下命令也可实现：
```
sw_L(config)#spanning-tree mst 2 root secondary
```
　　因为交换机生成树的默认优先级为 32768，所以 sw1 和 sw2 都不会被选为根。

```
sw_L#show spanning-tree                        //查看生成树信息

StpVersion : MSTP
SysStpStatus : Enabled
BaseNumPorts : 24
MaxAge : 20
HelloTime : 2
ForwardDelay : 15
BridgeMaxAge : 20
BridgeHelloTime : 2
BridgeForwardDelay : 15
MaxHops : 20
TxHoldCount : 3
PathCostMethod : Long
BPDUGuard : Disabled
BPDUFilter : Disabled

###### MST 0 vlans mapped : 1-9,11-19,21-29,31-39,41-4094
BridgeAddr : 00d0.f8ff.525f
Priority : 32768
TimeSinceTopologyChange : 0d:0h:10m:38s
TopologyChanges : 0
DesignatedRoot : 800000D0F8BFFE71
RootCost : 0
RootPort : Fa0/2
CistRegionRoot : 800000D0F8BFFE71
```

```
CistPathCost : 200000
//以下信息表明该交换机是 VLAN10、VLAN30 的主根，是 VLAN20、VLAN40 的备选根：


###### MST 1 vlans mapped : 10,30
BridgeAddr : 00d0.f8ff.525f
Priority : 4096
TimeSinceTopologyChange : 0d:19h:44m:27s
TopologyChanges : 0
DesignatedRoot : 100100D0F8FF525F
RootCost : 0
RootPort : 0


###### MST 2 vlans mapped : 20,40
BridgeAddr : 00d0.f8ff.525f
Priority : 8192
TimeSinceTopologyChange : 0d:19h:44m:27s
TopologyChanges : 0
DesignatedRoot : 200200D0F8FF525F
RootCost : 0
RootPort : 0


sw_L#show spanning-tree mst configuration      //查看生成树的配置信息
Multi spanning tree protocol : Enabled
Name    :
Revision : 1
Instance  Vlans Mapped
--------  -------------------------------------------------------
0         1-9,11-19,21-29,31-39,41-4094
1         10,30
2         20,40
--------------------------------------------------------------------
```

（4）配置 sw_R

开启生成树，状态设为 MSTP，配置实例和版本，并配置实例的优先级：

```
RG-S35B(config)#spanning-tree
RG-S35B(config)#spanning-tree mode mstp
RG-S35B(config)#spanning-tree mst configuration
RG-S35B(config-mst)#instance 1 vlan 10,30
RG-S35B(config-mst)#revision 1
RG-S35B(config-mst)#instance 2 vlan 20,40
RG-S35B(config-mst)#revision 1
RG-S35B(config-mst)#exit
```

```
RG-S35B(config)#spanning-tree mst 2 priority 4096
                        //配置实例2的优先级为4096
RG-S35B(config)#spanning-tree mst 1 priority 8192
                        //配置实例1的优先级为8192


RG-S35B#show spanning-tree        //查看生成树信息


StpVersion : MSTP
SysStpStatus : Enabled
BaseNumPorts : 24
MaxAge : 20
HelloTime : 2
ForwardDelay : 15
BridgeMaxAge : 20
BridgeHelloTime : 2
BridgeForwardDelay : 15
MaxHops : 20
TxHoldCount : 3
PathCostMethod : Long
BPDUGuard : Disabled
BPDUFilter : Disabled


###### MST 0 vlans mapped : 1-9,11-19,21-29,31-39,41-4094
BridgeAddr : 00d0.f8b8.3287
Priority : 32768
TimeSinceTopologyChange : 0d:0h:3m:23s
TopologyChanges : 0
DesignatedRoot : 800000D0F8B83287
RootCost : 0
RootPort : 0
CistRegionRoot : 800000D0F8B83287
CistPathCost : 0
//以下信息表明该交换机是VLAN10、VLAN30的备选根，是VLAN20、VLAN40的主根:
###### MST 1 vlans mapped : 10,30
BridgeAddr : 00d0.f8b8.3287
Priority : 8192
TimeSinceTopologyChange : 0d:19h:55m:25s
TopologyChanges : 0
DesignatedRoot : 100100D0F8FF525F
RootCost : 190000
RootPort : Ag1
```

```
###### MST 2 vlans mapped : 20,40
BridgeAddr : 00d0.f8b8.3287
Priority : 4096
TimeSinceTopologyChange : 0d:19h:55m:25s
TopologyChanges : 0
DesignatedRoot : 100200D0F8B83287
RootCost : 0
RootPort : 0


RG-S35B#show spanning-tree mst configuration    //查看生成树的配置信息
Multi spanning tree protocol : Enabled
Name     :
Revision : 1
Instance  Vlans Mapped
--------  ------------------------------------------------------
0         1-9,11-19,21-29,31-39,41-4094
1         10,30
2         20,40
--------------------------------------------------------------
```

MSTP 配置完成。

4. 配置核心交换机间端口聚合

两个核心交换机的端口 G0/1 和 G0/2 可配置为 Trunk 或 Access 口，本例已将其配置为 Trunk 口）。

（1）sw_L 配置：

```
sw_L(config)#interface g0/1                  //进入 G0/1 口
sw_L(config-if)#port-group 1                 //将该端口加入端口聚合组 1 内
sw_L(config-if)#exit
sw_L(config)#interface g0/2
sw_L(config-if)#port-group 1
sw_L(config-if)#end


sw_L(config)#interface aggregatePort 1
sw_L(config-if)#switchport mode trunk        //将聚合接口模式设为 trunk
sw_L(config-if)#exit
```

（2）sw_R 配置：

```
sw_R
sw_R(config)#interface f0/3
sw_R(config-if)#port-group 1
sw_R(config-if)#exit
sw_R(config)#interface f0/4
```

```
sw_R(config-if)#port-group 1
sw_R(config-if)#end

sw_R(config)#interface aggregatePort 1
sw_R(config-if)#switchport mode trunk      //将聚合接口模式设为trunk
sw_R(config-if)#exit
```

查看聚合端口的状态：

```
Sw_L#show aggregatePort 1 summary
AggregatePort MaxPorts SwitchPort Mode   Ports
------------- -------- ---------- ------ -------------------------
Ag1          8        Enabled    Trunk  Gi0/1, Gi0/2

Sw_R#show aggregatePort 1 summary
AggregatePort MaxPorts SwitchPort Mode   Ports
------------- -------- ---------- ------ -------------------------
Ag1          8        Enabled    Trunk  Gi0/1 , Gi0/2
```

端口聚合配置完成。

5. 配置路由和 HSRP

（1）sw_L 配置：

```
sw_L(config)#interface vlan 10
sw_L(config-if)#standby 1 ip 172.16.10.254   //配置虚拟IP
sw_L(config-if)#standby 1 preempt            //配为抢占模式
sw_L(config-if)#standby 1 priority 254
//配置VLAN10的standby优先级为254
sw_L(config-if)#exit
sw_L(config)#interface vlan 20
sw_L(config-if)#standby 2 ip 172.16.20.254   //配置虚拟IP
sw_L(config-if)#standby 2 preempt            //设为抢占模式
//VLAN20的standby不设优先级,默认为100
sw_L(config-if)#exit

sw_L(config)#interface vlan 30
sw_L(config-if)#standby 3 ip 172.16.30.254    //配置虚拟IP
sw_L(config-if)#standby 3 preempt             //设为抢占模式
sw_L(config-if)#standby 3 priority 254
//VLAN30的standby优先级设为254
sw_L(config-if)#exit

sw_L(config)#interface vlan 40
sw_L(config-if)#standby 4 ip 172.16.40.254     //配置虚拟IP
```

```
sw_L(config-if)#stand 4 preempt                    //设为抢占模式
！VLAN40 的 standby 不设优先级,默认为 100
sw_L(config-if)#exit

sw_L(config)#router ospf 100                       //配置 ospf 动态路由
sw_L(config-router)#network 172.16.2.0 0.0.0.255 area 0
//将该网段声明到区域 0 中
sw_L(config-router)#network 172.16.0.0 0.0.255.255 area 0
```
//将该网段声明到区域 0 中(或者声明 172.16.10.0、172.16.20.0、172.16.30.0、172.16.40.0 四个网段)
```
sw1(config-router)#end
```

（2）sw_R 配置：

```
sw_R(config)#interface vlan 10
sw_R(config-if)#standby 1 ip 172.16.10.254         //配置虚拟 IP
sw_R(config-if)#standby 1 preempt                  //配为抢占模式
//VLAN10 的 standby 不设优先级,默认为 100
sw_R(config-if)#exit
sw_R(config)#interface vlan 20
sw_R(config-if)#standby 2 ip 172.16.20.254         //配置虚拟 IP
sw_R(config-if)#standby 2 preempt                  //设为抢占模式
sw_R(config-if)#standby 1 priority 254
//配置 VLAN20 的 standby 优先级为 254
sw_R(config-if)#exit

sw_R(config)#interface vlan 30
sw_R(config-if)#standby 3 ip 172.16.30.254         //配置虚拟 IP
sw_R(config-if)#standby 3 preempt                  //设为抢占模式
//VLAN30 的 standby 不设优先级,默认为 100
sw_R(config-if)#exit

sw_R(config)#interface vlan 40
sw_R(config-if)#standby 4 ip 172.16.40.254         //配置虚拟 IP
sw_R(config-if)#stand 4 preempt                    //设为抢占模式
sw_R(config-if)#standby 1 priority 254
//配置 VLAN40 的 standby 优先级为 254
sw_R(config-if)#exit


sw_R(config)#router ospf 100                       //配置 ospf 动态路由
sw_R(config-router)#network 172.16.1.0 0.0.0.255 area 0
//将该网段声明到区域 0 中
sw_R(config-router)#network 172.16.0.0 0.0.255.255 area 0
```

//将该网段声明到区域 0 中（或者声明 172.16.10.0、172.16.20.0、172.16.30.0、172.16.40.0 四个网段）

```
sw1(config-router)#end
```

R1 配置：作为出口路由器，配置上下行的接口 ip，以及 OSPF 动态路由

```
RG-S35C(config)#interface s0/0/0
RG-S35C(config-if)#ip address 61.1.1.100 255.255.255.0
RG-S35C(config-if)#exit
RG-S35C(config)#interface f0/1
RG-S35C(config-if)#ip address 172.16.1.2 255.255.255.0
RG-S35C(config-if)#exit
RG-S35C(config)#interface f0/2
RG-S35C(config-if)#ip address 172.16.2.2 255.255.255.0
RG-S35C(config-if)#exit
RG-S35C(config)#router ospf 100          //配置 ospf 动态路由
RG-S35C(config-router)#network    172.16.1.0    0.0.0.255    area    0
RG-S35C(config-router)#network    172.16.2.0    0.0.0.255    area    0
RG-S35C(config-router)#network    61.1.1.100    0.0.0.255    area    0
RG-S35C(config-router)#end


sw_L
sw_L#show standby
```

If	Group	State	Priority	Preempt	Interval	Virtual IP	Auth
VL10	1	master	254	may	1	192.168.10.250	
VL20	2	backup	100	may	1	192.168.20.250	
VL30	3	master	254	may	1	192.168.30.250	
VL40	4	backup	100	may	1	192.168.40.250	

```
sw_L#show ip route
```

Type: C - connected, S - static, R - RIP, O - OSPF, IA - OSPF inter area
       N1 - OSPF NSSA external type 1, N2 - OSPF NSSA external type 2
       E1 - OSPF external type 1, E2 - OSPF external type 2

Type	Destination IP	Next hop	Interface	Distance	Metric	Status
C	172.16.1.0/24	0.0.0.0	Fa0/5	0	0	Active
O	172.16.2.0/24	172.16.1.2	Fa0/5	110	2	Active
O	172.16.6.0/24	172.16.1.2	Fa0/5	110	2	Active
O	172.16.7.0/24	172.16.1.2	Fa0/5	110	2	Active

```
C    192.168.10.0/24    0.0.0.0       VL10    0     0    Active
C    192.168.20.0/24    0.0.0.0       VL20    0     0    Active
O    192.168.20.0/24    172.16.1.2    Fa0/5   110   3    Active
C    192.168.30.0/24    0.0.0.0       VL30    0     0    Active
C    192.168.40.0/24    0.0.0.0       VL40    0     0    Active
O    192.168.40.0/24    172.16.1.2    Fa0/5   110   3    Active
```

192.168.20.0 和 192.168.40.0 各学到两条路由，一条是由直连学到的。同时，35B
上也存在这两个 IP 地址，所以通过 35C 的 OSPF 路由学习到了 35B 的 20.0 和 40.0 的
地址。

```
RG-S35B
RG-S35B#show standby

If     Group State   Priority Preempt Interval Virtual IP     Auth
---    ---   -----   -------  ------- -------- -----------    ----
VL10   1     master  254      may     1        192.168.10.250
VL20   2     backup  100      may     1        192.168.20.250
VL30   3     master  254      may     1        192.168.30.250
VL40   4     backup  100      may     1        192.168.40.250


RG-S35B#show ip route

Type:  C - connected, S - static, R - RIP, O - OSPF, IA - OSPF inter area
       N1 - OSPF NSSA external type 1, N2 - OSPF NSSA external type 2
       E1 - OSPF external type 1, E2 - OSPF external type 2


Type Destination IP    Next hop     Interface  Distance Metric  Status
---  --------------    ----------   ---------- -------- ------  ------
O    172.16.1.0/24     172.16.2.2   Fa0/5      110      2       Active
C    172.16.2.0/24     0.0.0.0      Fa0/5      0        0       Active
O    172.16.6.0/24     172.16.2.2   Fa0/5      110      2       Active
O    172.16.7.0/24     172.16.2.2   Fa0/5      110      2       Active
C    192.168.10.0/24   0.0.0.0      VL10       0        0       Active
O    192.168.10.0/24   172.16.2.2   Fa0/5      110      3       Active
C    192.168.20.0/24   0.0.0.0      VL20       0        0       Active
C    192.168.30.0/24   0.0.0.0      VL30       0        0       Active
O    192.168.30.0/24   172.16.2.2   Fa0/5      110      3       Active
C    192.168.40.0/24   0.0.0.0      VL40       0        0       Active
```

192.168.10.0 和 192.168.30.0 各学到两条路由，一条是由直连学到的。同时，35A
上也存在这两个 IP 地址，所以通过 35C 的 OSPF 路由学习到了 35A 的 10.0 和 30.0 的
地址。

```
RG-S35C
```

```
RG-S35C#show ip route

Type:  C - connected, S - static, R - RIP, O - OSPF, IA - OSPF inter area
       N1 - OSPF NSSA external type 1, N2 - OSPF NSSA external type 2
       E1 - OSPF external type 1, E2 - OSPF external type 2

Type Destination IP  Next hop        Interface Distance Metric  Status
---  --------------  --------        --------  -------- ------  ------
     172.16.1.0/24   0.0.0.0         Fa0/3     0        0       Active
C    172.16.2.0/24   0.0.0.0         Fa0/4     0        0       Active
C    172.16.6.0/24   0.0.0.0         Fa0/1     0        0       Active
     172.16.7.0/24   0.0.0.0         Fa0/2     0        0       Active
     192.168.10.0/24 172.16.1.1      Fa0/3     110      2       Active
O    192.168.20.0/24 172.16.2.1      Fa0/4     110      2       Active
O    192.168.30.0/24 172.16.1.1      Fa0/3     110      2       Active
O    192.168.40.0/24 172.16.2.1      Fa0/4     110      2       Active
```

从路由表可以发现，VLAN10 和 VLAN30 的数据通过 35A 下行，VLAN20 和 VLAN40 的数据通过 35B 下行。

思考与动手

1. 常用的内部网关协议和外部网关协议有哪些？

2. 路由协议的作用是什么？

3. 理解 RIP、IGRP、EIGRP 和 OSPF 的特点。

4. 在 RIP、IGRP 和 EIGRP 的配置中，均会使用到 network 命令。该命令应如何使用？其后应跟什么参数？

5. 引入自治域系统对配置路由有何好处？

6. 简述防止路由环路的方法。

7. 在实际环境或 GNS3 模拟软件上完成本章各实例的配置。

第 *8* 章

广域网协议及其配置

本章提要

广域网的作用距离或延伸范围比局域网大，距离的量变导致了技术质的变化。不同的广域网服务，其传输线路、网络设备的使用不同，但也存在多种服务使用同一个物理线路的情况，因此从其链路层协议的使用来区分广域网类型会更恰当。

对广域网的掌握应侧重于在路由器上正确配置广域网协议，实现 Intranet 的远程连接或与 ISP 网络的连接；掌握如何在 Cisco 路由器上进行常用的广域网协议（如 PPP、HDLC 和 Frame-Relay 协议）的配置。

在实验室环境中，通过路由器的 DCE 和 DTE 电缆，把其广域网口直接对连起来，模拟广域网的专线线路。配置时与实际环境一样，只有配置正确，才能连通。把路由器配置为帧中继交换机，可模拟帧中继网络进行有关实验。

【学习目标】

（1）学会广域网协议的封装。

（2）学会配置路由器使用帧中继网络通信。

（3）学会在 PPP 封装的线路上配置 CHAP 认证。

8.1 广域网与广域网协议

广域网（Wide Area Network，WAN）是作用距离或延伸范围较局域网大的网络，正是距离的量变引起了技术的质变，它使用与局域网不同的物理层和数据链路层协议。中国电信的公用传输网络，如 PSTN、帧中继、DDN 等都是广域网的实例。我们对广域网的掌握侧重于如何在路由器上正确配置相应的广域网协议，对于公用传输网络本身的设备及其工作原理等可稍做了解。

8.1.1 广域网协议与 OSI 参考模型的对应关系

常用的广域网协议包括点对点协议（Point-to-Point Protocol，PPP）、高级数据链路控制协议（High-Level Data Link Control，HDLC）、平衡型链路访问进程协议（Link

Access Procedure Balanced，LAPB）、帧中继协议（Frame-Relay，FR）等。这些协议与 OSI 参考模型的前两层或前三层相对应。

1. 广域网的网络设施

广域网的网络设施主要由广域网的节点交换机和传输介质组成。节点交换机是一个统称，具体按照其使用的链路层协议或功能命名。例如，使用 ATM 协议的称为 ATM 交换机，使用帧中继协议的称为帧中继交换机，而使用 PPP 和 HDLC 协议的数字网络 DDN 的节点交换机称为数字交叉连接复用设备。广域网的传输介质主要是光缆，其次还包括数字微波、卫星通道等。广域网的框架如图 8-1 所示。

图 8-1　广域网的框架

2. 物理层及其协议

广域网的物理层及其协议定义了数据终端设备和数据通信设备的接口标准,如接口引脚的电气、机械特性与功能等。计算机、路由器是典型的 DTE 设备，而 MODEM、CSU/DSU 则是典型的 DCE 设备。

路由器的串口能够提供对多种广域网线路的连接。路由器作为 DTE 设备，其串口通过专用电缆连接数字通信设备 CSU/DSU,该设备再与广域网到用户的连接线路连接。换句话说，路由器的同步串口一般要通过 CSU/DSU 设备来连接广域网线路。CSU/DSU 设备主要用于接口及数据格式的转换，并提供同步时钟信号。

3. 数据链路层及其协议

广域网的数据链路层及其协议定义了数据帧的封装格式和在广域网上的传送方式，包括点对点协议、高级数据链路控制协议、平衡型链路访问进程协议、帧中继协议等。

PPP 协议来源于串行链路 IP 协议 SLIP，能在同步或异步串行环境下提供主机到主机、路由器到路由器的连接，PPP 主要属于数据链路层的协议，但也包括网络层的 3 个协议，即 IP 控制协议、IPX 控制协议和 AT 控制协议，分别用于 IP、IPX 和 AT 网络。PPP 是路由器在串行链路的点对点连接配置上常用的协议。通常，除 Cisco 路由器之间的连接不首选它外，其他公司路由器之间或其他公司路由器和 Cisco 路由器之间的连接都启用 PPP 来封装数据帧。

HDLC 是国际标准化组织（ISO）定义的标准，也是用于同步或异步串行链路上的协议。由于不同的厂家对标准有不同的发展，因此，不同厂家的 HDLC 协议是不兼容的。例如，Cisco IOS 的 HDLC 是 Cisco 公司专用的，它定义的数据帧格式和 ISO 是不一样的，两者不兼容。在 Cisco 路由器上，HDLC 是默认配置协议。HDLC 的配置十分简单，但对于 Cisco 路由器和非 Cisco 路由器之间的连接，则不能使用默认的配置而应都启用 PPP。

LAPB 是作为分组交换网络 X.25 的第二层而定义的，但也可以单独作为数据链路层的传输协议使用。X.25 网络所用的广域网协议称为 X.25 协议，包括从物理层到网络层的多个协议。

FR 是一种高效的广域网协议，也是主要工作于数据链路层的协议。FR 是在分组交换技术基础上发展起来的一种快速分组交换技术，简化了 X.25 协议的差错检测、流量控制和重传机制，提高了网络的传输速率。

4. 网络层及其协议

广域网协议应当具有网络层部分协议或能提供对其他网络层协议的支持，如 X.25 的分组层协议就对应于 OSI 参考模型的网络层协议；而 PPP 协议则使用网络控制程序协议 IPCP、IPXCP 和 ATCP 提供对网络层协议 IP、IPX 和 AT 的支持。

8.1.2 广域网的种类

常用的广域网包括 X.25、帧中继、DDN、ISDN 和 ATM 等。

1. 分组交换网络 X.25

采用 X.25 的分组交换网络是一种面向连接的共享式传输服务网络，由于在 X.25 推出时的通信线路质量不好，经常出现数据丢失，即比特差错率高，为了增强可靠性，X.25 采用两层数据检验用于处理错误及丢失的数据报的重传。但这些机制的采用同时也降低了线路的效率和数据传输的速率。由于目前的通信线路质量有所改善，以数字光纤网络为主干的通信线路可靠性大大增强，比特差错率极低（1/1000000000 以下），所以 X.25 协议的可靠性处理机制就会显得没有必要。

2. 帧中继 FR

帧中继技术是在分组交换技术的基础上发展起来的一种快速分组交换技术。帧中继协议可以认为是 X.25 协议的简化版，它去掉了 X.25 的纠错功能，把可靠性的实现交给高层协议去处理。帧中继采用面向连接的虚电路（Virtual Circuit，VC）技术，可提供交换虚电路 SVC 和永久虚电路 PVC 服务。帧中继的主要优点如下：

➢ 吞吐量大，能够处理突发性数据业务。
➢ 能动态、合理地分配带宽。

> ➤ 端口可以共享，费用较低。

帧中继的主要缺点是无法保证传输质量，即可靠性较差，这也同样源自对校验机制的省略。也就是说，省略校验机制在带来优点的同时也带来了缺点，但优点是主要的。

帧中继也是数据链路层的协议，最初是作为 ISDN 的接口标准提出的，现通常用于 DDN 网络中，即利用 DDN 的物理线路运行帧中继协议提供帧中继服务。

➤ 3. 数字数据网 DDN

数字数据网（Digital Data Network，DDN）是利用数字信息道传输数字信号的数据传输网络，它采用电路交换方式进行数据通信，整个接续路径采用端到端的物理连接。DDN 的主要优点是信息传输延时小，可靠性和安全性高。DDN 的通信速率通常为 64kbit/s～2.048Mbit/s，当信息的传送量较大时，可根据信息量的大小选择所需要的传输速率通道。DDN 的主要缺点是所占用的带宽是固定的，而且通信的传输通路是专用的，即使在无数据传送时，别人也不能使用，所以网络资源的利用率较低。我国银行、证券公司早期大都使用 DDN 连接总部和分支机构网络。

➤ 4. 综合业务数字网 ISDN

综合业务数字网（ISDN）是指在现有模拟电话网的基础上提供或支持包括语音通信在内的多种媒体通信服务的网络，这些媒体包括数据、传真、图像、可视电话等，是一个以综合通信业务为目的的综合数字网。

ISDN 又分为窄带综合业务数字网（N-ISDN）和宽带综合业务数字网（B-ISDN）。前者是基于电话网发展起来的技术；后者则采用异步传输模式（ATM）技术来实现。

ISDN 的通信速率在 64kbit/s～2.048Mbit/s 之间，目前 ISDN 多用于大、中型企业网络的广域网备份连接。

➤ 5. 异步传输模式 ATM

ATM（Asynchronous Transfer Mode）是一种结合了电路交换和分组交换优点的网络技术，提供的带宽范围为 52～622Mbit/s，广泛适用于广域网、城域网、局域网干线之间及主机之间的连接。ATM 是由 ATM 交换机连成的，每条通信链路独立操作，采用统计复用的快速分组交换技术，特别适用于突发式信息传输业务。它支持多媒体数据实时应用，对音频、视频信号的传输延时小。

8.2 广域网协议的配置

在路由器上配置广域网协议，是针对所用的广域网链路，在其广域网端口上封装相应的广域网协议。从一端路由器的广域网端口传出的 IP 包，在路由器上被广域网协议封装成帧后发送给广域网节点交换机，经过多个节点交换机转发该帧到达目标交换机的广域网端口，目标交换机对该帧解封装，获得原 IP 包。所以，两端路由器的广域网端口必须封装相同的广域网协议，并且与广域网的节点交换机使用的协议相同。

8.2.1　广域网模拟实验环境的建立

一般的教学实验室不可能让路由器连接到广域网上,只能用连接电缆或设备模拟广域网。

▶1. 点到点连接广域网的模拟

通过广域网端口用 DTE/DCE 电缆直接连接两台路由器,即建立起了在路由器上配置广域网协议的实验环境,如图 8-2 所示,点到点链路的广域网协议配置均可在此环境实现。

| Router | DTE电缆 | DCE电缆 | Router |

图 8-2　广域网协议的实验环境

▶2. 点到多点连接广域网的模拟

对于点到多点的广域网链路,如帧中继网络,则通过把路由器配置为帧中继交换机来模拟。

8.2.2　X.25 配置◇

X.25 是公用分组交换网络使用的网络协议,在早期使用十分普遍。

▶1. X.25 协议概述

(1) X.25 协议的结构。与 OSI 参考模型对应,X.25 协议定义了第一层～第三层的功能。X.25 的第一层定义了电气和物理端口特性;X.25 的 LAPB 定义了第二层的功能及其实现,主要定义了用于 DTE/DCE 连接的帧格式,对应 OSI 参考模型数据链路层的功能;X.25 的第三层则描述了分组的格式及分组交换的过程,实现与 OSI 参考模型网络层对应的功能。

X.25 第三层(分组层)协议描述了分组层所使用分组的格式和两个三层实体之间进行分组交换的规程。在这一层可以建立多达 4096 条逻辑信道(虚电路)。

X.25 第二层(链路层)协议 LAPB 定义了 DTE 与 DCE 之间交互的帧格式和规程。

X.25 第一层(物理层)协议 X.21 则定义了 DTE 与 DCE 之间进行连接时的一些物理电气特性。但因到用户端仍是通过电话线路进行,而电话线路多为模拟通道,故物理层实际使用的通常还是 V.24(即 RS 232 或 TIA/EIA 232)协议。

(2) 物理连接。X.25 网络设备由数据终端设备、数据电路终端设备和分组交换设备组成。

用户网络中的计算机、路由器是典型的 DTE 设备,而基带 MODEM、分组交换机

◇ 标记的内容作为选学,全书同。

PSE 则是典型的 DCE 设备。

X.25 规范定义了 DTE 与 DCE 之间的连接方式和 DTE 与 DTE 之间的连接方式。DTE 通常指的是用户端的主机、路由器或终端等；DCE 则常指同步调制解调器（基带 MODEM 或称数字 MODEM）等设备。

路由器通常作为 DTE 方，通过 V.35 或 V.24 线缆与 DCE（基带 MODEM）连接，基带 MODEM 的另一端口则与分组交换机 PSE 连接。

作为用户，关心的不是数据在 PSE 之间传送的细节，而是 DTE 之间端对端的通信（这里指 Cisco 路由器之间的通信）参数如何在路由器上进行配置。

（3）虚电路。使用 X.25 协议在 DTE 设备间进行通信时，通信的一端必须首先呼叫另一端，请求在它们之间建立一个会话连接，被呼叫的一端可以根据设置接收或拒绝这个连接请求。一旦这个连接建立，两端的设备可以全双工地进行信息传输，并且任意一端在任意时刻均可以拆除这个连接。

X.25 协议为两台通信的 DTE 之间建立的连接称为虚电路。虚电路分为永久虚电路（Permanent Virtual Circuit，PVC）和临时虚电路（Switched Virtual Circuit，SVC）两种。PVC 用于两端之间频繁的、流量稳定的数据传输；而突发性的数据传输则多采用 SVC。

① 临时虚电路的连接建立在数据传输前，一方首先请求建立连接的呼叫，被呼叫方接受呼叫，连接建立，然后开始进行全双工数据传输，当没有数据传输时则挂断连接，这称为呼叫终止。在数据传输完成后且呼叫终止前，虚电路处于空闲状态。

② 永久虚电路的连接不需通过呼叫来建立连接，用户一旦申请，则由服务供应商提供永久的连接。

虚电路连接是一种逻辑连接，但对用户而言，犹如拥有一条物理的专线，并且这条专线还能提供一点到多点的连接。一旦在一对 DTE 之间建立一条虚电路，这条虚电路便被赋予一个唯一的虚电路号，当其中的一台 DTE 发送分组（数据报文）时，它便给这个分组标上号（虚电路号）交给 DCE 设备，DCE 就是根据分组所携带的虚电路号来决定如何在交换网内部交换这个数据分组，使其正确到达目的地。X.25 第二层（LAPB）在 DTE/DCE 之间建立一条链路被 X.25 第三层复用，最终呈现给用户的是可以使用的若干条虚电路。

（4）X.121 地址。每个分配给用户路由器使用的 X.25 网络端口都有一个 X.121 地址，呼叫对方即是呼叫对方的 X.121 地址，最大可以为 14b 十进制数。X.121 地址只在 SVC 呼叫时使用，在虚电路建立后，就使用逻辑通道标识符来标识远端 DTE 设备。

X.25 网络提供的数据传输速率较低，我国的 X.25 即公用分组交换网提供的最大传输速率为 64kbit/s。

2. X.25 配置步骤

配置 X.25 需要配置 X.25 封装、X.121 地址、X.121 地址与 IP 地址的映射、X.21 虚电路号等。配置均在接口配置模式下进行，注意将命令行中出现的 X.25 协议书写成 x25。

（1）配置端口 IP 地址。在路由器的广域网端口上，配置 IP 地址：

```
ip address ip-address mask
```

其中，*ip-address* 为 IP 地址，*mask* 为子网掩码。

（2）配置 X.25 封装。在接口配置模式下，使用如下命令：

```
encapsulation x25 dte | dce
```

对通过 V.35 或 RS-232 线缆直连的两台 Cisco 路由器，配置 X.25 协议时，在连接 DCE 线缆的路由器上应配置 DCE 封装（Encapsulation）。由该路由器提供同步时钟，需配置端口带宽与时钟频率。

```
bandwidth bandwidth-value
clock rate clock rate-value
```

其中，*bandwidth* 为带宽，单位为 kbit/s，*clock rate* 为同步时钟频率，单位为 bit/s。

（3）配置本路由器接口的 X.121 地址。

```
x25 address x.121-address
```

其中，*x.121-address* 是本路由器接口的 X.121 地址，实际配置时使用 X.25 服务商提供的地址。

（4）配置对端路由器的 IP 地址与 X.121 地址的映射（可以根据需要进行多个映射）。

```
x25 map ip ip-address x.121-address[broadcast]
```

其中，*ip-address* 为对端路由器的 IP 地址，*x.121-address* 为对端路由器的 X.121 地址，可选项 broadcast 表示在 X.25 虚电路中可以传送路由广播信息。

（5）配置 X.25 的最大双向虚电路编号。

```
x25 htc circuit-number
```

其中，*circuit-number* 是最大的虚电路编号。虚电路编号范围为 1～4096，Cisco 路由器默认为 1024。国内 X.25 一般分配给用户为 16。因为许多 X.25 交换机是从高到低建立虚电路的，所以 *circuit-number* 不能超过申请到的最大值。国内的 X.25 可以按带宽申请，最高可申请 64kbit/s。每个 X.25 线路最多可以同时有 16 个虚电路，编号为 1～16。因此，该配置一般为 x25 htc 16。默认情况下，Cisco 路由器的最低双向虚电路号为 1。

（6）配置 X.25 连接时可以一次同时建立的虚电路数。

```
x25 nvc count
```

其中，*count* 最大为 8，且应为 2 的倍数。

（7）配置 X.25 在清除虚电路前的等待周期。

```
x25 idle minutes
```

当申请的线路为 SVC 时，该配置表示如果在指定的分钟数内没有任何数据传输（包括动态路由数据），路由器将清除该 X.25 连接。在默认状态下，Cisco 2600 系列路由器的 idle 参数为 0，表示一旦建立 X.25 连接后，就永远不清除该连接。为节省费用，可设置合适的分钟值。

国内的 X.25 交换虚电路（SVC）的计费方式有按数据流量和按 SVC 连接时间两种。

（8）重新启动 X.25，使配置生效。

```
clear x25 {serial number | cmns interface mac address}[vc number |
cmns interface mac address][vc number]
```

（9）清除 X.25 SVC 虚电路，启动 PVC。

```
clear x25-vc
```

（10）查看 X.25 的相关信息。

```
show x25 interface
show x25 map
show x25 vc
```

8.2.3 帧中继配置

▶ 1. 帧中继概述

（1）帧中继结构。帧中继在许多方面非常类似于 X.25，但它是一种支持高速交换的网络体系结构。X.25 是针对模拟电话网络的情况而设计的，为保证数据传输无误，在每个节点处都要进行大量的差错检查或其他处理，这样一来，就会降低 X.25 网络的传输速率。

现在的数字光纤网络的误码率极低，在 X.25 中简化对节点差错检查等处理，以使得网络具有较高的传输速率。帧中继协议就是这样的一种解决方案。帧中继网络在传递数据时不带确认机制，没有纠错功能，但它提供了一套合理的带宽管理和防止阻塞的机制，用户能有效地利用预先约定的带宽，同时还允许突发数据占用未预定的带宽。

帧中继网络在中国是公用传输网络（如中国电信就提供帧中继网络服务），主要用于传递数据业务，用户路由器作为 DCE 连接到作为 DCE 的帧中继交换机上，通过帧中继网络建立虚电路连接，虚电路用数据链路识别码来标识，如图 8-3 所示，为某公司的广州总部和北京分公司网络使用帧中继连接的情形。

图 8-3　帧中继网络

（2）帧中继的虚电路与 DLCI。帧中继协议是一种统计复用的协议，与 X.25 一样，它在单一物理传输线路上能够提供若干条虚电路，每条虚电路用数据链路链接识别码（Data Link Connection Identifier，DLCI）来标识。

① 虚电路。帧中继虚电路是属于逻辑的电路连接，其物理设施是运营商的若干帧中继交换机及其链接。

虚电路分为两种类型，即 PVC 和 SVC。PVC 是由运营商在帧中继网内部预配置的，对用户而言可以像专线那样持续使用；而 SVC 是通过向网络发送消息动态建立的，需要在数据发送前建立，数据发送完拆除。在帧中继中使用最多的是 PVC。

② DLCI。虚电路提供一台设备到另一台设备之间的双向通信路径。DLCI 只具有本地意义，也就是说，DLCI 在帧中继网络并不是唯一的。DLCI 的本地意义如图 8-4 所示。帧中继服务提供商负责分配 DLCI 编号，通常，DLCI 0～15 和 1008～1023 留给特殊用途。因此，服务提供商分配的 DLCI 范围为 16～1007。虚电路是面向连接的，对用户有意义的 DLCI 标识的是通往端点处设备的虚电路，用户不需关心在帧中继交换机之间连接的虚电路 DLCI。

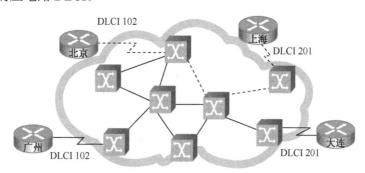

图 8-4　DLCI 的本地意义

具有本地意义的 DLCI 已成为主要的编址方法，因为同一个 DLCI 可用于若干不同的位置并引用不同的连接。本地编址方法可防止因网络的不断发展导致 DLCI 用尽。

③ 多条虚电路。帧中继是统计复用电路，意味着它每次只能传输一个数据帧，但在同一个物理线路上允许同时存在多个逻辑连接。连接到帧中继网络的用户路由器可能通过多条虚电路连接到各个端点。同一个物理线路上的多条虚电路用各自的 DLCI 相互区分。如图 8-5 所示的是一条物理线路上的两条虚电路，每条虚电路都有自己的 DLCI，均连接到同一个路由器（R1）上。

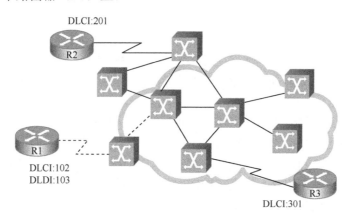

图 8-5　一条物理线路上的两条虚电路

由于在网络单一物理传输线路上能够提供多条虚电路，故租用帧中继比租用 DDN 专线便宜。

（3）帧中继地址映射。DLCI 是帧中继网络的第二层地址。帧中继地址映射是把虚电路连接的对端设备的协议地址（IP 或 IPX 地址等）与本地设备的帧中继地址（本地的 DLCI）关联起来，以便高层协议用对端设备的协议地址就能够寻址到对端设备。

帧中继主要用来承载 IP 协议和 IPX 协议。在网络层，发送 IP（或 IPX）数据报时，根据路由表可知道数据报下一跳 IP（或 IPX）地址；而在数据链路层，发送前必须由该 IP（或 IPX）地址确定它对应的 DLCI。这个过程通过查找帧中继地址映射表来完成，因为地址映射表中存放的是对端 IP（或 IPX）地址和下一跳 DLCI 的映射关系。地址映射表的每一项可以由手工配置，也可以由 Inverse ARP 协议自动添加或删除。

（4）承诺信息速率 CIR。当公司使用帧中继接入服务时，服务商会根据所缴费用为公司提供一个 CIR（Committed Information Rate，承诺信息速率），这个速率是给用户保证的速率，也就是用户的流量始终可以达到这个访问速率，同时还可能在网络空闲时超过这个速率传输。用户可以免费享受超出 CIR 的"突发流量"，但是超出部分的数据是没有保障的，在 ISP 网络阻塞时，超出的数据报有可能会被丢弃。

（5）本地管理接口 LMI。LMI（Local Management Interface，本地管理接口）是在路由器与 ISP 帧中继交换机之间传递虚电路操作，并可查询状态信息的信令标准。LMI 有 3 种类型，即 Cisco、ANSI、Q.933A。对于公司的路由器来说，选择哪一种类型，是由 ISP 的帧中继交换机决定的，配置公司的路由器 LMI 类型和 ISP 的帧中继交换机匹配才可以正常工作。

2. 帧中继配置步骤

帧中继的配置可分为 DCE 端和 DTE 端的配置。在实际应用中，Cisco 路由器为 DTE 端，帧中继交换机为 DCE 端，时钟信号由帧中继交换机提供。在实验室中做帧中继连接实验，是将路由器模拟为帧中继交换机。

对帧中继而言，DCE 端的定义与物理层接口连接的线缆是 DCE 还是 DTE 无关，也就是说，连接 DTE 线缆的路由器同样可以配置充当 DCE 设备——帧中继交换机。

（1）作为 DTE 的路由器配置。

① 指定路由器接口或子接口，配置网络层协议地址。指定连接帧中继的路由器接口并配置 IP 地址，若一个接口上连接多条虚电路，则通常要配置一个（多点）或多个（点到点）子接口，并在子接口上根据需要配置 IP 地址或其他网络层协议地址，如 IPX 地址。

在多条虚电路连接到本地路由器一个物理接口的情况下，由于路由的水平分割，会阻碍路由更新发送到其他的远端路由器。禁用水平分割可以解决更新问题，但是发生路由环路的可能性会增加，所以一般在只有一条虚电路时才禁用水平分割。

通常的解决方法是配置点到点子接口，这样就不需禁用水平分割，但这时需要指明每个子接口的虚电路 DLCI。

② 指定帧中继协议及其封装格式（必选）。接口配置模式下指定帧中继封装格式：

```
encapsulation frame-relay cisco|ietf
```

Cisco 路由器默认的封装格式为 cisco，如果对端路由器是非 Cisco 路由器，则采用另外一种格式 ietf（Internet 工程任务组）封装。

③ 设置带宽（可选）。在接口配置模式下，使用 bandwidth 命令设置串行接口的带宽，以 kbit/s 为单位指定带宽。该命令通知路由协议已为该链路静态配置了带宽，便于路由协议（如 EIGRP）计算度量值。

④ 设置 LMI 类型（可选）。在 Cisco 路由器自动感应 LMI 类型时，此步骤为可选步骤。Cisco 支持 3 种类型的 LMI，Cisco 路由器默认的 LMI 类型是 Cisco。Cisco IOS 11.2 版本及以后版本支持本地管理接口 LMI 的自动感应（自动识别帧中继交换机的 LMI），不用显示配置此项。在接口配置模式下，LMI 的配置命令格式如下：

```
Frame-relay lmi-type cisco|ansi|q933a
```

⑤ 指明点到点子接口连接的 DLCI。与用户端路由器接口相连的虚电路 DLCI 由帧中继交换机分配，用户配置物理接口或多点子接口时不需指明，但是在点到点子接口上则必须使用如下命令格式指明 DLCI：

```
Frame-relay Interface-dlci dlci
```

帧中继子接口可以在点对点或多点模式下配置。

点对点：一个点对点子接口可建立一条到远程路由器上其他物理接口或子接口的永久虚电路连接。在这种情况下，每个点对点路由器接口或子接口均位于自己的子网上，每个点对点子接口都有一个 DLCI。在点对点环境中，每个子接口的工作与每个物理接口类似。由于每条点对点虚电路都是一个独立的子网，故路由更新流量不再遵循水平分割规则，即可以从同一物理接口进出（从子接口看，是从某些子接口进，另一些子接口出）。

多点：一个多点子接口可建立多个到远程路由器上多个物理接口或多个子接口的永久虚电路连接。所有参与连接的接口都位于同一个子网中。该子接口的工作与一个物理接口类似，因此，路由更新流量遵循水平分割规则。通常，所有多点虚电路都属于同一个子网。

对于启用逆向 ARP 的动态映射多点子接口，也必须配置 DLCI。对于配置为静态映射的多点子接口，不需配置 DLCI。

⑥ 配置动态或静态的地址映射（必选）。动态地址映射使用帧中继的逆 ARP 协议，请求从已知 DLCI 号查询下一跳地址（Next hop Protocol Address），当有逆 ARP 协议应答时，将其保存在 Address-to-DLCI 映射表中。在 Cisco 路由器中，逆 ARP 协议默认是打开的，故动态地址映射不需要做显式配置。

静态地址映射是人工指定下一个希望到达的地址（Next hop Protocol Address）与 DLCI 的对应关系。静态映射需要在路由器上手动进行配置，它的建立应根据网络需求而定。要在下一跳协议地址和 DLCI 地址之间进行映射，可使用如下命令：

```
frame-relay map protocol protocol-address dlci [broadcast] [ietf]
[cisco]  //该下一跳地址是 DLCI 虚电路对端路由器的接口或子接口地址，对端为非
                //Cisco 路由器时需使用关键字 ietf
```

Protocol-Type 包括的协议有 IP、IPX、Decent、Apple Talk 等。

例如：

```
Router(config-if)#frame-relay map ip 10.1.1.2 102
            //102为本地dlci号，10.1.1.2为对端IP地址
```

帧中继、ATM 和 X.25 都是非广播多路访问 （NBMA）网络。NBMA 网络只允许在虚电路上或通过交换设备将数据从一台计算机传输到另一台计算机。NBMA 网络不支持组播或广播流量，因此，一个数据报不能同时到达所有目的地。这就需要通过广播将数据报手动复制到所有目的地。某些路由协议（如 RIP、EIGRP 和 OSPF）可能需要启用更多的配置选项才能在 NBMA 网络实现路由。最简单的处理方式则是使用关键字 broadcast，broadcast 允许在永久虚电路上广播和组播，其实现机制实际上是将广播转换为单播，以便另一个节点可获取路由更新。

⑦ 配置 SVC（可选）。帧中继是在两个节点间建立面向连接的虚电路来实现通信的，可以在物理接口或逻辑子接口上配置 SVC，在接口配置模式下使用如下命令：

```
frame-relay svc                              //激活帧中继 SVC
```

（2）作为 DCE 的帧中继交换机配置。帧中继交换机由服务商配置，用户只需知道它提供的虚电路标识 DLCI 即可。实例 8-2 是把路由器模拟为帧中继交换机及相关配置，从中可以看到 DLCI 在帧中继交换机上是如何配置的。

（3）查看配置。在特权执行模式下，使用如下命令：

```
show interface serial-number              //显示 DLCI 和 LMI 信息
show frame-relay lmi                       //显示 LMI 信息
show frame-relay pvc dlci                  //显示 PVC 信息
show frame-relay map                       //显示映射状态
show frame-relay route                     //显示帧中继交换路由
show frame-relay traffic                   //显示传输状态
```

以上步骤有的不是必选的，基本配置项请查看实例 8-1。

3. 帧中继配置举例

【实例 8-1】　如图 8-6 所示，配置参数已经标识在图中，要求配置帧中继协议，连通两异地网络。若在实验室完成此配置，则可先在 GNS3 模拟软件上进行，用软件模拟帧中继连接。

图 8-6　帧中继配置

（1）配置 Router1。

① 配置 Serial 接口：

```
R1(config)#interface serial 0/0
R1(config-if)#ip address 211.1.1.5 255.255.255.252
R1(config-if)#encapsulation frame-relay cisco   //接口封装为帧中继
R1(config-if)#frame-relay intf-type dte //指定路由器工作在 DTE 方式，
                                        //此项为默认值，不需要显式配置
Router1(config-if)#frame-relay lmi-type ansi //指定本地管理接口类型
```

```
                                              //为 ansi
    Router1(config-if)#frame-relay inverse-arp      //配置与 Router2 的动态
                                              //地址映射，此项为默认值，不需显式配置
    Router1(config-if)#frame relay map ip 211.1.1.6 102 broadcast
      //或配置与 Router2 的静态地址映射，若路由使用路由协议动态发现，则使用关键字
      //broadcast；配置静态路由则不需指定 broadcast
    Router1(config-if)#no shutdown
```

② 配置 FastEthernet 接口：

```
    R1(config)#interface fastethernet 0/0
    R1(config-if)#ip address 192.168.10.254 255.255.255.0
    R1(config-if)#no shutdown
```

③ 配置静态路由：

```
    R1(config)#ip route 192.168.1.0  255.255.255.0  10.0.1.2
```

④ 配置 PC1 的 IP 参数：IP 地址为 192.168.10.1，子网掩码为 255.255.255.0，默认网关为 192.168.10.254。

（2）配置 Router2 及 PC2 的 IP 参数。请读者参考 R1 自行完成，注意两台路由器均是 DTE 设备，不需要配置时钟。

（3）验证配置。配置成功后，PC1 和 PC2 互 ping，应能 ping 通；使用 show frame-relay map 命令，能看到活动的 DLCI 映射。

```
    R1#show frame-relay map
    Serial0/0  (up): ip 211.1.1.6 dlci 102 (0x66,0x1860), static,
             CISCO, status defined, active
    R2#show frame-relay map
    Serial0/0  (up): ip 211.1.1.5 dlci 201 (0xC9,0x3090), static,
             CISCO, status defined, active
```

【实例 8-2】 路由器模拟帧中继交换机的配置如图 8-7 所示，连通网络，要求 R1 和 R2 启用 EIGRP 路由协议。

图 8-7 路由器模拟帧中继交换机的配置

（1）图中 R1 和 R2 上的环回口 Lo0 用于测试连通性，R1 的有关配置如下：

```
R1(config)#interface lo0
R1(config)#ip address 192.168.10.1 255.255.255.0
R1(config)#router eigrp 1
R1(config)#network 192.168.10.0
R1(config)#network 10.1.1.0
R1(config)#interface s0/0
R1(config)#ip address 10.1.1.1 255.255.255.252
R1(config-if)#encapsulation frame-relay
R1(config-if)#shutdown   //在配置帧中继交换机之前，可先关闭路由器广域网口
```

R2 上的相关配置请读者自行完成。

（2）模拟帧中继网的路由器 FR Switch 配置。

① 将 FR Switch 配置为帧中继交换机并在 R1 和 R2 之间创建 PVC：

```
FR-Switch(config)#frame-relay switching  //全局模式下启用帧中继交换，
                                //使其能根据 DLCI 而非根据 IP 地址转发帧
```

② 将接口封装类型更改为帧中继。与 HDLC 或 PPP 一样，帧中继也是数据链路层协议，用于指定第二层流量的封装方式：

```
FR-Switch(config)#interface serial 0/0
FR-Switch(config)#clock rate 64000   //注意时钟信号由帧中继交换机提供
FR-Switch(config-if)#encapsulation frame-relay
```

③ 将接口类型更改为 DCE，告知路由器发送 LMI keepalive 数据报并允许应用 frame-relay route 语句：

```
FR-Switch(config-if)#frame-relay intf-type dce
```

④ 创建 PVC：

```
FR-Switch(config-if)#frame-relay route 102 interface serial 0/1 201
        //将 DLCI 102 从接口 S0/0 的传入流量通过接口 S0/1 转发到 DLCI 201
FR-Switch(config-if)#no shutdown
FR-Switch(config-if)#interface serial 0/1
FR-Switch(config)#clock rate 64000
FR-Switch(config-if)#encapsulation frame-relay
FR-Switch(config-if)#frame-relay intf-type dce
FR-Switch(config-if)#frame-relay route 201 interface serial 0/0 102
FR-Switch(config-if)#no shutdown
```

上面的配置创建了两条 PVC 并同时分配了 DLCI，一条从 R1 到 R2（DLCI：102），另一条从 R2 到 R1（DLCI：201）。

⑤ 用 show frame-relay pvc 命令检验该配置：

```
FR-Switch#show frame-relay pvc
PVC Statistics for interface Serial0/0 (Frame Relay DCE)
```

	Active	Inactive	Deleted	Static
Local	0	0	0	0
Switched	0	1	0	0

```
    Unused            0           0            0            0

DLCI = 102, DLCI USAGE = SWITCHED, PVC STATUS = INACTIVE, INTERFACE
= Serial0/0

  input pkts 0            output pkts 0            in bytes 0
  out bytes 0             dropped pkts 0           in pkts dropped 0
  out pkts dropped 0       out bytes dropped 0
  in FECN pkts 0          in BECN pkts 0           out FECN pkts 0
  out BECN pkts 0         in DE pkts 0             out DE pkts 0
  out bcast pkts 0        out bcast bytes 0
  30 second input rate 0 bits/sec, 0 packets/sec
  30 second output rate 0 bits/sec, 0 packets/sec
  switched pkts 0
  Detailed packet drop counters:
  no out intf 0          out intf down 0          no out PVC 0
  in PVC down 0          out PVC down 0           pkt too big 0
  shaping Q full 0       pkt above DE 0           policing drop 0
  pvc create time 00:03:33, last time pvc status changed 00:00:19

PVC Statistics for interface Serial 0/1 (Frame Relay DCE)

             Active    Inactive    Deleted     Static
  Local         0          0           0          0
  Switched      0          1           0          0
  Unused        0          0           0          0

DLCI = 201, DLCI USAGE = SWITCHED, PVC STATUS = INACTIVE, INTERFACE
= Serial0/1

  input pkts 0            output pkts 0            in bytes 0
  out bytes 0             dropped pkts 0           in pkts dropped 0
  out pkts dropped 0          out bytes dropped 0
  in FECN pkts 0          in BECN pkts 0           out FECN pkts 0
  out BECN pkts 0         in DE pkts 0             out DE pkts 0
  out bcast pkts 0        out bcast bytes 0
  30 second input rate 0 bits/sec, 0 packets/sec
  30 second output rate 0 bits/sec, 0 packets/sec
switched pkts 0
  Detailed packet drop counters:
  no out intf 0          out intf down 0          no out PVC 0
  in PVC down 0          out PVC down 0           pkt too big 0
```

```
              shaping Q full 0         pkt above DE 0          policing drop 0
              pvc create time 00:02:02, last time pvc status changed 00:00:18
```

注意 Inactive 列中的 1，因为创建的 PVC 没有配置任何端口（关闭了 R1 和 R2 的广域网接口），因此帧中继交换机将该 PVC 标记为 Inactive。

⑥ 查看第二层路由。使用 show frame-relay route 命令将显示现有的所有帧中继路由及其接口、DLCI 和状态。这是帧中继流量在网络中传输时采用的第二层路由，勿将其与第三层 IP 路由相混淆。

```
FR-Switch#show frame-relay route
Input Intf      Input Dlci      Output Intf      Output Dlci      Status
Serial0/0       102             Serial0/1        201              inactive
Serial0/1       201             Serial0/0        102              inactive
```

⑦ 开启 R1 和 R2 广域网接口，查看路由表。开启 R1 和 R2 广域网接口后，显示接口已打开而且已建立 EIGRP 邻接关系。

```
R1#*Sep 9 18:05:08.771: %DUAL-5-NBRCHANGE: IP-EIGRP(0) 1: Neighbor
10.1.1.2 (Serial0/0) is up: new adjacency
R2#*Sep 9 18:05:47.691: %DUAL-5-NBRCHANGE: IP-EIGRP(0) 1: Neighbor
10.1.1.1 (Serial0/0) is up: new adjacency
```

查看 R1 的路由表：

```
R1#show ip route
Codes: C - connected, S - static, R - RIP, M - mobile, B - BGP
       D - EIGRP, EX - EIGRP external, O - OSPF, IA - OSPF inter area
       N1 - OSPF NSSA external type 1, N2 - OSPF NSSA external type 2
       E1 - OSPF external type 1, E2 - OSPF external type 2
       i - IS-IS, su - IS-IS summary, L1 - IS-IS level-1, L2 - IS-IS
level-2
       ia - IS-IS inter area, * - candidate default, U - per-user
static           route
       o - ODR, P - periodic downloaded static route
 Gateway of last resort is not set

C    192.168.10.0/24 is directly connected, FastEthernet0/0
D    192.168.20.0/24 [90/20640000] via 10.1.1.2, 00:00:07, Serial0/0
     10.0.0.0/30 is subnetted, 1 subnets
C    10.1.1.0 is directly connected, Serial0/0
```

⑧ 查看地址映射：

```
R1#show frame-relay map
Serial0/0 (up): ip 10.1.1.2 dlci 102, dynamic, broadcast, CISCO,
status defined, active
R2#show frame-relay map
Serial0/0 (up): ip 10.1.1.1, dlci 201, dynamic,broadcast, CISCO,
status defined, active
```

任务 8-1　配置通过点对点子接口利用帧中继连通总部与分公司网络

【主要设备】

Cisco 2811 路由器 3 台，计算机 3 台，帧中继线路（实际环境），模拟帧中继交换机的有 3 个广域网串口的路由器 1 台（实验室环境），或者在 GNS3 模拟软件上完成任务。

【网络拓扑】

网络拓扑如图 8-8 所示，若使用路由器模拟帧中继交换机，则帧中继网络由路由器代替。

【具体要求】

某公司网络总部 Router1 在广州，分公司 Router2、Router3 分别在北京和上海，使用帧中继服务进行联网，试用子接口方式配置路由器连通网络。

图 8-8　点对点子接口的帧中继连接

【操作步骤】

配置思路：广州路由器有两条虚电路连接到广域网串口，在此情况下，考虑到路由水平分割规则，最好是配置使用点对点子接口来连接虚电路，这样可以不必禁用水平分割规则，使得防止环路机制继续有效。本任务使用静态地址映射实现寻址，路由协议使用 OSPF。

1. 路由器的配置

（1）配置 Router1。

```
Router1(config)#interface f0/0
Router1(config-if)#ip address 192.168.10.1  255.255.255.0
Router1(config-if)#no shutdown
Router1(config)#interface s0/0
Router1(config-if)#encapsulation frame-relay
Router1(config-if)#no shutdown
Router1(config)#interface s0/0.102 point-to-point  //配置子接口
```

```
Router1(config-subif)#ip address 1.1.1.1 255.255.255.252
Router1(config-subif)#frame-relay interface-dlci 102
                //指明该子接口连接虚电路 DLCI 102
Router1(config-subif)#frame-relay map ip 1.1.1.2 102 broadcast
                //配置与上海路由器的静态地址映射
Router1(config)#interface s0/0.103 point-to-point
Router1(config-subif)#ip address 1.1.1.5 255.255.255.252
Router1(config-subif)#frame-relay interface-dlci 103
                //指明该子接口连接虚电路 DLCI 103
R1(config-subif)#frame-relay map ip 1.1.1.6 103 broadcast
                //配置与北京路由器的静态地址映射
Router1(config)#router ospf 1
Router1(config-router)#network 1.1.1.0  0.0.0.3 area 0
Router1(config-router)#network 1.1.4.0  0.0.0.3 area 0
Router1(config-router)#network 192.168.10.0  0.0.0.255 area 0
```

（2）配置 Router2。

```
Router2(config)#interface f0/0
Router2(config-if)#ip address 192.168.20.1 255.255.255.0
Router2(config-if)#no shutdown
Router2(config)#interface s0/0
Router2(config-if)#encapsulation frame-relay
Router2(config-if)#no shutdown
Router2(config-if)#interface s0/0.201 point-to-point
                //北京路由器也可只使用物理接口，这里还是配置了子接口
Router2(config-subif)#ip address 1.1.1.2 255.255.255.252
Router2(config-subif)#frame-relay interface-dlci 201
                //使用了点对点子接口就必须指明 DLCI
Router2(config-subif)#frame-relay map ip 1.1.1.1 201 broadcast
                //配置与广州路由器的静态地址映射
Router2(config)#router ospf 2
Router2(config-router)#network 1.1.1.0  0.0.0.3 area 0
Router2(config-router)#network 192.168.20.0  0.0.0.255 area 0
```

（3）配置 Router3。

```
Router3(config)#interface f0/0
Router3(config-if)#ip address 192.168.30.1 255.255.255.0
Router3(config-if)#no shutdown
Router3(config)#interface s0/0
Router3(config-if)#encapsulation frame-relay
Router3(config-if)#no shutdown
Router3(config-if)#interface s0/0 301 point-to-point
Router3(config-subif)#ip address 1.1.1.6 255.255.255.252
Router3(config-subif)#frame-relay interface-dlci 301
```

```
Router3(config-subif)#frame-relay map ip 1.1.1.1 201 broadcast
                //配置与广州路由器的静态地址映射
Router3(config)#router ospf3
Router3(config-router)#network 1.1.1.4  0.0.0.3 area 0
Router3(config-router)#network 192.168.30.0  0.0.0.3 area 0
Router3(config-router)#version 2
```

▶2. 三台 PC 的 IP 参数配置

设置 IP 参数，请读者自己完成。

▶3. 测试验证

（1）查看活动的映射：

```
Router1#show frame-relay map
Serial0/0.102 (up): point-to-point dlci, dlci 102, broadcast, status
defined, active
Serial0/0.103 (up): point-to-point dlci, dlci 103, broadcast, status
defined, active      //注意与物理接口上的地址映射显示有所不同，子接口上对端
                     //IP 地址无显示
```

（2）查看虚电路 PVC 的状态：

```
Router#show frame-relay pvc
PVC Statistics for interface Serial0/0 (Frame Relay DTE)
DLCI = 102, DLCI USAGE = LOCAL, PVC STATUS = ACTIVE, INTERFACE =
Serial0/0.102
input pkts 14055      output pkts 32795        in bytes 1096228
out bytes 6216155     dropped pkts 0           in FECN pkts 0
in BECN pkts 0        out FECN pkts 0          out BECN pkts 0
in DE pkts 0          out DE pkts 0
out bcast pkts 32795  out bcast bytes 6216155
DLCI = 103, DLCI USAGE = LOCAL, PVC STATUS = ACTIVE, INTERFACE =
Serial0/0.103
input pkts 14055      output pkts 32795        in bytes 1096228
out bytes 6216155     dropped pkts 0           in FECN pkts 0
in BECN pkts 0        out FECN pkts 0          out BECN pkts 0
in DE pkts 0          out DE pkts 0
out bcast pkts 32795  out bcast bytes 6216155
```

可见两条永久虚电路的状态均为激活（active）。

（3）查看路由表：

```
Router#show ip route
Codes: C - connected, S - static, I - IGRP, R - RIP, M - mobile,
B- BGP
       D - EIGRP, EX - EIGRP external, O - OSPF, IA - OSPF inter area
       N1 - OSPF NSSA external type 1, N2 - OSPF NSSA external type 2
```

```
                E1 - OSPF external type 1, E2 - OSPF external type 2, E - EGP
                i - IS-IS, L1 - IS-IS level-1, L2 - IS-IS level-2, ia - IS-IS
        inter area
                * - candidate default, U - per-user static route, o - ODR
                P - periodic downloaded static route

        Gateway of last resort is not set

            1.0.0.0/30 is subnetted, 3 subnets
        C     1.1.1.0 is directly connected, Serial0/0.102
        C     1.1.1.4 is directly connected, Serial0/0.103
        O     1.1.1.8 [110/3124] via 1.1.1.2, 00:31:35, Serial0/0.102
                     [110/3124] via 1.1.1.6, 00:31:35, Serial0/0.103
        C   192.168.10.0/24 is directly connected, FastEthernet
            192.168.20.0/32 is subnetted, 1 subnets
        O     192.168.20.1 [110/1563] via 1.1.1.2, 00:37:34, Serial0/0.102
            192.168.30.0/32 is subnetted, 1 subnets
        O     192.168.30.1 [110/1563] via 1.1.1.6, 00:31:35, Serial0/0.103
```

可见，已可路由到 Router2 和 Router3 所连的以太网。

（4）PC 间的访问：从 PC2 和 PC3 上 ping PC1 的 IP 地址，能够 ping 通。

以上结果均说明多点帧中继连接已经实现。

思考： 此时，PC2 和 PC3 能够相互访问吗？

8.2.4　DDN 与 HDLC 配置

数字数据网 DDN 是一种点对点的同步数据通信链路，它支持 PPP、SLIP、HDLC、SDLC 等链路层通信协议，允许 IP、Novell IPX、Apple Talk、DECnet 等多种网络层协议在上面运行。此网络除了可提供专线给用户使用外，还支持帧中继协议的应用，向用户提供虚电路连接的帧中继服务。

> **1. 高级数据链路控制协议 HDLC**

HDLC 是一个点对点的 WAN 协议，工作在链路层，其帧结构有两种类型：一种是 ISO HDLC 帧结构，另一种是 Cisco HDLC 帧结构。由于 Cisco HDLC 帧结构标准支持单一链路上同时运行多个协议而 ISO HDLC 帧结构不支持，故路由器产品中使用 Cisco HDLC 而不使用 ISO HDLC。

HDLC 是 Cisco 路由器默认的广域网协议。把 Cisco HDLC 用于 DDN 专线，效率很高，Cisco 路由器之间的连接就使用 HDLC，但因非 Cisco 路由器不支持 Cisco HDLC，故它们连接时就应该采用另一种同步连接协议 PPP。

在默认情况下，Cisco 路由器的 HDLC 的协议是激活的，是 Cisco 路由器的默认封装类型，不需进行显式配置。但若端口已被封装为其他类型，则应在接口配置模式下使用封装命令 encapsulation hdlc 重新进行封装。

在实际应用中，Cisco 路由器接 DDN 专线时，同步串口需要通过 DTE 串行电缆连接 CSU/DSU，这时 Cisco 路由器为 DTE，CSU/DSU 为 DCE，由 CSU/DSU 提供时钟。在实验环境中，可将两台路由器通过两条串行电缆（如 V.35 电缆）直接连接，一台作为 DTE，另一台作为 DCE，由作为 DCE 的一方提供同步时钟，必须为该 DCE 路由器设置时钟频率，在接口配置模式下使用配置命令 clock rate *clockrate-value* 进行设置。

2. 使用 DDN 连接的配置

（1）用 DDN 连接 Internet 的配置。使用 DDN 专线上网时，如果采用 HDLC 协议，则配置最简单且效率最高。当申请 DDN 通过中国公用计算机网（CHINANET）接入 Internet 时，用户根据需要申请一组合法 IP 地址，服务商按申请分配，通常还另提供一个 IP 地址给用户作为用户路由器的广域网接口 IP 地址。

此时，IP 地址的配置分为两种情况：一种情况是用户网络的每台计算机都配置一个合法的 IP 地址；另一种情况是用户网络的计算机使用内部保留的 IP 地址，通过网络地址转换 NAT 映射内部地址为合法地址。后一种情况是局域网接入 Internet 的最常用模式，将在本章末进行讨论，下面介绍前一种情况的配置步骤。

① 配置以太网口 IP 地址：

```
Router(config)#interface ethernet 0
Router(config-if)#ip address ip-address mask
                //IP 地址为合法地址中的一个
```

② 配置广域口封装格式：

```
Router(config)#interface serial 0
Router(config-if) #encapsulation ppp|hdlc
            //默认的封装是 HDLC，用户的封装需要和服务商路由器的封装一致
```

③ 配置广域网口 IP 地址：

```
Router(config-if)#ip address ip-address mask
                //使用服务商提供的 IP 地址和子网掩码
```

④ 配置静态路由或默认路由：

```
Router(config)#ip route 0.0.0.0 0.0.0.0 next hop ip-address|
interface
```

其中，next hop ip-address| interface 为对端路由器相邻接口地址或本路由器广域网接口名称。因为与 ISP 是专线直连，故通常只需配置如上的默认路由即可。

（2）用 DDN 连接公司总部和分支机构网络。对安全性要求极高的大型企业，早期会选择使用 DDN 专线连接公司总部和分支机构网络，但 DDN 费用昂贵；现今的选择则更多，如在帧中继或 Internet 中构建 VPN（虚拟专用网络）来保证安全性，将在第 9 章进行讨论。

配置方法与用 DDN 连接 Internet 的方法一样，只是对端路由器由 ISP 的换成了企业自身的（一端是公司总部，另一端是分支机构）。在路由的配置上，则会按照总公司

和分公司的网络网段和路由进行规划，通常会选用 OSPF 或 EIGRP 路由协议并使用路由重分布。

▶3. 使用 DDN 连接 Intranet 的配置

【实例 8-3】 在如图 8-9 所示的实验网络中，配置 HDLC，连通网络。

图 8-9 使用 DDN 连接 Intranet 的配置

（1）配置 Router1 及 PC1。

① 配置 S0/0 接口：

```
Router(config)#interface serial 0/0
Router(config-if)#ip address 1.1.1.1  255.255.255.252
Router(config-if)#encapsulation hdlc
                //封装 HDLC 协议，Cisco 路由器默认
Router(config-if)#no shutdown
```

② 配置 F0/0 接口：

```
Router(config)#interface f0/0
Router(config-if)#ip address 192.168.1.1 255.255.255.0
Router(config-if)#no shutdown
```

③ 配置静态路由：

```
Router(config)#ip route 192.168.2.0  255.255.255.0  1.1.1.2
```

④ 配置 PC1 的 IP 参数：IP 地址为 192.168.1.2，子网掩码为 255.255.255.0，默认网关为 192.168.1.1。

（2）配置 Router2 及环回口 Lo0。请读者参照 Router1 的配置自行完成，需在 S0/0 接口配置时钟，并封装与 Router1 相同的广域网协议。

环回口配置：

```
Router2(config)#interface Lo0
%LINK-5-CHANGED: Interface Loopback0, changed state to up
%LINEPROTO-5-UPDOWN: Line protocol on Interface Loopback0, changed
state to up    //环回口自动激活
Router2(config-if)#ip address 192.168.2.2 255.255.255.0
```

（3）测试验证。如果配置无误，从 PC1 ping 对端 Router2 的 Lo0 口地址，应能 ping 通；查看两路由器广域网接口，应该看到封装（encapsulation）的是 HDLC 协议。

8.2.5 PPP 配置

PPP 协议是用于同步或异步串行线路的协议，支持专线与拨号连接。

在广域网中，非 Cisco 路由器如果不支持 Cisco HDLC 封装，则当非 Cisco 路由器之间或 Cisco 与非 Cisco 路由器之间使用专线连接或拨号连接时，PPP 协议会成为必选。

PPP 协议支持 CHAP（挑战握手协议）和 PAP（密码认证协议）身份认证。PPP 会话的身份认证阶段是可选的。如果使用了身份认证，就在建立二层链路、选择身份认证协议后验证对等点的身份，认证将在网络层协议配置阶段开始之前进行。PPP 安全认证是一个可选配置，在实际工程环境中，则根据需要不选或选择合适的认证协议。

用户认证协议可在一端或两端路由器上启用，启用端要求发起连接端提供用户名和口令以验证其身份。

▶ 1. PAP 与 CHAP 认证及其特点

（1）PAP 认证及其特点。使用 PAP 认证时，发起连接的路由器通过用户名和密码来表明自己的合法身份，请求与对端路由器建立连接，对端路由器比较 PAP 请求中的用户名和密码与本地数据库（路由器上）或安全服务器上数据库记录的是否一样，是则建立连接，否则拒绝连接。

PAP 的特点是请求数据未经任何加密，用户名和密码以纯文本格式发送。尽管 PAP 的安全性不高，但其资源占用少，在一些场合也被使用。

（2）CHAP 认证及其特点。配置 CHAP 认证协议后，发起连接的 R1 向对端 R2 发送建立链路请求，并协商约定使用 CHAP 认证。认证的过程如下：

① R2 发送一条询问消息（内容包括 ID、随机数和路由器名字 R2）给 R1。

② R1 根据询问消息中的名字 R2，查询自己的数据库，找到与用户 R2 的共享密码，然后使用询问消息中的 ID、随机数、名字 R2 和共享密码生成一个唯一的 MD5（摘要5）哈希数。

③ R1 把询问消息中的 ID、随机数、哈希数和名字 R1 发送给 R2。

④ R2 使用它最初发送给 R1 的 ID、随机数、名字 R2 加上共享密码生成自己的哈希数。

⑤ R2 将自己的哈希数与 R1 发送的哈希数进行比较，如果这两个数值相同，则 R2 对 R1 发送建立链路响应（如果不同，系统会生成一个 CHAP 失败数据报）。

⑥ 链路建立。

⑦ 间隔一段时间，重复步骤①～⑥，如果 R2 比较发现两个哈希数不同，则终止连接。

CHAP 的特点如下：

① 发送的询问消息每次不同且是随机不可预测的，认证比较的是 MD5 哈希数，也是每次变化不可预测的，这样使得其安全性很高，可以防止回放攻击。

② 较高的资源占用。从 CHAP 的工作过程可以看出，R1 与 R2 的交互一直在进行，且一直在进行生成 MD5 哈希数的运算，故其会比 PAP 占用更多的系统资源。

▶2. PPP 身份认证配置命令格式（假定无 AAA/TACACS 认证服务器，只由路由器提供认证）

PPP 身份认证是在接口配置模式下使用如下命令进行配置：

```
PPP authentication chap|chap pap|pap chap|pap [callin]
```

从命令格式可见，可以启用 PAP 或 CHAP，也可以同时启用两者。如果同时启用，那么链路协商期间请求的将是第一种认证方法。如果对端建议使用第二种方法或拒绝了第一种方法（如不支持第一种方法），系统将会尝试第二种方法。有些远程设备仅支持 CHAP，有些则仅支持 PAP。指定认证方法的顺序取决于远程设备的安全性配置或所支持的方法。PAP 用户名和口令以明文发送，容易被截获和重用，而 CHAP 则消除了大多数已知的安全漏洞。

可选关键字 callin 表示仅对拨入的呼叫进行身份认证。

▶3. PPP 协议带 PAP 认证的配置

（1）配置本路由器的名字和口令。

```
Router(config)#hostname hostname
Router(config)#enable secret secret-string
```

（2）在本路由器上把对端路由器的名字和口令作为本地数据库记录的用户名和口令，只有数据库有记录的用户才能连接到本路由器。

```
Router(config)#username username password password
```

其中，*username* 为对端路由器的名字，*password* 为对端路由器的口令，该口令与其使能加密口令相同。

（3）在路由器广域网接口封装 PPP。

```
Router(config-if)#encapsulation ppp
```

（4）指定 PPP 用户认证协议。

```
Router(config-if)#ppp authentication pap
```

（5）发送本路由器的名字和口令到对端路由器供其验证。

```
ppp pap sent-username hostname password password
```

▶4. PPP 配置举例

【实例 8-4】 在如图 8-10 所示的网络中， Router1 和 Router2 的接口通过 V.35 电缆直连，广域网口封装 PPP 协议，采用 PAP 认证，完成配置，连通网络。

图 8-10 PPP 配置

214

（1）配置 Router1。

```
Router(config)#hostname Router1
Router1(config)#enable secret xxxx
Router1(config)#username Router2 password yyyy
        //Router2 是对端路由器名字, yyyy 与对端路由器的使能加密口令相同
Router1(config)#interface serial0
Router1(config-if)#ip address 1.1.1.1 255.255.255.252
Router1(config-if)#encapsulation ppp
Router1(config-if)#ppp authentication chap
Router1(config-if)#ppp pap sent-username Router1 password xxxx
Router1(config-if)#no shutdown
Router1(config)#ip route 0.0.0.0 0.0.0.0 1.1.1.2
```

（2）配置 Router2。

```
Router2(config)#hostname Router2
Router2(config)#enable secret yyyy
Router2(config)#username Router1 password xxxx
        //Router1 是对端路由器名字, xxxx 与对端路由器的使能加密口令相同
Router2(config)#interface serial0/0
Router2(config-if)#ip address 1.1.1.2  255.255.255.252
Router2(config-if)#clock rate 1000000
Router2(config-if)#encapsulation ppp
Router2(config-if)#ppp authentication pap
Router2(config-if)#ppp pap sent-username Router2 password yyyy
Router2(config-if)#clock rate 1000000
Router2(config-if)#no shutdown
Router2(config)#ip route 192.168.1.0  255.255.255.0  1.1.1.1
```

（3）配置 PC1 的 IP 地址、子网掩码和默认网关，配置 Router2 的 Lo0 接口地址，请读者自己完成。

（4）测试验证。

① PC1 ping Lo0 接口地址，能 ping 通说明配置成功。

② 在①的基础上，更改任意路由器广域网口封装的广域网协议（如将 PPP 改为 HDLC），即可看到两路由器广域网接口和协议均由 up 变为 down 的提示信息。

③ 在①的基础上，更改任意路由器的名字或密码，即可看到接口和协议状态由 up 变为 down 的提示信息。

5. PPP 协议带 CHAP 认证的配置

（1）配置本路由器的名字和口令。

```
Router(config)#hostname hostname
Router(config)#enable secret secret-string
    //对端路由器的使能加密口令要与此相同（共享口令），这与 PAP 的要求是不一样的
```

（2）在本路由器上把对端路由器的名字和共享口令作为本地数据库记录的用户名和口令，只有数据库有记录的用户才能连接到本路由器。

```
Router(config)#username username password password
```

其中，*username* 为对方路由器的名字（hostname），*password* 为共享口令，对端路由器的口令应该与其使能加密口令相同。

（3）在路由器广域网接口封装 PPP。

```
Router(config-if)#encapsulation ppp
```

（4）指定 PPP 用户认证协议 CHAP。

```
Router(config-if)#ppp authentication chap
```

▶6. CHAP 配置举例

【实例 8-5】 在如图 8-10 所示的网络中，Router1 和 Router2 的接口通过 V.35 电缆直连，广域网口封装 PPP 协议，采用 CHAP 认证，完成配置，连通网络。

（1）配置 Router1。

```
Router(config)#hostname Router1
Router1(config)#enable secret xxxx
Router1(config)#username Router2 password xxxx
//配置本地数据库的用户名和口令，Router2 是对端路由器名字，xxxx 与对端路由器的
//使能加密口令相同
Router1(config)#interface serial0
Router1(config-if)#ip address 1.1.1.1 255.255.255.252
Router1(config-if)#encapsulation ppp
Router1(config-if)#ppp authentication chap
Router1(config-if)#no shutdown
Router1(config)#ip route 0.0.0.0 0.0.0.0 1.1.1.2
```

（2）配置 Router2。

```
Router2(config)#hostname Router2
Router2(config)#enable secret xxxx
Router2(config)#username Router1 password xxxx
Router2(config)#interface serial0/0
Router2(config-if)#ip address 1.1.1.2  255.255.255.252
Router2(config-if)#clock rate 1000000
Router2(config-if)#encapsulation ppp
Router2(config-if)#ppp authentication chap
Router2(config-if)#clock rate 1000000
Router2(config-if)#no shutdown
Router2(config)#ip route 192.168.1.0  255.255.255.0  1.1.1.1
```

（3）配置 PC1 的 IP 地址、子网掩码和默认网关，配置 Router2 的 Lo0 接口地址，请读者自己完成。

（4）测试验证。

① PC1 ping Lo0 接口地址，能 ping 通说明配置成功。

② 在①的基础上，更改任意路由器广域网口封装的广域网协议（如将 PPP 改为 HDLC），即可看到两路由器广域网接口和协议均由 up 变为 down 的提示信息。

③ 在①的基础上，更改任意路由器的名字或密码，即可看到接口和协议状态由 up 变为 down 的提示信息。

8.2.6　ISDN 配置◇

1. ISDN 的两种服务类型

ISDN 提供了两种连接服务：一种为基本速率接口 BRI 服务，另一种为主要速率接口 PRI 服务。

（1）BRI 服务。基本速率接口（Basic Rate Interface，BRI）服务面向小型办公室或个人用户，由两个 B 信道和一个 D 信道构成（2B+D）。BRI 的 B 信道速率为 64kbit/s，用于传输用户数据；D 信道的速率为 16kbit/s，用于传输控制信号。ISDN BRI 也称窄带 ISDN。

B 信道称为数据信道，能够承载使用脉冲编码调制 PCM 的用户语言、数据信息，B 信道既可用于电路交换的网络环境，如 PPP、HDLC，也可用于包交换的网络环境，如 Frame Relay、X.25。

D 信道称为信令信道，该信道不传输用户数据，只传输 DET 和 ISDN 信道间的控制信息（信令）。

（2）PRI 服务。主速率接口（Primary Rate Interface，PRI）服务面向商业环境，为客户提供高速的数据传输服务。

PRI 也由 B 信道和 D 信道组成，但其 D 信道的速率也为 64kbit/s。PRI 把多条 B 信道捆绑在一起，使得总带宽增加。

在北美和日本，PRI 定义为 23 个 B 信道和 1 个 D 信道（23B+D），总速率为 1.544Mbit/s，即是一次群速率接口 T1。

在欧洲、澳洲和中国，PRI 定义为 30 个 B 信道和一个 D 信道（30B+D），以及一个 64kbit/s 的控制信道，总速率为 2.048Mbit/s，即是一次群速率接口 E1。

2. ISDN BRI 配置

ISDN BRI 配置需要配置 ISDN 交换类型和 ISDN 服务概要识别号（Service Profile Identifiers，SPID），SPID 主要用于为 ISDN 载波提供一种号码标识，以便交换机识别出用户申请的服务类型。目前，SPID 在世界大部分地区，包括中国，已不再使用，只有北美的部分地区还在使用。

（1）指定 ISDN 交换类型。

```
Router(config)#isdn switch-type switch-type
```
国内交换机的交换类型一般为 basic-net3，所以配置成：

```
Router(config)#isdn switch-type basic-net3
```

（2）配置 BRI 端口及其 SPID。

```
Router(config)#interface bri 0
Router(config-if)#isdn spidl1 spidl1
Router(config-if)#isdn spidl2 spidl2
```

其中，*spidl1* 和 *spidl2* 为服务商分配的第一个和第二个 B 信道的号码。

（3）配置 PPP 封装。

```
Router(config-if)#encapsulation ppp
```

（4）配置协议地址与电话号码的映射。

```
Router(config-if)#dialer map protocol next-hop-address [name
hostname][broadcast]  [dial-string]
```

（5）启动 PPP 多点连接。

```
Router(config-if)#ppp multilink
```

（6）启动另一个 B 通道的配置。

```
Router(config-if)#dialer load-threshold load
```

配置完成后，在特权执行模式下，使用如下命令格式显示 ISDN 的有关配置信息：

```
show isdn {active | history | memory | timers |status}
```

3. ISDN PRI 配置

Cisco 2600 系列路由器拥有通道化的 T1/E1 PRI 接口（可选模块），ISDN PRI 配置包括 T1/E1 配置、数据帧类型、线路代码选择、信道映射等。

（1）T1 端口配置。

```
Router(config)#controller t1 0/0
                                    //定义 T1 端口，"0/0"对应"插槽/端口"
Router(config-if)#framing esf|sf    //指定数据帧类型为 esf 或 sf
Router(config-if)#linecode b8zs     //指定线路代码
```

（2）E1 端口配置。

```
Router(config)#controller e1 1/0
                    //定义 T1 端口，"1/0"对应"插槽/端口"
Router(config-controller )#framing crc4|no-crc4
                    //指定数据帧类型为 crc4 或 no-crc4
Router(config-controller)#linecode ami|hdb3     //指定线路代码
```

（3）定义 T1 或 E1 组，把组与时间槽对应起来。

```
Router(config-controller)#channel-group channel-groupnumber
timeslots range timeslots-rang
```

（4）把信道映射为 ISDN PRI 连接。

```
Router(config-controller)#pri-group timeslots 1-24| 1-31
```

其中，1-24 表示把 0～23 号信道映射为一条 ISDN PRI，1-31 表示把 0～30 号信道映射为一条 ISDN PRI。

4. ISDN BRI 配置举例

【实例 8-6】 某 Intranet 使用 Cisco 2612 路由器，通过 ISDN 拨号访问 Internet。

内部网址为 192.168.2.0/24，通过 NAT 地址转换功能实现 Internet 连接共享。假如接入服务商的 ISDN 电话号码为 263，用户名为 123321，口令为 s321123，进行配置。

（1）在全局配置模式下，配置 ISDN 交换机类型等。

```
isdn switch-type basic-net3        //指定交换机类型
ip subnet-zero
no ip domain-lookup                //关闭域名服务器查找
ip routing                         //启用 IP 路由
```

（2）配置端口 IP 地址等，指定参与 NAT 的端口。

```
interface ethernet 0
ip address 192.168.2.1 255.255.255.0
ip nat inside                      //指定本端口为需转换的内部端口
no shutdown
```

如果只使用 ISDN 端口，则可关闭同步串口 0 和 1：

```
interface serial 0
shutdown
no ip address
interface serial 1
shutdown
no ip address
```

（3）配置 ISDN BRI 端口。

```
interface bri0
ip address negotiated    //指定 BRI 通过 PPP 的 IPCP 地址协商获得 IP 地址
ip nat outside           //指定该端口为 NAT 的外部端口
encapsulation ppp        //封装 PPP
ppp authentication pap callin        //使用 PAP 做呼入认证
ppp multilink
dialer-group 1           //指定端口属于拨号组 1
dialer string 263        //设定拨号，号码为 263
dialer idle-timeout 120
ppp pap sent-username s321123 password 123321 //设定登录用户名和口令
no cdp enable            //禁用 Cisco 发现协议
no ip split-horizon      //禁用水平分割规则
no shutdown
ip route 0.0.0.0 0.0.0.0 bri 0        //配置默认路由和访问控制列表
access-list 10 permit any
              //配置访问控制列表 10，允许所有源主机参与网络地址映射 NAT
Dialer-list 1 protocol ip permit
              //定义拨号组 1 允许所有 IP 协议的数据通过
ip nat inside source list 10 interface bri 0 overload
              //设定符合访问列表，10 的所有源地址被映射为 bri 0 所获得的地址
```

8.2.7 ADSL 配置◇

对 ADSL 拨号或专线接入 Internet，目前常使用宽带路由器来实现按需拨号、路由和地址转换等功能，一般提供 Web 配置界面，配置简单方便。但多款 Cisco 路由器的以太网口也可配置成虚拟拨号接口连接 ADSL MODEM。Cisco1800 系列则有多种型号带有专门的 ADSL 接口。

Cisco 2600 系列路由器可以安装 ADSL 模块，也可使用以太网口连接 ADSL MODEM，配置后实现 ADSL 拨号访问 Internet。例如 Cisco 2621，一个以太网口接 ADSL MODEM，另一以太网口接局域网交换机，局域网中的计算机可以共享 ADSL 连接访问 Internet。

> **1. 安装 WIC-1 ADSL 模块后的配置**

```
Router#show run
vpdn enable
no vpdn logging

vpdn-group pppoe
request-dialin

interface Ethernet0
ip address 192.168.0.1 255.255.255.0
ip nat inside

interface ATM0
no ip address
no atm ilmi-keepalive
bundle-enable

dsl operating-mode auto
hold-queue 224 in

interface ATM0.1 point-to-point
pvc 1/1
pppoe-client dial-pool-number 1
interface Dialer1
ip address negotiated
ip mtu 1492
ip nat outside
encapsulation ppp
dialer pool 1
```

```
ppp authentication chap callin        //验证方式根据 ISP 要求设置
ppp chap hostname
ppp chap password

ip nat inside source list 1 interface Dialer1 overload
ip classless
ip route 0.0.0.0 0.0.0.0 dialer1
no ip http server

access-list 1 permit 192.168.0.0 0.0.0.255
```

2. Cisco 2621 以太网口连接 ADSL MODEM 的配置

```
Router#show run
version 12.2
service timestamps debug uptime
service timestamps log uptime
no service password-encryption

hostname 2621
enable secret 5 $1$LJV3$jqSDWPUYZiQBAjlnN/
ip subnet-zero
ip name-server 201.xxx.xxx.xxx
vpdn enable
vpdn-group PPPoE
request-dialin
protocol pppoe

interface FastEthernet0/0
ip address 192.168.0.1 255.255.255.0
ip nat inside
duplex auto
speed auto
interface FastEthernet0/1
no ip address
speed 10
half-duplex
pppoe enable
pppoe-client dial-pool-number 1

interface Dialer1
mtu 1492
```

```
        ip address negotiated
        ip nat outside
        encapsulation ppp
        no ip mroute-cache
        dialer pool 1
        dialer-group 1
        no cdp enable
        ppp authentication pap callin              //验证方式根据 ISP 要求设置*
        ppp pap sent-username abc123@263.net password 7 **********

        ip nat inside source list 1 interface Dialer1 overload
        ip classless
        ip route 0.0.0.0 0.0.0.0 Dialer1 permanent
        no ip http server
        ip pim bidir-enable

        access-list 1 permit any
        dialer-list 1 protocol ip permit
```

*若用 chap 认证，则相应的命令应为：

```
        ppp authentication chap
        ppp chap hostname abc123@263.net
        ppp chap password **********
```

8.3 NAT 配置

NAT 即网络地址转换（Network Address Translation），是把 Intranet 的内部专用地址转换成 Internet 全局（合法）地址的一种技术。

8.3.1 NAT 的作用

NAT 是指把局域网内部的专用地址与 Internet 全局地址建立起对应关系，这种对应关系称为映射，映射表在路由器（或其他网关设备）的缓存中生成和维护；使用内部地址的主机在访问 Internet 时或被 Internet 上的主机访问时，通过查找映射表，重新封装数据报中的源地址或目标地址。NAT 的基本作用如下：

> ➢ 节约全局地址的使用。多个内部地址可共享一个全局地址访问互联网。
> ➢ 增强安全性。由于采用 NAT 的内部主机不直接使用全局地址，故在 Internet 上不直接可见，可以在一定程度上减少被攻击的风险，增强网络的安全性。

在 Internet 上的路由器（ISP 的路由器）有拒绝所有来自用户内部网络专用地址的数据报通过的配置，所以使用内部专用地址的数据报不能直接在 Internet 上传送。

8.3.2　NAT 的种类与配置

1．NAT 术语

如图 8-11 所示，虚线框内为内部网络，框外为外部网络，有关的术语说明如下。

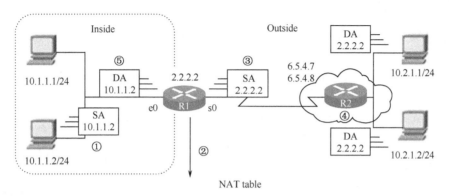

图 8-11　NAT 术语

> 本地局部地址：通常是内部网络主机使用的保留地址，如图 8-11 中的 10.1.1.1 和 10.1.1.2。

> 本地全局地址：内部网络主机访问外部网络或者被外部网络访问时使用的合法地址，通常通过路由器 NAT 映射分配，如地址 2.2.2.2。

> 外部局部地址：外部网络主机的 IP 地址，不一定是合法地址，通常使用保留地址，如 10.2.1.1 和 10.2.1.2。

> 外部全局地址：外部网络主机使用的合法地址，通常通过路由器 NAT 映射分配，如 6.5.4.7 和 6.5.4.8。

> 内部转换接口：用户定义的连接内部网络的路由器接口，在各种类型的 NAT 配置中都需要定义。

> 外部转换接口：用户定义的连接外部网络的路由器接口，在各种类型的 NAT 配置中都需要定义。

> 简单转换：IP 地址到 IP 地址的映射。

> 扩展转换：IP 地址—传输层端口到 IP 地址—传输层端口的映射。

如图 8-11 中的 NAT table 所示，既有地址又有端口的转换，称该映射表的条目为扩展地址转换条目；如果只有地址映射而无端口映射，则称为简单地址转换条目。

注意：内部网络（Inside）与外部网络（Outside）是相对而言的，如图 8-11 所示，如果对 R2 进行配置，则 10.2.1.0/24 网络为 Inside，R2 的以太网口就应该配置 ip nat inside。

图 8-11 中①~⑤标注的是数据报的访问和 NAT 的过程，本章后面图中的同类标注的意义与此相同。

按转换方式的不同，NAT 包括静态 NAT 和动态 NAT，动态 NAT 又分为地址池转换（Pool NAT）和端口地址转换（Port NAT），下面分别加以介绍。

2．静态 NAT

静态 NAT 在专用 IP 地址（或 IP 地址—传输层端口）与全局 IP 地址（或 IP 地址—传输层端口）之间进行一对一的转换。

（1）指定转换的局部地址与全局地址，还可在传输层端口间进行转换。

① 内部源地址转换。

```
Router(config)#ip nat inside source static [tcp|udp] 内部局部地址 [传
输层端口]  内部全局地址 [传输层端口]
                   //用于内部网络使用地址转换供外部网络访问，如发布 Web 服务等
```

② 外部源地址转换。

```
Router(config)#ip nat outside source static [tcp|udp] 外部全局地址 [传
输层端口] 外部局部地址 [传输层端口]
```

这种格式用于外部网络的地址和内部网络的地址有重叠时，例如，网管给自己的网络设备或计算机所分配的 IP 地址已经在 Internet 或外部网络上被分配给别的设备或计算机使用；又如，两个使用相同内部专用地址的公司合并后，两个网络即成为重叠网络。

（2）指定 NAT 内部网络接口。

```
Router(config)#interface ethernet 0
Router(config-if)#ip address ip-address netmask
Router(config-if)#ip nat inside
```

（3）指定 NAT 外部网络接口。

```
Router(config)#interface serial0
Router(config-if)#ip address ip-address netmask
                 //与要转换的内部全局地址可以是同一个，也可以不是；可以是
                 //在同一网段，也可以不是
Router(config-if)#ip nat outside
```

3．动态 NAT

动态地址转换包括动态地址池转换和动态端口地址转换两种，前者是一对一的转换，后者是一对多的转换。

（1）Pool NAT 配置。Pool NAT 执行局部地址与全局地址的一对一转换，但全局地址与局部地址的对应关系不是一成不变的，它是从全局地址池（Pool）中动态地选择一个全局地址与一个内部局部地址相对应。

与配置相关的命令格式如下：

```
ip nat pool 地址池名称 起始全局 IP 地址 结束全局 IP 地址 netmask 子网掩码
              //定义全局地址池(申请到的合法 IP 地址的范围，若只有一个地址，
              //则既为起始地址又为结束地址)，地址池名称可任取
```

```
access-list 列表号 permit 源IP地址 通配符掩码
                //配置访问控制列表,指定哪些局部地址被允许进行转换
```

其中,列表号的取值为1～99,通配符掩码的作用与子网掩码类似,格式是对子网掩码取反。

例如,若允许192.168.1.0网络的全部主机进行动态地址转换,则可使用如下命令:

```
access-list 1 permit 192.168.1.0 0.0.0.255
ip nat inside source list 列表号 pool 地址池名称
                //在局部地址与全局地址之间建立动态地址转换Pool NAT
```

若地址池名称为ssss,列表号为1,则:

```
ip nat inside source list 1 pool ssss  //表示把access-list 1允许的内
                //部地址映射成地址ssss定义的全局地址
```

（2）Port NAT配置。Port NAT是把局部地址映射到全局地址的不同端口上,因为一个IP地址的端口数有65535个,也就是说一个全局地址可以和最多65535个内部地址建立映射,故从理论上说一个全局地址就可供6万多个内部地址通过NAT连接Internet。

配置命令格式如下:

```
ip nat pool 地址池名称 起始全局IP地址 结束IP地址 netmask 子网掩码
                //定义全局地址池(申请到的合法IP地址),地址池名称可任取
access-list 列表号 permit 源IP地址 通配符掩码
                //配置访问控制列表,指定哪些局部地址被允许进行转换
ip nat inside source list 列表号 pool 地址池名称 overload
                //注意此处比Pool NAT配置多了一个overload,在局部地址与全局地址
                //之间建立端口—地址转换
```

（3）用于配置转换重叠网络地址和TCP负载均衡时的命令格式。转换重叠网络地址和TCP负载均衡是两种较为特殊的应用,本节后将举例进行说明。

① 配置转换重叠网络地址的命令格式。静态转换命令格式即外部全局地址转换格式:

```
Router (config)#ip nat outside source static [tcp|udp] 外部全局地址 [传
输层端口] 外部局部地址 [传输层端口]
```

动态转换命令格式如下:

```
ip nat outside source list 列表号 pool 地址池名称
```

② 配置TCP负载均衡时的命令格式。

```
ip nat inside destination list 列表号 pool 地址池名称
```

在定义地址池时使用的命令格式如下:

```
ip nat pool 地址池名称 起始全局IP地址 结束全局IP地址 netmask 子网掩码
type rotary
```

8.3.3 NAT配置举例

【实例8-7】配置R1实现公司网络通过DDN专线共享全局地址202.128.62.34～202.128.62.62访问Internet,配置ISP R2使之采用合法地址202.1.10.1发布Web和FTP服务。网络拓

拓扑及地址空间如图 8-12 所示。

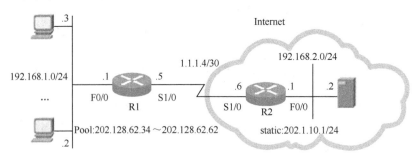

图 8-12　网络拓扑及地址空间

配置思路：公司网络通过 DDN 专线共享全局地址访问 Internet 使用 Port NAT 实现；ISP 使用合法地址 202.128.62.33 对外发布 Web 和 FTP 服务使用静态地址—端口转换实现。

（1）内部主机访问 Internet 的配置步骤。

配置局域网口 IP 地址指定 NAT 内部端口：

```
R1(config)#interface f0/0
R1(config-if)#ip address 192.168.1.1 255.255.255.0
R1(config-if)#no shutdown
R1(config-if)#ip nat inside
```

配置广域网口 IP 地址指定 NAT 外部转换端口：

```
R1(config)#interface s1/0
R1(config-if)#ip address 1.1.1.5 255.255.255.252
R1(config-if)#ip nat outside
R1(config-if)#no shutdown
```

封装 HDCL 协议：

```
R1(config-if)#encapsulation hdlc
```

设置允许访问的内部 IP 地址列表：

```
R1(config)#access-list 1 permit 192.168.1.0  0.0.0.255
```

配置全局 IP 地址池 ssss：

```
R1(config)#ip nat pool ssss 202.128.62.33 202.128.62.62 netmask
255.255.255.224
```

配置端口地址转换：

```
R1 (config)#ip nat inside source list 1 pool ssss overload
```

配置 RIP 路由，启用 RIP 版本 2（ISP R2 也配置 RIP 路由）：

```
R1(config)#router rip
R1(config-router)#version 2
R1(config-router)#network 192.168.1.0
R1(config-router)#network 1.1.1.4
```

配置一条到达 R2 上全局地址为 202.1.10.1/24 网络的静态路由：

```
R1(config)#ip route 202.1.10.0 255.255.255.0 s1/0
```
或者只配置默认路由：
```
R1(config)#ip route 0.0.0.0 0.0.0.0 serial 1/0
                              //作用与上面的 RIP 静态路由相同
```
（2）ISP 发布 Web 和 FTP 服务的配置。
```
R2(config)#interface f0/0
R2(config-if)#ip address 192.168.2.1 255.255.255.0
R2(config-if)#no shutdown
R2(config-if)#ip nat inside
```
配置广域网口 IP 地址指定 NAT 外部转换端口：
```
R2(config)#interface s1/0
R2(config-if)#ip address 1.1.1.6 255.255.255.252
R2(config-if)#ip nat outside
R2(config-if)#no shutdown
```
由于要用一个合法地址 202.1.10.1 提供两种服务，故使用 TCP 静态地址—端口转换配置：
```
R2(config)#ip nat inside source static tcp 192.168.2.2 80
202.128.62.33 80    //Web 局部到全局地址—端口转换
R2(config)#ip nat inside source static tcp 192.168.2.2 21
202.128.62.33 21    //FTP 局部到全局地址—端口(控制端口)转换
R2(config)#ip nat inside source static tcp 192.168.2.2 22
202.128.62.33 22    //FTP 局部到全局地址—端口(数据端口)转换
```
（3）配置路由。配置 RIP 路由，启用 RIP 版本 2：
```
R2(config)#router rip
R2(config-router)#version 2
R2(config-router)#network 192.168.1.0
R2(config-router)#network 1.1.1.4
```
配置一条到达 R1 的全局地址池网络的路由：
```
R2(config)#ip route 202.128.62.32 255.255.255.224 s1/0
```
也可用默认路由代替以上路由配置：
```
R2(config)#ip route 0.0.0.0 0.0.0.0 serial 1/0
```
要注意 R1 和 R2 上的路由处理，必须具有能到达对方全局地址网络的路径，静态路由配置或默认路由配置都是正确的处理方式。

【实例 8-8】 转换重叠地址。如图 8-13 所示，如果内部网络的主机要访问外部网络上使用同样地址（全局地址）或网段的主机，那么在 R1 上应该配置静态或动态的外部源地址转换，把一个或多个外部主机或主机所在网络的全局地址转换成 outside pool 地址——外部局部地址。在外部主机较少的情况下使用静态转换，反之使用动态转换。

图 8-13 转换重叠地址

（1）配置思路。如图 8-13 所示，若采用动态外部源地址转换，由于不知道 PC3 的地址 222.1.1.3 在 R1 中到底是被转换成了地址池 ip-outside-pool 中的 192.168.1.1 还是 192.168.1.2，这种情况下必须使用域名才能实现内部网络主机（如 PC2）对具有相同网络地址的 Internet 主机 PC3 的访问，外部网络中的 DNS Server（223.1.1.2）对主机 PC3（222.1.1.3）提供域名解析。若使用静态外部源地址转换，则使用转换后的地址为目标就能访问 PC3，不需域名服务器的介入。本实例在 R1 上配置两种地址转换：一种是动态外部源地址转换；另一种就是动态内部源地址转换，把 PC1 和 PC2 的局部地址转换成全局地址池 ip-inside-pool 中的地址。

（2）访问过程。

① PC2 通过 R1 发送 DNS 查询请求，DNS Server 把 PC3 的域名 www.test.com 解析为 IP 地址 222.1.1.3 并返回 R1。

② 在 R1 中，该地址被转换成外部动态源地址，转换后的地址为 192.168.1.2，返回 PC2。

③ PC2 查询得到 PC3 的 IP 地址是 192.168.1.2，就以 192.168.1.2 为目标发起访问请求，该访问请求包当然能够顺利到达 R1。

④ R1 可配置默认路由，出口为 S0/0（或下一跳地址为 200.1.1.2），在 R1 上，该包源地址被替换为 211.1.1.2，目标地址被替换为 222.1.1.3，发往 R2。

⑤ PC3 响应包的源地址为 222.1.1.3，目标地址为 211.1.1.2，通过 R2 发往 R1，R2 可配置默认路由，下一跳地址为 200.1.1.1。

⑥ 在 R1 上，该包的源地址被替换为 192.168.1.2，目标地址被替换为 222.1.1.3（PC2 的地址）。

访问请求的发送与目标主机的响应，以及地址转换的详细过程参见 Cisco 公司的网页 http://www.cisco.com/en/US/tech/tk648/tk361/technologies_configuration_example09186a0080

093f30.shtml。

（3）NAT 配置。

```
R1(config)#interface s0/0
R1(config-if)#ip address 200.1.1.1 255.255.255.252
R1(config)#ip nat outside
R1(config-if)#no shutdown
R1(config)#interface f0/0
R1(config-if)#ip address 222.1.1.1 255.255.255.0
R1(config-if)#ip nat inside
R1(config-if)#no shutdown

R1(config)#ip nat pool ip-inside-pool 211.1.1.1 211.1.1.2 netmask
255.255.255.240
R1(config)#ip nat pool ip-outside-pool 192.168.1.1 192.168.1.2
netmask 255.255.255.240
R1(config)#ip nat inside source list 1 pool ip-inside-pool
R1(config)#ip nat outside source list 1 pool ip-outside-pool
R1(config)#access-list 1 permit 222.1.1.0 0.0.0.255
R1(config)#ip route 0.0.0.0 0.0.0.0 200.1.1.2
```

如图 8-13 所示的左端网络模拟的是外部网络，请读者按照图示参数配置以下选项。

① 配置 R2 各个接口 IP 地址、广域网串口时钟并启用各个接口。

② 配置 DNS Server 和 PC3 的 IP 参数，DNS Server 记录、PC3 的域名和 IP 地址，下一跳地址为 200.1.1.1 的默认路由。

（4）测试验证。

① 从 PC1 或 PC2 ping PC3 的域名 www.test.com，能够 ping 通。

② 在 R1 上使用特权执行命令 show ip nat translations 可以看到与图 8-13 类似的地址转换表条目。

任务 8-2 TCP 负载均衡配置

【主要设备】

Cisco 2811 路由器 2 台，计算机 6 台，交换机 2 台。

【网络拓扑】

网络拓扑如图 8-14 所示。

【具体要求】

在用户众多的情况下，为了减轻负载，使用多台物理主机发布 Web 服务等应用，所有用户都访问同一个虚拟的主机地址，而实际访问到的是随机轮到的物理主机。配置虚拟主机地址和若干真实主机地址间的轮流转换，也是 NAT 的一种应用，称为 TCP 负载均衡配置。基本机制是使用 round-robin（轮询）策略从 NAT 池中取出相应的 IP 地址用于替换访问请求包的目标地址，完成配置和测试验证。

图 8-14 TCP 负载均衡配置

【操作步骤】

配置思路：在路由器的广域网口配置虚拟主机 IP 地址，在以太网口配置与真实主机相同网段的 IP 地址。在图 8-14 的①～⑤的数据报传送过程中，虚拟地址和真实地址在 R1 中作为目标地址并转换，所以命令行中要使用 destination。

1. R1 和计算机 Server1～Server3 的配置

R1 的配置：

```
ip nat pool real-hosts 11.1.1.2 11.1.1.4 netmask 255.255.255.248 type
rotary
ip nat inside destination list 1 pool real-hosts  //内部目标地址转换
interface serial 0/0
ip address 1.1.1.2 255.255.255.252
ip nat outside
interface fastethernet 0/0
ip address 11.1.1.5 255.255.255.248
ip nat inside
access-list 1 permit 11.1.1.1 0.0.0.0
ip route 0.0.0.0 0.0.0.0 s0/1
```

配置 Server1～Server3 的 IP 地址、子网掩码和默认网关，请读者自行完成。

2. R2 和 PC1～PC3 的配置

R2 所在的网络模拟外部网络，请读者完成以下配置：

① PC1～PC3 的 IP 参数。

② R2 各个接口的 IP 地址。

③ 下一跳为 R1 的默认路由配置。

3. 测试验证

（1）从 PC1、PC2 或 PC3 ping 虚拟主机 11.1.1.1，能够 ping 通。

（2）在 R1 上使用特权执行命令 show ip nat translations 可以看到与图 8-14 类似的地址转换表条目。

当网络中的主机 A、B 和 C 向虚拟主机 11.1.1.1 发起访问请求时，NAT 使用轮询策略分别依次把请求发往 11.1.1.2、11.1.1.3 和 11.1.1.4。如果某 Web 站点主机的负载过重，就可把该站点的副本安装于多台主机之上，使用上面的配置实现负载均衡。

8.3.4　NAT 命令的其他格式与查看调试

1. 其他 NAT 命令格式举例

（1）使用前缀长度。

```
ip nat pool sss 1.1.1.16 1.1.1.31 prefix-length 28
                //前缀长度 28 位，含义与如下的命令行相同
ip nat pool sss 1.1.1.16 1.1.1.31 netmask 255.255.255.240
```

（2）分段定义地址池地址。

```
outer(config)#ip nat pool fred prefix-length 24|netmask 255.255.255.0
                //池 fred 中的地址范围不连续时可分段输入，例如：
Router(config-ipnat-pool)#address 191.69.233.225 171.69.233.226
Router(config-ipnat-pool)#address 191.69.233.228 171.69.233.238
```

（3）用接口名代表地址。

```
ip nat inside source list 1 interface Serial0 overload
        //访问 list1 中的地址转换成路由器 Serial0 接口上的地址，是地址—端口转换
```

2. NAT 的查看与调试

```
show ip nat translations            //查看活动的转换
show ip nat statistics              //查看地址转换统计信息
clear ip nat translation            //清除所有动态地址转换
debug ip nat                        //调试 NAT
```

思考与动手

1. 什么是广域网？什么是包交换？什么是电路交换？

2. 理解 PPP 协议的基本构成及 PPP 连接的建立过程。

3. 写出 PPP 配置并提供 CHAP 认证的主要步骤。

4. 什么是虚电路？什么是交换虚电路与永久虚电路？

5. 在 X.25 和 Frame Relay 网络中，如何标识虚电路？

6. 写出帧中继的基本配置步骤。

7. 在图 8-8（任务 8-1）中，如果要实现 PC3 和 PC1 的相互访问，该如何配置？
   用路由器模拟帧中继网络，完成配置、测试和验证。

8. 简述 DDN 的特点及其基本配置。

9. 总结 NAT 的主要用途，在 GNS3 模拟软件上完成实例 8-7 的配置。

第 *9* 章

访问控制列表配置

本章提要

使用防火墙是保护网络安全的主要措施之一，Cisco 路由器的访问控制列表配置功能使其可作为包过滤防火墙使用。同时，其路由器中使用的基于上下文的访问控制 CBAC 技术，则使得其比简单的包过滤防火墙功能有所提升，具有状态检测防火墙的基本功能。

访问列表分为简单 ACL 和复杂 ACL，前者包括基本 ACL 和扩展 ACL。基本 ACL 基于源 IP 地址对数据报进行过滤，扩展 ACL 基于源、目标 IP 地址和协议等对数据报进行过滤。简单 ACL 通常用列表编号或名称来标识 ACL。复杂 ACL 包括动态 ACL、时间 ACL、自反 ACL 和 CBAC。复杂 ACL 通常使用名称来标识。

ACL 要绑定在路由器的接口上，以对传入或传出路由器的数据报使用 ACL 条目（允许或拒绝数据报通过的规则），在一个端口的一个方向上只能绑定一个 ACL。

【学习目标】

（1）学会使用通配符掩码。

（2）学会配置标准 ACL 和扩展 ACL。

9.1 路由器对网络的安全保护

计算机网络提供了本地或远程共享和传输数据的能力，也正因为如此，网络又面临着安全风险，因为数据可能被窃取、篡改或删除。

对于一个 Intranet 来说，安全风险可能来自 Intranet 内部，也可能来自 Intranet 外部。对来自外部的风险，首选防火墙技术进行防范。

9.1.1 防火墙

防火墙的名字非常形象，在网络中的地位正如它的名字所示，它是一道安全之墙。根据网络安全等级和可信任关系，将网络划分成一些相对独立的子网，两侧间的通信受到防火墙的检查和控制。它可以根据既定的安全策略允许特定的数据报通过，同时把安全策略不允许的数据报隔离开来。

1. 防火墙在网络中的位置与作用

根据防火墙的物理位置，可把其分为外部防火墙和内部防火墙。外部防火墙位于 Intranet 与 Internet 之间或 Intranet 与 Intranet 之间，内部防火墙则位于 Intranet 内部各个子网之间。

防火墙无法防止来自防火墙内侧的攻击。防火墙对各种已知类型攻击的防御依赖于防火墙的正确配置；对各种最新攻击类型的防御则取决于防火墙软件更新的速度和相应的配置更新的速度。

防火墙一方面阻止来自 Internet 的对 Intranet 未授权或未验证的访问，另一方面允许内部网络的用户对 Internet 进行访问，还可作为访问的权限控制关口，如只允许 Intranet 内特定的人访问。防火墙同时还具有一些其他功能，如进行身份鉴别、对信息进行加密处理等。

防火墙不仅可用于对 Internet 的连接防护，也可以用来在 Intranet 之间和 Intranet 内部保护重要的设备和数据。对受保护数据的访问都必须经过防火墙的过滤，即使该访问来自 Intranet 内部。防火墙保护的最小单元可以是单台主机，在该机上安装防火墙软件，当外部网络的用户访问网内资源时，要经过防火墙；而内部网络的用户访问网外资源时，也会经过防火墙。这样，防火墙就起到了一个"滤网"的作用，可以将需要禁止的数据报在这里过滤掉。

2. 网络层防火墙与应用层防火墙

通常可把防火墙分为网络层防火墙和应用层防火墙。

（1）网络层防火墙。网络层防火墙主要获取数据报的包头信息，如协议号、源地址、目的地址和目的端口等，或者直接获取包头的一段数据，经过与既定策略比较后确定数据报的取舍。网络层防火墙主要的功能如下。

① 包过滤（Packet Filter）。对每个数据报按照用户所定义的规则进行过滤，可基于源地址、目的地址、端口号和协议等制定规则，然后应用规则对传入或传出防火墙的数据报进行检测，并按照规则放行或丢弃。包过滤不考虑会话的状态，也不分析数据，如用户规定允许端口号是 80 或者大于等于 1024 的数据报通过，则只要端口号符合该条件即可通过防火墙。

② 网络地址转换 NAT。地址转换位于一台 NAT 设备（代理服务器或路由器）上，它的机制是将网内主机的 IP 地址和端口替换为 NAT 设备的 IP 地址和端口。例如，一个公司内部网络的地址是 192.168.33.0 网段，而公司对外的合法 IP 地址是 201.88.16.1～201.88.160.6 并被配置在 NAT 设备上，则内部的某主机以源地址和端口 192.168.33.10：4001 通过浏览器访问 Internet 上的某一个 Web 服务器时，在通过 NAT 设备后，请求包的源 IP 地址和端口可能被替换为 201.88.16.1：4001。在 NAT 设备中维护着一张地址对应表，当外部网络的 Web 服务器返回响应包时，NAT 设备会将此包的目标 IP 地址和端口替换为内部网络的 IP 地址和端口。NAT 阻断了所有内外部

234

网络的直接访问，所有通信都必须通过它来"代理"实现，这样就可起到对特定资源的保护作用。

③ 增强功能的包过滤防火墙——状态检测防火墙。包过滤防火墙对数据报的过滤完全基于其本身包含的信息，如源地址、目的地址、端口号等，它并不关心包的状态和动态过程，如包在信息流中的位置等。

状态检测防火墙则在包过滤的基础上，使用一组附加的标准，如记录已有的网络连接、数据的传出请求等，跟踪源和目的地址、传输控制协议（TCP）序列号、端口号和每个数据报的附加 TCP 标识。只有存在已确定连接关系的正确连接时，访问才被允许通过。

例如，如果传入的包包含视频数据流，而防火墙可能已经记录了有关信息，是关于位于特定 IP 地址的应用程序最近向发出包的源地址请求视频信号的信息。如果传入的包是要传给发出请求的相同系统，防火墙进行匹配，包就被允许通过；若该包要传到的目标虽然是规则所允许的，但是该系统并未发出过相应的请求，则该包仍然会被丢弃。

（2）应用层防火墙。应用层防火墙则对整个应用信息流进行分析，然后按既定策略确定数据报的取舍。通常所说的代理（Proxy）服务器就是典型的应用层防火墙。

Proxy 服务器是指对应用程序的代理服务，该种防火墙不允许在它连接的网络之间直接通信。它接收来自内部网络特定用户应用程序的通信，然后自己与公共网络服务器建立连接。网络内部的用户不直接与外部的服务器通信，所以外部服务器不能直接访问内部网络的任何一部分。

Proxy 服务器位于内部网络与外部网络之间，客户端需要访问外部网络时，会把请求提交给 Proxy 服务器，Proxy 服务器检验此请求是否是允许的应用服务，如果是，则把相关应用服务请求以自己的名义发往位于外网的服务器目标，获得响应后将结果回传给客户端；如果不是，则丢弃此请求数据报。例如 HTTP 服务代理，Proxy 服务器解析出请求的方向，然后以自己的身份把这个请求发送给远端的 Web 服务器，远端数据返回以后，它又以自己的身份把数据传送给客户端。

同时，Proxy 服务器还会把这些数据放到 CACHE 中，如果其他客户端有相同的被允许的内容请求，就直接从 CACHE 中取出数据，而不用再向互联网上的服务器请求数据。

实际的高端防火墙产品通常兼有以上各类防火墙的功能。现在的防火墙产品已经呈现出一种集成多种功能的设计趋势，包括 VPN、AAA、PKI 、IPSec 等附加功能，甚至包括防病毒、入侵检测等主流功能，都被集成到防火墙产品中，已经逐渐向普遍被称为 IPS（入侵防御系统）的产品转化，如 Cisco 的 ASA IPS 防火墙。

（3）个人防火墙。个人防火墙是一种能够保护个人计算机系统安全的软件，也属于应用层防火墙。它可以直接在用户的计算机上运行，监视传入和传出网卡的所有网络通信，保护一台计算机免受攻击。

▶3. 硬件防火墙与软件防火墙

防火墙产品按形态又可分为硬件防火墙和软件防火墙。防火墙的功能都是靠软件来实现的，所谓硬件防火墙是指软件固化在存储器芯片中的防火墙；软件防火墙则是指需要安装在通用计算机上才能被使用的防火墙软件。

9.1.2　路由器的防火墙功能

路由器的主要功能是发现到达目标网络的路径，但也可作为防火墙，可以将其作为一种功能较简单的硬件防火墙。

一般路由器的防火墙功能主要是基于包过滤和网络地址转换 NAT，同时也支持对数据报的状态检测，如基于上下文的访问控制。此外，路由器还能提供其他一些安全防护功能，如 AAA 等。

9.2　访问控制列表 ACL 配置

路由器的包过滤是通过配置访问列表来实现的。路由器配置访问列表可以控制网络流量，按规则过滤数据报，提高网络的安全性。

9.2.1　访问列表

当外部数据报进出路由器的某个端口时，路由器首先检查该数据报是否可以传送出去，该端口中定义了数据报的过滤规则，如果包过滤规则不允许该数据报通过，则路由器将丢掉该数据报；否则该数据报通过路由器。

包过滤规则称为访问列表。对于 IP、IPX 或 Apple Talk 网络，其过滤规则有所不同，如 IP 网络的过滤规则称为 IP 访问列表（Access List），简单的 IP 访问列表有如下两种。

标准 IPACL：该种包过滤规则只对数据报中的源地址进行检查。

扩展 IPACL：该种包过滤规则对数据报中的源地址、目的地址、协议（如 TCP、UDP、ICMP、Telnet、FTP 等）或者端口号进行检查。

另外，还有其他较为复杂的访问列表类型，由于篇幅的限制，将只简单提及。

▶ 1．标准 IP ACL 与通配符掩码

（1）标准 ACL。标准 ACL 使得路由器通过对源 IP 地址的识别来控制对来自某个或某网段的主机数据报的过滤。在全局配置模式下，标准 IP ACL 的命令格式如下：

```
Router(config)#access-list access-list-number deny | permit source
wildcard-mask [log]
```

该命令的含义为定义某编号访问列表，允许（或拒绝）来自由 IP 地址 *source* 和通配符掩码 *wildcard-mask* 确定的某个或某网段的主机数据报通过路由器。

① *access-list-number* 为列表编号，取值为 1～99。Cisco IOS 软件第 12.0.1 版扩大了编号的范围，允许使用 1300～1999 的编号，从而可以定义最多 799 个标准 ACL。这些附加的编号称为扩充 IP ACL。

② deny | permit 意为允许或拒绝，必选其一，*source-ip-address* 为源 IP 地址或网络地址；*wildcard-mask* 为通配符掩码。

③ 为了增加可读性，对某条访问列表可进行 100 个字符以内的注释，查看访问列表时，注释命令和内容同时显示，注释命令的格式如下：

```
access-list access-list-number remark 注释内容
```

④ log，一旦选取该关键字，则对匹配条目的数据报生成日志消息。

（2）标准命名 ACL。除了基于编号来标识 ACL 外，还可以基于名称来标识，命名 ACL 会使人更容易理解其作用。例如，用于拒绝 FTP 的 ACL 可以命名为 NO_FTP。当使用名称而不是编号来标识 ACL 时，配置模式和命令语法略有不同。

① 创建命名 ACL。

```
Router(config)#ip access-list standard|extended name
//name 是字母数字，必须唯一且不能以数字开头，按 Enter 键进入命名 ACL 配置模式
```

② 在命名 ACL 配置模式下，使用 permit 或 deny 语句指定一个或多个条件，以确定数据报应该转发还是丢弃，使用 remark 对该条语句进行注释。

```
Router(config-std-nacl)#permit|deny|remark source wildcard-mask
```

（3）通配符掩码。通配符掩码的作用与子网掩码类似，和 IP 地址一起使用。如果说子网掩码主要用于确定某个或某些 IP 地址的网络地址，那么通配符掩码则主要用于确定某个网络所包含的 IP 地址。

① 运算规则。通配符掩码也是 32bit 的二进制数，与子网掩码相反，它的高位是连续的 0，低位是连续的 1，它也常用点分十进制来表示。

IP 地址与通配符掩码的作用规则是：32bit 的 IP 地址与 32bit 的通配符掩码逐位进行比较，通配符为 0 的位要求 IP 地址的对应位必须匹配，通配符为 1 的位所对应的 IP 地址位不必匹配，可为任意值（0 或 1）。

例如：

IP 地址 192.168.1.0 ｜ 11000000 10101000 00000001 00000000

通配符掩码 0.0.0.255 ｜ 00000000 00000000 00000000 11111111

该通配符掩码的前 24bit 为 0，对应的 IP 地址位必须匹配，即必须保持原数值不变。该通配符掩码的后 8bit 为 1，对应的 IP 地址位不必匹配，即 IP 地址的最后 8bit 的值可以任取，即可在 00000000～11111111 之间取值。换句话说，192.168.1.0　0.0.0.255 代表的就是 IP 地址 192.16.8.1.1～192.168.1.254 共 254 个。

又如：

IP 地址 128.32.4.16 ｜ 10000000 00100000 00000100 00010000

通配符掩码 0.0.0.15 ｜ 00000000 00000000 00000000 00001111

该通配符掩码的前 28bit 为 0，要求匹配，后 4bit 为 1，不必匹配，也就是说，对应的 IP 地址前 28bit 的值固定不变，后 4bit 的值可以改变。这样，该 IP 地址的前 24bit 用点分十进制表示仍为 128.32.4，最后 8bit 则为 00010000～00011111，即 16～31。换句话说，128.32.4.16　0.0.0.15 代表的就是 IP 地址 128.32.4.16～128.32.4.31 共 16 个。

② 实用举例。

【例 9-1】 全 0 的通配符掩码 123.1.2.3　0.0.0.0

全 0 的通配符掩码要求对应 IP 地址的所有位都必须匹配，故表示的就是 IP 地址 123.1.2.3 本身，在访问列表中也可表示为 host 123.1.2.3。

【例 9-2】 全 1 的通配符掩码 0.0.0.0　255.255.255.255

全 1 的通配符掩码表示对应的 IP 地址位都不必匹配。也就是说，IP 地址可任意，故例中表示的就是任意的主机 IP 地址，在访问列表中也可表示为 any。

【例 9-3】 111.11.0.0　0.0.255.255

表示网络 111.11.0.0 中所有主机的 IP 地址。注意 111.11.x.y 0.0.255.255 同样表示 111.11.0.0 网络中所有的 IP 地址，其中，x 的取值为 0～255，y 的取值为 0～254。

【例 9-4】 111.11.0.1　0.0.255.254

表示网络 111.11.0.0 中最低字节为奇数的 IP 地址，如 111.11.0.1，11.11.0.3，…，111.11.255.251，111.11.255.253。

2. 扩展 IP ACL

扩展访问列表除了能与标准访问列表一样基于源 IP 地址对数据报进行过滤外，还可以基于目标 IP 地址、协议或者端口号（服务）对数据报进行控制。使用扩展 ACL 测试数据报可以更加精确地控制流量过滤，提升网络的安全性。例如，扩展 ACL 可以允许从某网络到指定目的地的电子邮件流量，同时拒绝文件传输和网页浏览流量。扩展 ACL 也是既可以使用编号来标识，也可以使用名称来标识，其编号在 100～199 之间，以及 2000～2699 之间。

在全局配置模式下，扩展 IP ACL 的命令格式如下：

```
access-list access-list-number deny|permit|remark  protocol source
source-wildcard-mask[operator port|protocol-name]destination destination-
wildcard-mask [operator port|protocol-name] [established]
```

其中各参数的含义如表 9.1 所示。

表 9.1　扩展 IP ACL 的参数及含义

关键字或参数	含　　义
protocol	协议或协议标识关键字，包括 IP、EIGRP、OSPF、GRE、ICMP、IGMP、IGRP、TCP、UDP 等
source	源地址或网络号
source-wildcard-mask	源通配符掩码
destination	目标地址或网络号
destination-wildcard-mask	目标通配符掩码
access-list-number	访问列表号，取值为 100～199 或 2000～2699
operator port|server-name	operator 为操作符，可用的操作符包括 lt（小于）、gt（大于）、eq（等于）、neq（不等于）和 range（范围）等；port 为协议端口号；server-name 为服务名
established	仅用于 TCP 协议，指示已建立的连接

operator port|protocol-name 用于限定使用某种网络协议数据报的端口、协议名称或关键字，例如：

```
eq 21|ftp 和 eq 20|ftpdata
//限定使用TCP协议数据报的端口为21、20，或协议名称为FTP，或关键字为ftpdata
eq 80|http|www
//限定使用TCP协议数据报的端口为80，或协议名称为http，或关键字为www
```

部分常用的协议及其端口号如表9.2所示。

表9.2　部分常用的协议及其端口号

协议名称	TCP	Echo	UDP	FTP	Telnet	SMTP	TAC
端口号	6	7	17	21	23	25	49
协议名称	DNS	Finger	HTTP	POP2	POP3	BGP	Login
端口号	53	79	80	109	110	179	513

ACL定义了一组规则，用于对传入或传出的数据报施加额外的控制。ACL对路由器自身产生的数据报不起作用。一条ACL可以包含一系列检查条件，即可以用相同的标识号码定义一系列access list语句，路由器将从最先定义的条件开始依次检查，如果数据报满足某个语句的条件，则执行该语句；如果数据报不满足规则中的所有条件，Cisco路由器默认禁止该数据报通过，即丢掉该数据报。也可以认为，路由器在访问列表最后隐含一条禁止所有数据报通过的语句。

9.2.2　IP ACL 的绑定与配置举例

配置标准或扩展IP ACL后，需要再把列表放置（绑定）在路由器的某个（些）接口上，以检查过滤从这个（些）接口进出的数据报。当数据报满足某个ACL条目的条件时，就称为产生了一个匹配（match）。ACL的绑定在接口配置模式下进行，可以在传入数据报的路由器接口或在传出数据报的路由器接口绑定。可以将一个ACL绑定到多个接口，但是，每种协议（IP或IPX等）、每个接口的每个方向仅允许存在一个ACL。

绑定端口的命令格式如下：

```
ip access-group access-list-number|name out | in
```

其中，*access-list-number* 为访问列表号，out 表示对数据报在从路由器出去的接口上进行检查，in 则表示在数据报进入路由器的接口上进行检查。Cisco路由器默认在传出接口上对数据报进行检查。

▶ 1. 标准 IP ACL 配置举例

【实例9-1】　在如图9-1所示的网络中，在R1上配置标准IP ACL并实现要求：网段1上只允许主机172.17.0.110/24访问Internet，网段1不可以访问网段2，网段3（172.16.0.0/24）可以访问网段2但不能访问Internet，网段2可以访问Internet。试写出访问控制列表配置。

配置思路：用R2模拟Internet，配置一个环回口Lo0用于测试，首先配置两个路由器，使得网络的各个网段均相互连通，可在各个以太网段中各配置一台计算机用于测试（图中没有画出）。

由于是标准 ACL，只能对源地址进行过滤，故配置一个列表编号可能不能满足要求，需要配置多个列表编号。由于访问控制的源和目标在路由器的多个接口上，故可能需要在多个接口上绑定 ACL 规则。

网段1
172.17.0.0/24

网段3
172.16.0.0/24

网段2
192.168.1.0/24

Internet
Lo0 63.142.2.2

图 9-1　标准 IP ACL 配置

R1 上的接口地址、时钟和路由协议或静态路由配置请读者自己完成，下面只列出有关 ACL 的配置。

（1）配置对 Internet 的 ACL。

```
R1(config)# access-list 10 permit 172.17.0.110  0.0.0.0
           //允许该主机访问 Internet
R1(config)# access-list 10 deny 172.17.0.0  0.0.0.255
    //其余主机不可访问 Internet(主机 172.17.0.110 的包已经匹配了第一行规则)
R1(config)# access-list 10 permit 192.168.1.0  0.0.0.255
           //网段 2 可以访问 Internet
R1(config)# access-list 10 deny 172.16.0.0  0.0.0.255
           //网段 3 不可以访问 Internet
```

最后，系统会自动执行隐含语句 access-list 10 deny any，故以上命令的第 2 行、第 4 行可不显式写出。

以上规则绑定在 R1 的 S1 接口，对去往 Internet 的数据报进行检查控制：

```
R1(config)# interface s0
R1(config-if)# ip access-group 10 out
```

（2）配置对网段 2 的 ACL。

```
R1(config)# access-list 20 permit 172.16.0.0 0.0.0.255
           //网段 3 可以访问网段 2
R1(config)# access-list 20 deny 172.17.0.0 0.0.0.255
           //网段 1 不可以访问网段 2
R1(config)# access-list 20 permit any  //允许从 Internet 返回的流量
R1(config)# interface e0
R1(config-if)# ip access-group 20 out
           //在 E0 接口绑定 ACL，对传出到网段 2 的数据报进行检查控制
```

（3）测试验证。从各网段计算机用 ping 命令进行测试，验证 ACL 配置是否能够实现；使用特权执行命令 show access-list，可看到数据报与 ACL 规则匹配的情况，显示

允许或拒绝包的地址、数量。

2. 命名 ACL 配置

若使用命名 ACL，则配置如下：

```
R1(config)# ip access-list standard To-Internet
              //配置标准 IP ACL，名称为 To-Internet
R1(config)# permit 172.17.0.110  0.0.0.0
R1(config)# deny 172.17.0.0  0.0.0.255
R1(config)# permit 192.168.1.0  0.0.0.255
R1(config)# deny 172.16.0.0  0.0.0.255
R1(config)# interface s0
R1(config-if)# ip access-group To-Internet out
R1(config)# access-list standard To-SubNetwork-2
              //配置标准 IP ACL，名称为 To-SubNetwork-2
R1(config)# permit 172.16.0.0 0.0.0.255
R1(config)# deny 172.17.0.0  0.0.0.255
R1(config)# permit any   //允许从 Internet 返回的流量
R1(config)# interface e0
R1(config-if)# ip access-group To-SubNetwork-2 out
              //在 E0 接口绑定 ACL 规则
```

【实例 9-2】 在如图 9-1 所示的网络中，若要求只允许网段 2 的主机使用 Telnet 登录路由器，试进行访问控制配置。

使用标准访问控制列表配置如下：

```
R1(config)# access-list 30 permit 192.168.1.0  0.0.0.255
                          //建立访问列表 30 号
R1(config)# line vty 0 4  //建立 0～4 号共 5 个虚拟终端接口
R1(config)# password ciscoshi
R1(config)# login
R1(config-line)# access-class 30 in
//把 30 号访问列表绑定在虚拟接口上，注意绑定在虚拟接口的命令是 access-class
//而不是 ip access-group
```

任务 9-1 扩展 IP ACL 配置

【主要设备】

Cisco 2600 路由器 2 台，2960 交换机 4 台，计算机 4 台。

【网络拓扑】

按照如图 9-2 所示的拓扑连接网络，每个以太网段连接一台计算机（位于网段 1～3 的 3 台计算机未画出）。

图 9-2　扩展 IP ACL 配置

【具体要求】

改用扩展 ACL 实现实例 9-1 的访问控制要求，并附加如下限制：网段 2 中 192.168.1.0/28 子网的主机可以访问 Internet 的任何服务，其余子网的主机只能访问 63.142.2.2 的 Web 和 FTP 服务。为便于验证，在 R2 的以太网中添加了一台 Web 和 FTP 服务器。

【操作步骤】

▶▶ 1.　配置连通网络

配置路由器地址、路由，配置计算机 IP 参数等，连通网络。

▶▶ 2.　配置 ACL

```
R1(config)# access-list 100 permit ip host 172.17.0.110 any
R1(config)# access-list 100 permit ip 192.168.1.0 0.0.0.15 any
            //允许 192.168.1.0/28 访问所有服务
R1(config)# access-list 100 permit tcp 192.168.1.0 0.0.0.255 any eq
80          //允许其余子网访问 HTTP
R1(config)# access-list 100 permit tcp 192.168.1.0 0.0.0.255 any eq
443         //允许其余子网访问 HTTPS
R1(config)# access-list 100 permit tcp 192.168.1.0 0.0.0.255 any eq
21          //允许其余子网访问 FTP 控制端口
R1(config)# access-list 100 permit tcp 192.168.1.0 0.0.0.255 any eq
20          //允许其余子网访问 FTP 数据端口
```

以上配置的是对目标 Internet 的 ACL，对 FTP 服务器的访问需要配置上面两行；下面配置对目标是网段 2 的 ACL，注意使用相同的 ACL 编号 100。

```
R1(config)# access-list 100 permit ip 172.16.0.0 0.0.0.255 192.168.1.0
0.0.0.255
R1(config)# access-list 100 deny 172.17.0.0 0.0.0.255 192.168.1.0
0.0.0.255
R1(config)# access-list 100 permit any 192.168.1.0 0.0.0.255
            //允许从 Internet 返回的流量
```

3. 绑定ACL

```
R1(config)# interface s1
R1(config-if)# ip access-group 100 out
//在 S1 接口绑定 ACL 规则,检查控制传往 Internet 的流量
R1(config)# interface e0
R1(config-if)# ip access-group 100 out
//在 E0 接口绑定 ACL 规则,检查控制来自网段 1 和网段 3 及从 Internet 返回的流量
```

对网段2的ACL实际只有最后3条规则,但E0接口会把这3条前面的每条规则都依次应用,检查传出的数据报,占用资源。在实际的网络工程环境,需要对防火墙规则进行优化。在本任务中,明显可以采取的措施就是配置两个编号的ACL,针对目标是Internet的访问控制用一个编号,针对目标是网段2的访问控制用另外一个编号,把原来100号里的规则条目拆分到这两个编号的ACL里,然后分别绑定在S1和E0接口上。

4. 测试验证

从地址属于192.168.1.0/28的主机能访问主机63.142.2.2的Web、FTP服务和其他服务,还可以ping通主机63.142.2.2;而192.168.1.0/24其他子网的主机则只能访问Web和FTP服务,不能ping通63.142.2.2。

其余ACL规则的验证请读者自己思考并完成。

标准和扩展的ACL是属于比较简单的防火墙机制,Cisco路由器除了这两种ACL外,还有更为复杂的防火墙机制,包括动态ACL、时间ACL、自反ACL和基于上下文的访问控制CBC。CBC请读者参阅Cisco公司有关的技术文档或有关书籍,自反、动态和时间ACL简介如下。

9.3 复杂ACL配置

标准和扩展的ACL是属于比较简单的防火墙机制,Cisco路由器除了这两种ACL外,还有称为复杂ACL的防火墙机制,包括动态ACL、时间ACL、自反ACL和基于上下文的访问控制CBCA。关于CBCA请参阅Cisco公司有关技术文档或有关书籍,这里只通过例子简单介绍前三种ACL。

我们把"任务9-1扩展IP ACL配置"再附加一个限制条件,拒绝Internet对路由器R1所在内网的访问,完成配置。

需要注意的是,不能简单地使用拒绝语句就了事,因为拒绝了Internet对R1内网的访问,则R1所在内网访问Internet的返回流量也就返回不了,导致内网也不能访问Internet。

对于使用TCP协议的服务,一个做法是使用established关键字指明已经建立TCP连接的流量可以从Internet传入路由器R1,其余则不允许传入。配置命令如下:

```
R1(config)# access-list 120 permit TCP any host 172.17.0.110
established
```

```
        //允许 Internet 返回 TCP 连接的流量到主机 172.17.0.110，通过检查返回流量的
TCP ACK 或 RST 位实现，该标志位连接前后的值不同
        R1(config)# access-list 120 permit TCP any 192.168.1.0 0.0.0.255
established
        //允许 Internet 返回 TCP 连接的流量到 192.168.1.0 0.0.0.255 的主机
```

把此 ACL 绑定在 R1 的 S1 口，检查控制传入的流量：

```
        R1(config)#interface s1
        R1(config-if)#ip access-list 120 in
```

这样，只有在建立连接后才允许 Internet 返回的流量进入路由器，而从 Internet 主动发起的连接访问则会被拒绝。

但现要求的是 172.17.0.110/24 和 192.168.1.0/28 能访问 Internet 所有的服务而限制 Internet 对内网的访问，而上述做法只是对 TCP 协议成立，对 UDP 协议不成立，因 UDP 协议不会建立连接。同时，established 选项还不能用于那种会动态修改会话流量源端口的应用程序。permit established 语句仅检查 ACK 和 RST 位，不检查源和目的地址。

这实际上是一种单向访问，即允许 A 访问 B 而不允许 B 访问 A。完整的解决方案是使用自反 ACL 或上下文访问控制 CBAC。读者学习完下一节后，请用自反 ACL 实现该配置。

9.3.1　自反 ACL

自反 ACL 允许最近出访的数据包的目的地址发出的应答流量回到该出访数据包的源地址。但目的地址不能主动访问源地址。

网络管理员使用自反 ACL 来允许从内部网络发起的会话的 IP 流量，同时拒绝外部网络发起的 IP 流量。启用自反 ACL 后，路由器动态管理会话流量，检查追踪出站流量，当发现满足条件的应答流量时，便会临时在 ACL 中添加条目允许该流量进入。当新的 IP 会话开始时，这些条目会自动创建，在会话结束时自动删除。

▶ 1．自反 ACL 特点

与前面介绍的带 established 参数的扩展 ACL 相比，自反 ACL 能够提供更为强大的会话过滤。尽管在概念上与 established 参数相似，但自反 ACL 还可用于不含 ACK 或 RST 位的 UDP 和 ICMP。自反 ACL 通过检查访问和应答流量的源、目的地址来追踪流量，判断允许或拒绝。

自反 ACL 只能在扩展命名 IP ACL 中定义。自反 ACL 不能在编号 ACL 或标准命名 ACL 中定义，也不能在其他协议 ACL 中定义。当然，自反 ACL 可以与其他标准和静态扩展 ACL 一同使用。

▶ 2．自反 ACL 配置举例

【实例 9-3】　如图 9-3 所示，在 R1 上配置自反 ACL，允许内网 192.168.1.0/24 发起对外网 202.1.1.0/24 的访问，不允许 202.1.1.0/24 访问 192.168.1.0/24。测试验证可配

置环回地址用 ping 测试。

配置步骤如下。

由内部发起

由外部发起

S0/1/0
201.1.1.9/24

Internet

S0/1/1
201.1.1.10/24

loopback 0
202.1.1

loopback 0
192.168.1.1

图 9-3　只允许内网访问外网的自反 ACL 配置拓扑

（1）配置 IP 地址和路由(略)。

（2）配置自反 ACL。

配置出站流量：

```
R1(config)#ip access-list extended OUTfilters //定义扩展命名ACL
R1(config-ext-nacl)#permit udp 192.168.1.0 0.0.0.255 202.1.1.0
0.0.0.255 reflect UDPtraffic
R1(config-ext-nacl)#permit tcp 192.168.1.0 0.0.0.255 202.1.1.0
0.0.0.255 reflect TCPtraffic
R1(config-ext-nacl)#permit icmp 192.168.1.0 0.0.0.255 202.1.1.0
0.0.0.255 reflect ICMPtraffic
```

以上后三行配置使路由器跟踪内网发起的 UDP、TCP 和 ICMP 出站流量，斜体字是参数名，是任取的。也可用下面命令代替上面后三行：

```
R1(config-ext-nacl)#permit IP 192.168.1.0 0.0.0.255 202.1.1.0
0.0.0.255 reflect IPtraffic
```

配置入站流量：

```
R1(config)#ip access-list extended INfilters //定义扩展命名ACL
R1(config-ext-nacl)#evalute UDPtraffic
R1(config-ext-nacl)#evalute TCPtraffic
R1(config-ext-nacl)#evalute ICMPtraffic
```

也可用下面这一行代替上面后三行：

```
R1(config-ext-nacl)#evalute IPtraffic
```

以上配置使路由器检查入站流量是否是由内网发起（的出站流量的响应），并把 OUTfilters 的自反 ACL 部分 UDPtraffic、TCPtraffic 和 ICMPtraffic 与 INfilers ACL 关联在一起。如果入站流量是对内网发起的出站流量的响应，则路由器**临时**添加允许入站流量的 ACL 条目。

绑定规则在接口上，对出、入站的流量均进行检查：

```
R1(config)#interface s0/1/0
R1(config-if)#ip access-group INfilters in
R1(config-if)#ip access-group OUTfilters out
```

（3）测试

内外网相互访问，然后使用命令 show access-lists，查看规则的匹配情况和临时生成的允许流量规则。配置成功必有有时间限制的允许外网访问内网的 ACL 条目临时生成。

9.3.2 动态 ACL

动态 ACL（也称为锁和钥匙 ACL）是依赖于 Telnet 连接、身份验证（本地或远程）和扩展 ACL 的一种流量过滤安全功能。当希望特定远程用户或用户组可以通过 Internet 从远程主机访问本地网络或本地网络欲访问远程网络上的主机时，启用"锁和钥匙"将对用户进行身份验证，然后允许特定主机或子网在有限时间段内通过防火墙或路由器进行访问。这样做可以提高网络的安全性。

安全验证的方式可以是 local（本地）、AAA、TACACS+ 服务器或其他安全服务器验证。

1. 动态 ACL 的特点

（1）执行动态 ACL 配置时，想要穿越路由器的用户必须使用 Telnet 连接到路由器并通过身份验证，否则会被配置有禁止流量通过的扩展 ACL 拦截。

（2）Telnet 连接随后会断开，而一个单条目的动态 ACL 将添加到现有的扩展 ACL 中。该条目允许流量在**特定时间段**内通行；超过时间，无论是否在访问，动态 ACL 所打开的窗口都将自动关闭；还可限制访问开始前的**空闲时间**。比如可设置在 telnet 验证通过后允许流量通行 6min，但在验证通过后的 3min 内必须开始访问，否则窗口也将关闭。

2. 锁和钥匙的含义

（1）源（用户）对目标的访问在用户 telnet 路由器或防火墙验证通过前或验证通不过时，都是禁止的，即源到目标的窗口是锁闭的。

（2）一旦 telnet 验证通过，则动态 ACL 开启临时允许访问条目（允许源和目标间任何类型的访问），即验证通过后，路由器自动获得了开启动态 ACL 之锁的钥匙。

（3）锁的开启有闲置时间和通过时间的限制。

3. 动态 ACL 配置举例

【实例 9-4】 如图 9-4 所示，PC1 上的网络管理员需要定期限时通过路由器 R2 访问网络 192.168.2.0/24，那么在路由器 R2 的串行接口 S0/0/1 上配置动态 ACL 是满足需求并保证网络安全的较好做法。

图 9-4　配置测试动态 ACL 的网络拓扑

配置步骤如下。

（1）配置 IP 地址和路由（略），其中 R2 的 S0/0/1 地址配置为 172.16.1.10/30。

（2）配置用于验证的 telnet 登录名和口令。

```
R2(config)# username admin_test password 0 dy_test
```

（3）配置允许 telnet 到 R2，且成功触发动态 ACL 后，产生的临时条目允许 IP 包通过路由器去往 192.168.2.0/24 网络 6min。

```
R2(config)#access-list  100  permit  tcp  192.168.1.0  0.0.0.255
172.16.1.10 0.0.0.0 eq telnet
R2(config)# access-list 100 dynamic list_test timeout 6 permit ip any
192.168.2.0 0.0.0.255
```

（4）在接口 S0/0/1 上绑定 ACL 100。

```
R2(config)#interface s0/0/1
R2(config-if)#i p access-group 100 in
```

（5）启用对 telnet 用户的身份验证（本例验证方式为 local，没有用到身份验证服务器）。

验证通过后，路由器将自动开启动态 ACL，产生临时的 ACL 条目，并关闭 telnet 会话。

```
R2(config)#line vty 0 4
R2(config-line)#login local
R2(config-line)#autocommand access-enable host timeout 3
//设置若 3min 内不访问目标，则需要重新验证
```

从 PC1 telnet 路由器 R2，输入正确的用户名和密码通过验证。然后从 PC1 访问 PC2，比如用 telnet 和 ping 命令等测试，然后用 show access-lists 命令查看 ACL 规则匹配情况和临时条目的生成与删除情况。

9.3.3　时间 ACL

基于时间的 ACL 也常用于网络访问控制方面。

▶1. 时间 ACL 的特点

基于时间的 ACL 允许根据时间执行访问控制，即在指定的时间范围允许或拒绝流量通过。配置时需要使用

```
time-range time_name
```

命令创建一个时间范围，比如根据访问控制的需要指定一周和一天内的时段。*time_name* 是为时间范围所命名的名字，时间限制将应用该名字。配置时注意先设置路由器时钟，查看和设置路由器时钟的命令如下。

```
show clock 和 clock set hh:mm:ss Day Month Year
```

▶2. 时间范围的指定方式

可以按照如下两种方式指定时间范围。

（1）absolute start *time* end *time*

time 是以小时和分钟方式（ h h：m m）输入的时间，代表每一天的某时某分。例如：

```
absolute start 16:00 end 18:30  //每天的16：00~18：30
absolute start 16:00 1 May end 18:30 2012 10 July 2012
//2012年5月1日16:00至2012年7月10日18：30
```

（2）periodic *days-of-the-week hh:mm* to [*days-of-the-week*] *hh:mm*

days-of-the-week 代表每周的某天或某几天，例如：

```
periodic Saturday 15:30 to Monday 08:00  //星期六15:30至星期一8:00
periodic weekday 15:30 to 24:00     //星期六15:30至星期日晚上12:00
periodic Monday 00:00 to 08:00      //星期一00:00至08:00
```

后两条合起来代表的时间范围等价于第一条代表的。

days-of-the-week 十分灵活，其表示方法和含义如下：

```
Monday, Tuesday, Wednesday, Thursday, Friday, Saturday, Sunday
//某一天或某几天的结合
Daily    //从星期一到星期日
Workday //从星期一到星期五
Weekday //从星期六到星期日
```

规则说明如下。

① Time-range 接口上允许配置多条 periodic 规则（周期时间段），在 ACL 进行匹配时，只要能匹配任一条 periodic 规则即认为匹配成功，而不是要求必须同时匹配多条 periodic 规则。

② Time-range 接口上只允许配置一条 absolute 规则（绝对时间段）。

③ Time-range 允许 absolute 规则与 periodic 规则共存，此时，ACL 必须首先匹配 absolute 规则，然后再匹配 periodic 规则。

▶3. 时间 ACL 配置举例

【实例 9-5】 在如图 9-4 所示的动态 ACL 例子中，加上只能在星期一～星期五的

15:00~17:00 实施的限制条件，给出配置和测试。

配置步骤如下。

（1）设置路由器时间（略）。

（2）按照实例 9-4 的步骤配置动态 ACL（略）。

（3）定义实施 ACL 的时间范围，并指定名称：

```
R2(config)#time-range day1-5
//day1-5 为代表时间范围的名称,具体所指由下一行定义
R2(config)#periodic workdays 15:00 to 17:00
//workdays 是星期一至星期五的表示
```

（4）对访问列表应用时间范围：

```
R2(config)#access-list 100 permit any 172.16.1.10 0.0.0.0 eq telnet
time-range day1-5
```

这样，用户就只能在星期一至星期五的 15:00~17:00 之间 telnet 路由器并通过身份验证后，才能访问网络 192.168..2.0/24。

（5）测试验证。

请读者自己完成。可通过改变路由器时间来进行测试。

▽ 思考与动手

1．用通配符掩码表示网络 192.12.5.2 255.255.252.0 的全部主机。

2．把任务 9-1 改用命名 ACL 完成。

3．把实例 9-1 改用扩展访问控制列表进行配置。

网络模拟器 GNS3 的使用

本章提要

网络模拟器的种类很多，开源的且非商业化的当属 GNS3 的获取和使用最为方便，且模拟的网络功能从交换到路由，从防火墙到入侵防御系统十分完整；虚拟网络与基于虚拟或物理的多系统平台的服务器、客户机都能连通。开发者将其命名为 GNS3 的初衷是基于开源的网络模拟器 NS3 做出图形化的前端。但是，NS3 内容繁杂，包含 TCP/IP 的多种协议，包含从有线到无线的多种模块，比如 WIMAX 模块乃至水下声学模块等，功能十分强大，更多地用在研究方面，曲高和寡。随着模拟器 Dynamips（模拟使用 Cisco IOS）的兴起，最终 GNS3 被做成了 Dynamips 而非 NS3 的图形前端。

【学习目标】

了解网络模拟器的种类，掌握 GNS3 的使用。具体掌握：

（1）模拟 Cisco 路由器和交换机。

（2）模拟 Cisco ASA 防火墙。

（3）模拟 Cisco IPS。

（4）使用 VPCS 虚拟 PC 和真实 PC 连接测试虚拟网络系统。

（5）使用 GNS3 设计网络拓扑，完成设备配置并保存工程文件。

10.1 网络模拟器

在网络技术的教学或一般的研究中，很可能只能提供有限数量的物理（真实）网络设备供学习或研究者使用，满足不了更高的需求；一些自学者甚至没有网络设备做实验。于是，网络模拟器软件应运而生。

不同的网络模拟器数量很多，功能强大的如上面提到的 NS3，对网络进行全方位的模拟，不在这里讨论。这里针对网络设备的模拟器简单做分类。

10.1.1 网络模拟器简介

网络模拟器是用软件模拟出网络的功能，供实验和方针测试用。

在 Cisco 网络模拟器中,可分为非使用 Cisco IOS 的模拟器和基于(使用)Cisco IOS 的模拟器。前者著名的有 Cisco PacketTrance 和 Boson,使用简单但是功能有限。后者有工大瑞普、小凡 DynamipsGUI、GNS3 和基于硬件的瑞思 RS-8421 模拟器。这里只介绍基于 Cisco IOS 的模拟器 GNS3。

基于 Cisco IOS 的图形化网络模拟器均使用了开源的虚拟化模拟器 Dynamips 做核心组件,再做个图形化前端加上其他组件,实现 Cisco IOS 的绝大部功能。

10.1.2　GNS3

1. GNS3 的组成

GNS(Graphical Network Simulator,图形化网络模拟器)3 是一款优秀的具有图形化界面的、可以运行在多平台(包括 Windows、Linux 和 Mac OS)上的网络虚拟软件。网络专业学生、Cisco 网络设备管理员或者想通过 Cisco 认证考试的人员可以使用它来完成相关的仿真实验。它是著名的基于真实网络 IOS 的模拟器 Dynamips 的一个图形前端,相比直接使用 Dynamips,学习和使用都更加容易和方便。

最新的 GNS3 for Windows 版本是 V1.4.5。

它除了包含图形前端 GNS3 及其编译文件 Translations 外,还包含以下部分。

Dynamips:一个可以让用户直接运行 Cisco 系统(IOS)的模拟器。

Qemu:基于命令行的开源的虚拟机软件,可以工作在 Linux、Windows、FreeBSD 和苹果系统上,支持思科入侵检测系统 IDS、防火墙 ASA 和 Juniper 路由器系统等的模拟。

Pemu:一个基于开源的 QEMU 模拟器的、支持思科 PIX 防火墙系统模拟的虚拟机。

Putty:一个开源的 Telnet/SSH/rlogin/远程连接软件,支持 Windows/Linux/UNIX 平台,十分好用.

VPCS:VPCS(Virtual PC Simulator,虚拟 PC 模拟器)是一款免费的占用资源极小的虚拟 PC 软件,运行在 Linux 或 Windows 上,与 GNS3 的 Host 主机实现连接。

Winpcap:Windows 平台下一个免费、公共的网络访问系统,为 Win32 应用程序提供访问网络底层的能力,用于 Windows 系统下的直接的网络编程。同时,也是用于网络数据包抓取的工具,可适用于 32 位的操作平台上解析网络数据包,包含核心的数据包过滤、一个底层动态链接库和一个高层系统函数库,以及可用来直接存取数据包的应用程序界面。

在这里主要用于支持 Dynamips 与以太网卡之间的数据包收发。

Wireshark(前身是 Ethereal):一个功能强大的网络数据包分析软件。这里用于测试时直接从路由器接口上抓取并分析数据包。

2. Dynamips

目前,所有基于 IOS 的模拟器均使用 Dynamips 作为内核。它是一个基于虚拟化技术的模拟器,用于模拟 Cisco 的路由器等,其作者是法国 UTC(University of Technology of Compiegne，France）大学的 Christophe Fillot。

Dynamips 的原始名称为 Cisco 7200 Simulator，源于 Christophe Fillot 在 2005 年 8 月开始的一个项目，在传统的 PC 上模拟 Cisco 的 7200 路由器。发展到现在，该模拟器除能支持 7200 外，还能够支持 Cisco 的 3600 系列（包括 3620、3640、3660），3700 系列（包括 3725、3745），2600 系列（包括 2610～2650XM、2691）和 1700 系列路由器平台。

根据作者 Christophe Fillot 的说法，他编写 Dynamips 这个模拟器的目的主要是：使用真实的 Cisco IOS 操作系统构建一个学习和培训的平台，让人们更加熟悉 Cisco 的设备，以及领略 Cisco 作为全世界计算机网络技术的领跑者的风采，测试和实验 Cisco IOS 操作系统中数量众多、功能强大的特性，迅速地预构建并测试路由器的配置以便之后在真实的路由器上完成部署。

同时，Christophe Fillot 强调：Dynamips 毕竟只是模拟器（Emulator），它不能取代真实的路由器，以网络处理引擎 NPE-100 为例，在 PC 上虚拟只能获得约 1kbps 的带宽（这还要取决于 PC 的性能），这与实际中 NPE-100 所能产生 100kbps（仅仅是最旧的 NPE 模式）是远不能比拟的。所以，Dynamips 仅仅只是作为思科网络管理员的一个补充性的工具，或者那些希望通过 CCNA/CCNP/CCIE 考试的人们的辅助工具。

252

10.2　GNS3 的安装配置

不同版本的 GNS3，其安装配置大同小异。这里介绍版本 GNS3 v0.8.3.1（for Windows）的安装与配置。

10.2.1　安装与配置使用

1. 准备所需软件

推荐使用套装 GNS3 v0.8.3.1 all-in-one (installer which includes Dynamips，Qemu/Pemu，Putty，VPCS，WinPCAP and Wireshark)，可在 GNS3 官网 http://www.gns 3.net/download 下载。

另外，远程登录软件 SecureCRT 比较好用，管理登录方便。SecureCRT 是商业软件，网上可以找到共享安装包。

2. 安装 GNS3 v0.8.3.1 all-in-one.exe

可自动安装所有选中的组件，如果计算机中已经安装了一些组件，则可以去掉勾选，如图 10-1 所示。

其中，Dynamips 0.2.8 RC4 Community 是测试版，用于从控制台连接时支持 Ipv6，可选也可不选。

安装路径不能有中文目录，比如不能安装在桌面上。

安装完成后，在安装目录 GNS3 下，可以看到如图 10-2 所示的文件，注意有下画线的是前面所提到的组件安装后的一些文件。这里应注意，后面要用到的虚拟 PC 软件 VPCS 要运行 GNS3 目录下的 vpcs-start.cmd，运行 VPCS 下的 vpcs.exe 文件会报错。

图 10-1 安装组件选择

图 10-2 GNS3 目录下的一些文件

3. 配置有关选项

1）设置向导

GNS3 安装完成后，安装向导会提示打开软件；也可双击图 10-2 中的 gns3.exe，打开软件。软件运行初始界面是如图 10-3 所示的设置向导界面，分为以下三个步骤。

① 检测 Dynamips.exe 所在路径和其工作目录是否有效。

② 配置存放 IOS 目录的路径。

③ 加入一个或多个 IOS 文件。运行软件画出网络拓扑后，还需要配置 IDLEPC。

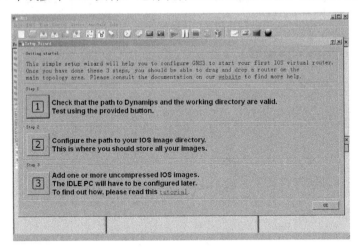

图 10-3　设置向导界面

可以直接单击设置向导界面中的步骤按钮进行相关设置，也可以关闭该设置向导界面，利用程序主界面的"Edit"菜单进行设置。程序主界面如图 10-4 所示。

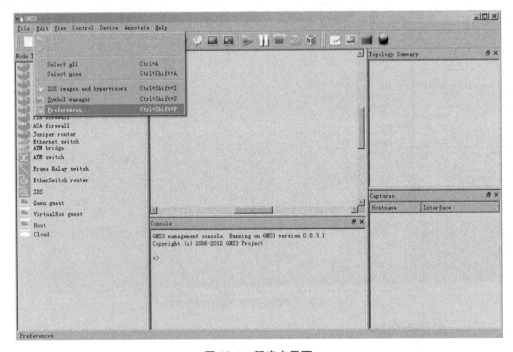

图 10-4　程序主界面

2）设置语言和工程目录

语言设置：打开"Edit"菜单下的"Preferences"选项，弹出如图 10-5 所示的选项卡。在"General"选项卡中可以设置语言和工程目录、镜像文件目录（这两个目录的默认路径如图所示，建议修改到 GNS3 目录下，方便管理）等。如果不习惯使用英文界面，可以在"Language"列表中选择"中国的（cn）"，选中后单击下方的"OK"按钮，退出并重新启动 GNS3，出现的主程序界面的菜单全部变成中文，如图 10-6 所示。

图 10-5　"General"选项卡

图 10-6　GNS3 中文界面

　　其他参数使用默认值即可。注意在图 10-5 中勾选"Launch the project dialog at startup"后，每次打开 GNS3 都会出现"新工程"对话框，如图 10-7 所示。

图 10-7　"新工程"对话框

3）设置 Dynamips

在如图 10-6 所示的"Dynamips"选项卡上，可以看到其默认设置。单击"测试设置"按钮，若最终在按钮旁显示"Dynamips0.2.8-RC3 成功启动"字样，则说明测试通过。其中的 Dynamips.exe 所在路径是安装时所在路径，图中显示的是在当前目录下（相对路径），可改成绝对路径，也可不用改，Dynamips 工作路径显示是在一个临时目录下，可以另外指定一个路径，也可就用此路径。

图 10-4 中首选项（Perforences）菜单下的其他选项卡参数，暂时均使用默认设置即可。

4）设置 IOS 所在目录路径并添加 IOS

路由器 IOS 镜像文件需要读者自行到网上下载，仅用于学习不可用于商业。我们可以把 IOS 文件存放在前面提到的 Images 目录下，然后从程序主界面的"编辑"菜单打开"IOS"和"外部 Hypervisors"选项卡。如果要使 NodeTypes 下的每种路由器可用，就需要为各种类型的路由器指定相应的 IOS，注意每种类型的路由器只能指定一个 IOS，如图 10-8 所示。通常，只需选用一种路由器。本例使用了可与三层交换机共享使用的 c3725 路由器 IOS。

图 10-8　为路由器指定 IOS

其余设备（如交换机、防火墙、入侵检测系统等）的配置使用将在后面介绍。

4. GNS3 的初步使用

为路由器配置好系统 IOS 镜像文件后，就可以开始使用它来模拟 Cisco 网络了。首先要在程序主界面右边的工作区中建立网络拓扑。为了规范存放各种文件且便于存放网络设备配置和再次使用，建议操作从"新建空工程"开始。

1) 新建空工程

单击菜单"文件"→"新建空工程"，弹出如图 10-9 所示的"新工程"对话框。单击工程文件的"浏览"按钮，弹出文件选择框，选择 C:\Documents and Settings\fIrst\GNS3\Projects\，这是作者进行 GNS3 安装时系统默认的工程目录路径。在"工程名"栏中输入一个工程名，如 test1，单击"OK"按钮后，系统自动在 Projects 目录下生成 test1 子目录，并在 test1 下面生成一个空的目录名 configs 和拓扑文件名 topology.net；如果还勾选了"保存 nvrams 和虚拟磁盘驱动器"复选框，则 test1 下还会生成一个名为 working 的空目录（用于存放设备 rom 和模块驱动等文件，以及一些运行时生成的临时文件）。对输入的不同的工程名字，系统自动建立对应工程名子目录及其下面的目录和文件名。

图 10-9　新建空工程

然后单击主界面的菜单"文件"→"打开"，找到 test1 下的 topology.net 并打开，出现该工程的配置界面，中上部的最大窗格为所建工程的拓扑设计工作区，如图 10-10 所示。注意其菜单栏上方显示的 test1 工程路径。

现在，可以在图 10-10 中部的工作区域开始构建网络拓扑。在配置完相关设备后，单击"文件"菜单下的保存，则拓扑文件存为 test1 下的 topology.net，配置文件存入 test1 下的 configs 目录。

图 10-10 所建工程的拓扑设计工作区

2）构建网络拓扑

我们使用的镜像文件是 C3700 系列路由器的，用鼠标左键单击相应的路由器，按住左键不放拖至工作区，结果如图 10-11 所示，图中已经拖入两个路由器。

在拖第一个路由器至工作区的时候，会发现 GNS3 有一个延迟，这是因为系统在启动 Dynamips，需要一定时间。所以如果第一个路由器可以顺利地拖进去，则说明 Dynamips 配置正确，并且已经启动了。

图 10-11 开始拓扑设计

接着需要对路由器的网络模块或接口卡进行设置，添加所需的接口。

3）设置网络模块或接口卡

在 R1 上单击右键，在图 10-12 中部的路由器图标 R1 下面的快捷菜单中选择"配置"，在图 10-12 右部的"节点配置"选项卡中配置"插槽"选项。C3725 是模块化路由器。其中，"适配卡"选项下面的 0 号插槽（slot0）已经插入了 GT96100-FE 卡，该卡具有 2 个快速以太网接口。其余所有插槽均是空的。

图 10-12　设置插槽

这里选择在 1 号和 2 号插槽分别加入 1 个电口的快速以太网模块（卡）MN-1FE-TX，T1（2Mbps）速率的有 4 个同步串口的模块（卡）MN-4T，在广域网接口插槽上加入了一块 T1 速率的有一个同步串口的广域网接口卡 WIC-1T。这样，R1 上就有了 3 个快速以太网 FastEthernet 口、5 个广域网同步串口 Serial 可用，可用的接口信息如图 10-13 所示。

```
Router R1 is stopped
  Hardware is dynamips emulated Cisco 3725 with 128 MB RAM
  Router's hypervisor runs on 127.0.0.1:7200, console is on port 2001, aux is on port 2501
  Image is shared "c3725-ipbasek9-mz.124-11.T2(switch).bin-127.0.0.1.ghost" with idle-pc value of 0x60b55d90
  Idle-max value is 1500, idlesleep is 30 ms
  No JIT blocks sharing enabled
  55 KB NVRAM, 16 MB disk0 size, 0 MB disk1 size
  slot 0 hardware is GT96100-FE with 2 interfaces
      FastEthernet0/0 is empty
      FastEthernet0/1 is empty
  slot 1 hardware is NM-1FE-TX with 1 interface
      FastEthernet1/0 is empty
  slot 2 hardware is NM-4T with 4 interfaces
      Serial2/0 is empty
      Serial2/1 is empty
      Serial2/2 is empty
      Serial2/3 is empty
  WIC-1T installed with 1 interface
      Serial0/0 is empty
```

图 10-13　可用的接口信息

4）连接设备

如要连接两台路由器的广域网串口，单击工具栏中的"添加链接"按钮，在弹出的菜单中选择设备要互联的端口的类型 Serial，如图 10-14 所示。

图 10-14　连接设备

选定了链接类型之后，发现该按钮变成了"×"，而鼠标形状了变成了一个"十"字形，这时候可以连接两个路由器了。先用鼠标左键单击 R1，然后移动至 R1 再单击左键，它们便连接上了，默认是连接编号最小的接口（Serial0/0）。

设备的链接情况，可以从 GNS3 的"拓扑汇总"区查看，用鼠标单击路由器名称，就能看到其连接情况，如图 10-15 的右边区域所示。

5）保存工程（拓扑和配置文件）

可以继续选择所需要的网络设备，并且把它们连接上，如图 10-16 所示的 R3。在做了有关配置后，需要把这个拓扑和配置文件都保存起来，以便以后还能再用，用鼠标单击菜单"文件"→"保存"即可。这时，可以看到图 10-15 的控制台区显示 R1、R2和 R3 的配置保存信息。注意，要保存 R1、R2 和 R3 的配置，需要它们是运行的，并且需要把当前配置（running-config）都复制到初始配置（startup-config）后保存才会使我们做过的配置显示在里面，道理与真实路由器的完全一样。

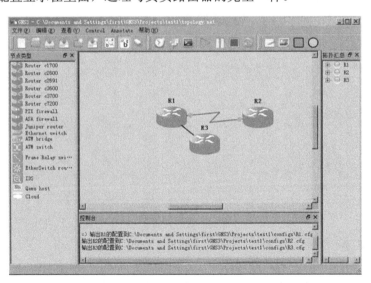

图 10-15　控制台窗格显示保存配置信息

打开工程所在目录 test1,可以看到有 2 个文件夹和 1 个文件,.net 文件是拓扑文件,configs 文件夹里是 3 个路由器的配置文件,可以用记事本等文本编辑器打开。而文件夹 working 是保存的路由器的 rom 和有关驱动文件等,GNS3 退出前后的 working 目录下的文件如图 10-16 和图 10-17 所示。

图 10-16　系统退出前的 working 目录下的文件

图 10-17　系统退出后的 working 目录下的文件

6）设置 IDLE PC

读者应该注意到了,当我们单击"开始"按钮运行路由器后,计算机立即变得很"卡",开启 Windows 任务管理器查看,会发现"CPU 使用"达 100%。

原因是什么呢?是因为虚拟路由器系统耗尽 CPU 资源。解决办法是配置 idcle-pc（空闲-PC）。

Idle PC 是 Dynamips 的一项配置功能,作用是降低模拟器对 CPU 的消耗。

执行 Idle PC 前,Dynamips 不知道什么时候虚拟路由器空闲,什么时候执行工作;执行 idle-pc 命令后,该命令对一个运行的映像进行分析确定在 IOS 中可能表现为一个

idle 循环的代码点，当这个 idle 循环被执行时，Dynamips 就"休眠"虚拟路由器，这样就会明显减少主机的 CPU 消耗且不会降低虚拟路由器执行配置的能力。

选择如图 10-19 所示的路由器菜单"Idle PC"，系统开始计算，经过一定时间之后 GNS 会得到几个 Idle PC 值，我们选择带有"*"的 Idle PC 值。如果没有带有"*"的则重新计算（建议拓扑放置两台再设备进行计算，一般 2～3 次计算就能产生带*号的值）。本例中，我们选择第 7 项的值，然后单击"OK"按钮。我们立刻就可以发现，现在 CPU 使用率已经降低到正常值。

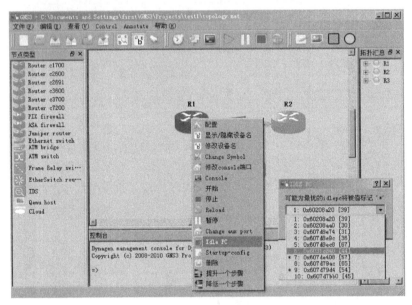

图 10-18　计算 Idle PC

再打开 IOS 配置对话框，发现原来空白的 Idle PC 值现在已经自动填入了刚刚选择的值，如图 10-19 所示。

图 10-19　选择 Idle PC 值

◆ **5. 登录设备**

配置完 Idle PC 之后，就可以登录路由器，进行相关的实验了。GNS3 登录设备的方式有多种，下面简介两种。

1）使用 PuTTY 的终端仿真

这是系统默认的终端配置，仿真控制台口 telnet 登录设备。

双击要配置的路由器或选择图 10-18 中的路由器菜单 "Console"，设备运行并弹出对应路由器的配置界面；或单击菜单快捷按钮 "启动所有设备控制台"，则两台路由器一起开启，如图 10-20 所示。

图 10-20　登录路由器

2）使用 SecureCRT 登录

使用其他终端（如 SecureCRT 登录），会有一个统一的管理界面，操作更加方便。

SecureCRT 是商业软件，网上可以找到不用于商业目的的破解版。本例安装的是 Version 6.6.1 版本，使用的是默认的安装路径 C:\Program Files\VanDykeSoftware\SecureCRT\。安装完成后，在 GNS3 上选择 "编辑" → "首选项" → "一般" → "终端设置" → "预配置的终端命令栏"，选择 "SecureCRT（windows）" 并用鼠标左击 "使用" 按钮，出现如图 10-21 所示的界面。

检查终端命令行下面的 SecureCRT.exe 路径是否正确。若不正确则修改；若正确，则单击右下方的 "Apply" 和 "OK" 按钮。

这时，再开启各路由器的 Console，则将看到打开的是 SecureCRT 的界面，两个路由器都连接上了，如图 10-22 所示。

图 10-21　终端设置

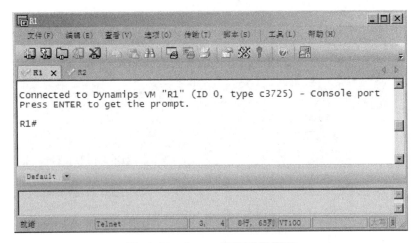

图 10-22　SecureCRT 登录界面

6．交换机的模拟

对于以太网交换机的模拟，GNS3 提供两种方式：一是简单模拟连通性，不提供复杂配置功能，其节点类型为"以太网交换机"；二是模拟三层交换路由器，提供相应的配置功能，其节点类型为"以太交换路由器"。模拟三层交换机，需要系统镜像文件，目前常用 C3725 路由器的镜像文件 c3725-ipbasek9-mz.124-11.T2(switch).bin 来共享使用。

使用时，把相应设备拖入工作区，选择需要的链接连接起来，如图 10-23 所示。

其中，SW1 为以太网交换机，默认提供 8 个以太网访问接口（Access 口）。添加接口或更改接口属性（如改所属 VLAN，该 Access 口为 802.1q Trunk 口）在"节点配置"对话框中进行，如图 10-24 所示。

图 10-23　将工作区拖入交换机

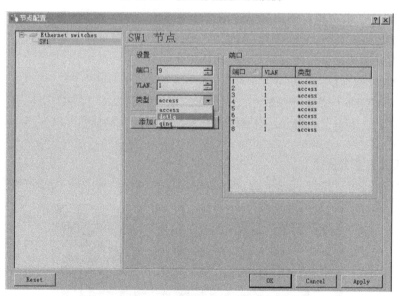

图 10-24　简单配置以太网交换机

其中，R3 是台三层交换价，三层交换机又叫交换路由器，鼠标停留在 R3 图标上，即可看到相关信息。如图 10-25 所示。

从中可以看出，该交换机由 Dynamips 使用路由器 C3725 模拟而成，即共享了镜像文件 c3725-ipbasek9-mz.124-11.T2(switch).bin，且默认插入了网络模块 GT96100-FE 和 NM-16ESW 两个快速以太网交换模块，前者提供 2 个快速以太网口，后者提供 16 个。注意：连接 NW-16ESW 的接口时候，"添加链接"要选择"Manual（手动）"，系统才能找到。

也可使用路由器加载网络模块 MN-16ESW 来模拟交换机。

```
Router R3 is stopped
  Hardware is dynamips emulated Cisco 3725 with 128 MB RAM
  Router's hypervisor runs on 127.0.0.1:7200, console is on port 2004, aux is on port 2504
  Image is shared "c3725-ipbasek9-mz.124-11.T2(switch).bin-127.0.0.1.ghost" with idle-pc value of 0x607d8e74
  Idle-max value is 1500, idlesleep is 30 ms
  No JIT blocks sharing enabled
  55 KB NVRAM, 16 MB disk0 size, 0 MB disk1 size
    slot 0 hardware is GT96100-FE with 2 interfaces
      FastEthernet0/0 is connected to router R2 FastEthernet0/0
        0 packets in / 0 packets out (0 bytes in / 0 bytes out)
      FastEthernet0/1 is empty
    slot 1 hardware is NM-16ESW with 16 interfaces
      FastEthernet1/0 is empty
      FastEthernet1/1 is empty
      FastEthernet1/2 is empty
      FastEthernet1/3 is empty
      FastEthernet1/4 is empty
      FastEthernet1/5 is empty
      FastEthernet1/6 is empty
      FastEthernet1/7 is empty
      FastEthernet1/8 is empty
      FastEthernet1/9 is empty
      FastEthernet1/10 is empty
      FastEthernet1/11 is empty
      FastEthernet1/12 is empty
      FastEthernet1/13 is empty
      FastEthernet1/14 is empty
      FastEthernet1/15 is empty
```

图 10-25 交换路由器的有关信息

7. PC 的模拟

　　GNS3 中 PC 也可用路由器关闭路由功能来模拟，不需要做另外的配置，但缺点仍是占用较多的系统资源。GNS3 模拟 PC 的方法有很多，下面分别介绍虚拟网络 PC（节点 Host）连接虚拟软件 VPCS 模拟 PC 和物理主机的方法。

　　1）Host 连接 VPCS

　　VPCS 为 GNS3 提供资源最小占用的 PC 模拟，模拟 9 台 PC 和若干条命令，在 GNS8_0.8.3.1 版本中已经整合，安装时一并安装了。也有单独的 VPCS 压缩包，解压即可使用。

　　（1）VPCS 参数配置。

　　在 GNS3 目录下执行 vpcs-start.cmd 命令，程序运行结果如图 10-26 所示。

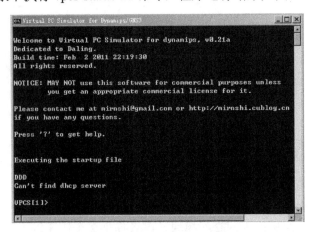

图 10-26　VPCS 程序运行结果

　　程序默认会搜索 DHCP 服务器，按 Ctrl+C 组合键可终止搜索。输入"？"后回车，显示界面如图 10-27 所示。

图 10-27　VPCS 支持的命令

图中所示是系统提供的 16 个命令及其语法和解释。现简介 d，ip 和 show；ping 和 tracert 命令的使用与通常的一样。

d 代表数字 1~9，系统默认提示符 VPCS[1]>表示当前状态为第 1 台 PC，按下 2~9 中的数字，系统就切换到相应的 PC。

ip 是配置 ip 地址子网掩码和默认网关参数的命令，语法是：

ip　PC 地址网关地址子网掩码（用前缀长度表示）。

切换到第 2 台 PC，配置 IP 地址等参数后的界面如图 10-28 所示。

图 10-28　配置 IP 地址

show：查看所有 PC 配置参数。使用 show 命令后，界面显示的运行结果如图 10-29 所示。

请特别留意最后两列，表示 VPCS 对应的本地和远程端口号。这里的 VPCS 和 GNS3 里的 PC 需要使用这对端口进行通信。

（2）Host 的配置。

把 GNS3 主界面节点类型的 Host 拖入工作区，本例拖入两台以便测试，默认名称分别为 C1 和 C2，如图 10-30 所示。

图 10-29　show 命令运行结果

图 10-30　把 Host 拖入工作区

　　分别设置 C1、C2 节点的网络接口参数"NIO UDP"，C1 的配置本地端口为 30000，远程端口为 20000；C2 的分别设置为 30001 和 20001，单击"添加"按钮和应用按钮"Apply"，如图 10-31 所示。此处端口号刚好与 VPCS 中的 VPCS[1]和 VPCS[2]的相对应。

图 10-31　设置 NIO UDP

添加链接用 FastEthernet 连接 SW1 与 C1 和 C2，注意选择 C1 的网络接口为如图 10-32 所示的"nio_udp: ..."，对 C2 也做此项选择。这样，C1、C2 就与 VPCS[1]和 VPCS[2] 建立了连接，或者说 VPCS[1]代表的就是 C1，VPCS[2]代表的就是 C2。

图 10-32　用 Host 的 nio_udp 接口连接交换机

测试：

配置 VPCS[1]的 IP 地址与 VPCS[2]的在同一网段，比如 192.168.1.10/24，C1、C2 通过交换机直接相连，故二者可以直接通信。用 ping 命令测试，结果如图 10-33 所示。

图 10-33　连通性测试

2）Host 连接真实主机

在如图 10-33 所示的操作中，连接交换机 SW1 和计算机 C1 时，如果选择网络接口 为 Nio_gen_eth:\device\NPF_{2A24C463-F63D-4800-9124-1253C3C9EF77}，则该接口 是虚拟 HOST 主机 C1 连接以太网的接口，就可以与本地物理主机以太网接口进行通信

（对应关系在"节点配置"的"以太网 NIO"中设定）。也就是说，虚拟机 C1 连接到物理主机的网卡上了。本例中，C1 虚拟以太网络接口对应的物理网络接口是"本地连接 3"，该网卡是本书作者所用计算机的激活了的网卡之一。这样，本物理主机就连通了 C1，就可以访问虚拟网络目标了。比如，配置本网卡地址为 192.168.1.100/24，则也可访问到 C2，用 ping 命令测试的结果如图 10-34 所示。

图 10-34　物理机访问虚拟机 C2

10.2.2　模拟防火墙和入侵防御系统

本节介绍 GNS3 对防火墙和入侵防御系统的模拟。

1. 模拟 ASA 防火墙

在新版本 GNS3_0.8.3.1 中，实现模拟 ASA 防火墙的操作比较简单。

1）准备编译后的 ASA 系统文件

GNS3 模拟 ASA 防火墙所需的启动文件和内核文件可通过系统镜像 asa802-k8.bin 文件使用 Unpack 软件编译得到。

网上容易找到编译好的启动文件 asa802-k8-sing.gz（网上还常见到文件名为 asa802-k8-initrd.gz 的），是模拟 ASA 单环境模式的；还有一种是模拟多环境模式的，文件名是 asa802-k8-muti.gz。

单环境模式是指一台硬件上就一个防火墙系统，而多环境模式则是指一台硬件上虚拟多个防火墙系统。实际的 ASA 防火墙可以在这两种模式间进行切换。用于 GNS3 的新版本的编译文件也支持这种同时模拟。此处使用单模式文件来模拟 ASA。

内核（kernel）文件常被命名为 vmlinuz 或 asa802-k8-vmlinuz，单模式和多模式通用。

2）ASA 设置

把这两个文件放在 GNS3 建立的 Images 文件夹下，选择 GNS3"编辑"菜单下面的"首选项"→"Qemu"→"ASA"，如图 10-35 所示。在"ASA 设置"栏下输入标识符名称，这里输入 asa（任意命名，但不能是中文），"ASA 具体设置"栏下让启动文件和内核文件指向存放它们的目录，单击"保存"按钮即可，其余参数使用系统默认值不需要修改。最后单击最下方的"Apply"和"OK"按钮。注意：其中的"Qemu 选项"，如果不填，则防火墙开启时会出现 Qemu 界面且不能关闭；如果输入参数"-hdachs 980,16,32 -vnc :1"，则不会出现 Qemu 界面。本例没有配置"Qemu 选项"。

另外，Qemu 下的"常规设置"选项卡中有一个工作目录设置，为了方便查看 ASA 的 Flash 文件，建议另外建立一个目录而不要和 Dynamips 共用一个工作目录。

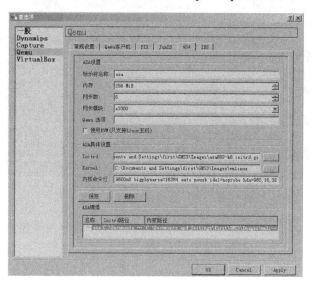

图 10-35　ASA 参数设置

3）运行 ASA

首次运行 ASA，操作步骤如下。

（1）把节点下面的 ASA 防火墙拖入工作区，单击"开始"按钮后，屏幕出现如图 10-36 下半部所示的"Qemu"窗口（如果在 Qemu 选项中设置了参数"-hdachs 980,16,32 -vnc :1"，则不出现此窗口）。

这表示 ASA 防火墙已经开始运行。注意不要关闭此界面。

图 10-36　ASA 启动界面

（2）双击"ASA1"图标或右键打开快捷菜单选择"Console"登录 ASA1，则出现其启动过程，最后停留的界面如图 10-37 所示。

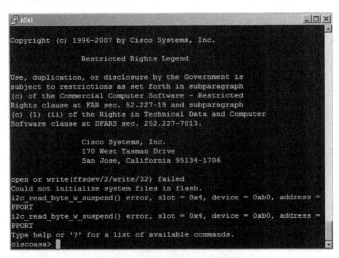

图 10-37　第一次启动过程停留的界面

该界面出现的倒数第二段和第三段提示，不是所有版本的编译文件都有。但在本次和第一次重新启动 ASA 后，都需要按此操作。

按照系统提示等待约 1min 后，回车激活控制台，系统直接进入特权配置模式。输入如下命令：

/mnt/disk0/lina_monitor

系统继续显示初始化过程信息，最后停留在如图 10-38 所示的界面。

该界面提示不能初始化系统文件在闪存里。我们需要继续按照下面的第（3）步配置系统并重启后，防火墙才可以使用。

图 10-38　初始化完成界面

（3）输入命令 enable，进入特权用户模式，这次系统会提示输入口令，直接回车即可。此时如果使用命令 show flash 查看 Flash，会发现其空间大小是 0，内有三个文件长度也显示为 0。停止并重新启动 ASA（在 GNS3 工作区界面操作鼠标，不是使用命令 reload，使用 reload 命令重启不了），进入特权或全局模式，再按照如图 10-38 所提示的用命令 copy run disk0:/.private/startup-config 保存运行的配置作为启动配置文件，回车后系统执行命令，并显示两条出错信息，不用管它，实际系统已经可以正常工作了。show flash 时显示已经有部分文件的长度不是 0 了，startup-config 文件也已经有了，如图 10-39 所示。

在全局配置模式下，还可使用命令 Boot config disk0:/.private/startup-config 指明下次防火墙引导时使用启动配置文件 startup-config。

图 10-39　flash 及其文件

2. 模拟 Cisco IPS

IPS 即入侵防御系统，以前称为 IDS（入侵检测系统，在 GNS3 中是原来的称呼 IDS），Cisco 改称 IPS 似乎带有主动防御的意思。

1）所需要的 IPS 文件

网上可以找到 GNS3 模拟 IPS 所需要的两个二进制镜像文件：ips-disk1.img 和 ips-disk2.img。

把它们放入 GNS3 的 images 文件夹。

2）设置 IPS

在 GNS3 主界面中依次选择"编辑"→"首选项"→"Qemu"→"IDS"，在"标识符名称"栏中填写任意非中文字符，"二进制镜像 1"和"二进制镜像 2"两栏路径分别指向 ips-disk1.img 和 ips-disk2.img，其余栏目采用默认值不需要更改。单击"Apply"按钮完成配置后的界面如图 10-40 所示。

3）运行 IPS

把在节点区的 IDS 拖入工作区，默认名称为 IDS2（接着 ASA 的序号 1 续编的），如图 10-41 所示。图中的路由器和防火墙是作者先前测试时拖入的。

图 10-40　设置 IPS 参数

图 10-41　把 IPS 拖入工作区

用鼠标右击"IDS2"图标弹出快捷菜单，选择"开始"选项，IPS 即开始启动，出现如图 10-42 所示的启动界面。

注意：该界面是"Qemu"窗口界面，其中有三个选项，选第一项或第三项运行系统。实际上选择第三项也不能清除口令，登录系统同样需要输入用户名 cisco，密码 net527。这时也可开启控制台界面，使用控制台 Putty 或 SecureCRT 登录 IPS，但不会显示启动过程，要到提示输入用户名的时候，控制台界面才会显示信息。图 10-43 显示出使用控制台登录输入用户名和密码后 IPS 运行的结果。

GNU GRUB version 0.94 (636K lower / 523200K upper memory)

```
Cisco IPS
Cisco IPS Recovery
Cisco IPS Clear Password (cisco)
```

```
Use the ↑ and ↓ keys to select which entry is highlighted
Press enter to boot the selected OS, 'e' to edit the
commands before booting, or 'c' for a command-line
```

图 10-42　IPS 启动界面

sensor login: cisco
Password:
NOTICE
This product contains cryptographic features and is subject to United States
and local country laws governing import, export, transfer and use. Delivery
of Cisco cryptographic products does not imply third-party authority to import,
export, distribute or use encryption. Importers, exporters, distributors and
users are responsible for compliance with U.S. and local country laws. By using
this product you agree to comply with applicable laws and regulations. If you
are unable to comply with U.S. and local laws, return this product immediately.

A summary of U.S. laws governing Cisco cryptographic products may be found at:
http://www.cisco.com/wwl/export/crypto/tool/stqrg.html

If you require further assistance please contact us by sending email to
export@cisco.com.

LICENSE NOTICE
There is no license key installed on the IDS-4215.
The system will continue to operate with the currently installed
signature set. A valid license must be obtained in order to apply
signature updates. Please go to http://www.cisco.com/go/license
to obtain a new license or install a license.

sensor#
sensor#

图 10-43　登录结果

3. 模拟其他设备

在 GNS3 主界面的节点类型下面，可以看到其他一些设备，如帧中继、ATM 交换机，Juniper 路由器等。由于教材篇幅的限制，这里就不介绍了，请读者参阅有关资料或登录 GNS3 官网详细了解。需要特别注意，掌握其中的"Qemu 客户机"和"VirtualBox 客户机"的配置，在系统需要连接虚拟机服务器进行测试时特别有用。

【思考与动手】

1. 可以不在本机而在网络其他位置（局域网或 Internet）访问 GNS3 中的设备吗？如果可以，如何操作才能实现？

2. 在如图 10-44 所示的 GNS3 网络中，配置各设备接口 IP 地址和路由，使得网络连通；在配置 SW1 链接 Host 主机 C1 时，选择 C1 的网络接口为 Nio_gen_eth，这样 C1 就连接了真实网络，物理机 PC1 就代表了 C1。

物理网络   虚拟网络

图 10-44 从物理网络登录虚拟设备

需要读者完成的是：

（1）配置各个路由器、交换机（分别启用和关闭三层接口）允许 telnet。

（2）设置 PC1 参数，然后从 PC1 telnet 各虚拟网络设备。

（3）设置 PC2 参数，然后从 PC2 telnet 各虚拟网络设备。

（4）路由器 R 上配有一个公网地址接入 Internet，如果 PC3 欲登录虚拟网络设备，该如何配置 R1 才能实现？

（5）如果 PC1 是使用 ADSL 拨号上网（R 换成 ADSL Modem+宽带路由器），则该如何设置才能实现 PC3 登录虚拟网络设备？

参 考 文 献

[1] http://www.cisco.com/cisco/web/psa/default.html?mode=tech. Cisco 公司网站，2016-4.

[2] [美] Joe Habraken．实用 Cisco 路由器技术教程．钟向群，译．北京：清华大学出版社，2000.

[3] [美] Mark McGregor．CCNP 思科网络技术学院教程（第五学期）高级路由.李逢天，张帆，程实，译．北京：人民邮电出版社，2001.

[4] Cisco Systems，Inc.电子文档 DOCUMENTATION A Member of the Cisco Connection Family.Cisco Systems，Inc.1999.

[5] 张公忠，陈锦章．当代组网技术．北京：清华大学出版社，2000.

[6] 石硕．计算机网络实验技术．北京：清华大学出版社，2002.